高等职业教育机电类专业"互联网+"创新教材

电机与拖动技术
项目化教程

主　编　孙方霞　夏　慧　郭宝宁
参　编　范肖肖　胡春玉　吴　俊
　　　　王刚华　姚苏华　秦玉华

U0256229

机械工业出版社

本书按照"项目引领、任务驱动"的模式编写而成，以企业典型生产案例为背景，以电机的应用与维护为主线，注重学生实践技能的培养，突出"教、学、做、评"一体，将电机理论知识与实践技能分解到不同的项目和任务中，由浅入深、循序渐进地讲述了变压器的应用与维护、三相异步电动机的应用与维护、单相异步电动机的应用与维护、同步电机的应用、直流电机的应用、特种电机的应用等内容。本书附有任务单、评价表等资源，具有较强的可读性、实用性和先进性。

本书可作为高等职业院校电气自动化技术相关专业的教学用书以及从事电工技术工程工作人员的培训或学习用书，也可作为从事电类专业教学的技术参考用书。

为方便教学，本书配有电子课件等，凡选用本书作为授课教材的教师均可登录机械工业出版社教育服务网（www.cmpedu.com）免费索取。咨询电话：010-88379375。

图书在版编目（CIP）数据

电机与拖动技术项目化教程 / 孙方霞，夏慧，郭宝宁主编 . —北京：机械工业出版社，2024.1

高等职业教育机电类专业"互联网＋"创新教材

ISBN 978-7-111-74469-6

Ⅰ . ①电… Ⅱ . ①孙… ②夏… ③郭… Ⅲ . ①电机—高等职业教育—教材 ②电力传动—高等职业教育—教材 Ⅳ . ① TM3 ② TM921

中国国家版本馆 CIP 数据核字（2024）第 016446 号

机械工业出版社（北京市百万庄大街 22 号　邮政编码 100037）
策划编辑：高亚云　　　　　　　责任编辑：高亚云　周海越
责任校对：甘慧彤　张　薇　　　封面设计：鞠　杨
责任印制：邹　敏
三河市宏达印刷有限公司印刷
2024 年 2 月第 1 版第 1 次印刷
184mm×260mm · 16.5 印张 · 440 千字
标准书号：ISBN 978-7-111-74469-6
定价：49.80 元

电话服务　　　　　　　　　　网络服务
客服电话：010-88361066　　机 工 官 网：www.cmpbook.com
　　　　　010-88379833　　机 工 官 博：weibo.com/cmp1952
　　　　　010-68326294　　金 书 网：www.golden-book.com
封底无防伪标均为盗版　机工教育服务网：www.cmpedu.com

前　言

　　本书由一批长期从事高等职业教育电气自动化技术专业电机与拖动技术课程教学、经验丰富的一线教师及企业兼职教师参照相关行业的职业技能操作规范共同开发而成。

　　本书分为六个项目，项目一为变压器的应用与维护，项目二为三相异步电动机的应用与维护，项目三为单相异步电动机的应用与维护，项目四为同步电机的应用，项目五为直流电机的应用，项目六为特种电机的应用。

　　本书在内容组织与安排上有如下特点：

　　1. 基于OBE（成果导向教育）的项目化思想，以电机的运行与维护能力培养为主线，采用"项目引领、任务驱动"的编写模式。根据广泛深入的企业调研，选取了贴近实际生产的项目内容，每个项目包含若干个任务。每个任务又细化成几个相关的子任务，保证任务最终落实到可操作的实践上。每个任务都单独配置了任务单，保证教师和学生能够在任务单的指导下完成实践操作。

　　2. 采用教师评价＋小组互评双主体、多元化的考核模式，达成"教、学、做、评"一体。每个任务都设计了相应的评价表，列出了相应的评价要求及评分标准，便于将任务实践效果进行量化。同时，设计了小组评价及教师评价的双主体评价，保证了评价的公平、公正，充分调动学生学习积极性。

　　本书由孙方霞、夏慧、郭宝宁担任主编，范肖肖、胡春玉、吴俊、王刚华、姚苏华、秦玉华参与编写。具体编写分工如下：项目一由夏慧编写，项目二由孙方霞编写，项目三由吴俊、王刚华编写，项目四由郭宝宁、姚苏华编写，项目五由范肖肖编写，项目六由范肖肖、秦玉华编写。全书由胡春玉负责统稿。

　　本书在编写过程中查阅了大量的相关书籍和文献，得到了南京港机重工制造有限公司及江苏海事职业技术学院的大力支持。在此向相关文献作者以及相关单位一并致谢。

　　由于编者水平有限，书中不足和错误在所难免，恳请读者批评指正。

编　者

二维码清单

序号	名称	图形	页码	序号	名称	图形	页码
1	变压器用途、结构、工作原理		4	9	三相异步电动机的运行原理与工作特性		81
2	单相变压器空载运行		15	10	电力拖动的基本知识及电机的机械特性		81
3	单相变压器负载运行		20	11	三相异步电动机的起动		93
4	变压器的空载试验和短路试验		23	12	三相异步电动机的调速		104
5	变压器的极性及三相变压器的联结组		33	13	三相异步电动机的制动		116
6	三相异步电动机的转速与转向		63	14	单相异步电动机的结构		138
7	三相异步电动机的工作原理		64	15	单相异步电动机的工作原理		139
8	三相异步电动机的结构		67	16	单相异步电动机的分类		143

（续）

序号	名称	图形	页码	序号	名称	图形	页码
17	同步电机的工作原理、用途及分类		154	27	直流电机的换向		190
18	同步电机的结构和铭牌		156	28	直流电机的基本方程		197
19	同步电动机的功率		160	29	直流电机的工作特性		198
20	同步电动机的 Ｖ 形曲线		164	30	直流电动机的机械特性		201
21	同步电动机的起动		167	31	直流电动机的起动		210
22	同步发电机的基本特性		172	32	直流电动机的调速		215
23	直流电机工作原理		182	33	直流电动机的制动		223
24	直流电动机的结构		183	34	伺服电动机		233
25	直流电机的铭牌、用途、分类		185	35	步进电动机		243
26	直流电机的磁场		189	36	自整角机		251

目　录

项目一

变压器的应用与维护

项目背景 »

　　2019 年 7 月 27 日，由于连续高温，广西百色市那坡县规架路冶炼厂一变压器发生火灾，现场燃烧的物质为泄漏的变压器油，起火变压器存油多达数吨，如不及时有效控制势必造成火灾蔓延、损失加重。接到警情后，消防部门第一时间赶赴现场处置，并通知电力部门对事故现场进行断电。现场消防人员采用泡沫灭火剂开展火灾扑救。经过 20 分钟的奋力扑救，现场火势得到了有效控制，无蔓延。

引言图

　　变压器是电力系统的重要设备之一，它的故障将对供电的可靠性和系统的正常运行产生严重影响。虽配有避雷器、差动、接地等多重保护，但由于内部结构复杂、电场及热场不均等诸多因素，事故率仍很高，恶性事故和重大损失也时有发生。因此，在日常生产中，应该加强变压器的维护和检修，保证电力供应更加安全可靠。

项目内容 »

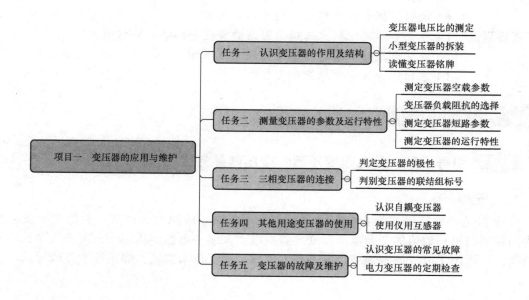

项目概述 ≫

　　本项目学习电力变压器、自耦变压器、仪用互感器的应用与维护内容，要求认识变压器的作用及结构，能够对变压器典型参数进行测定，能够正确使用三相变压器、自耦变压器及仪用互感器。

任务一　认识变压器的作用及结构

姓名：　　　　班级：　　　　日期：　　　　参考课时：2 课时

一、任务描述

　　某车间采购了一批小型电源变压器用作工作供电，安装人员需对变压器的作用及结构有基本的认识，并进行正确安装。因此，本任务应掌握变压器的工作原理、结构组成，能够完成变压器的基本拆装。

二、任务目标

※　**知识目标**　1）能够复述变压器的概念。
　　　　　　　　2）能够说出变压器的基本工作原理、作用。
　　　　　　　　3）能够说出变压器主要的应用场所。
　　　　　　　　4）能够认识变压器的主要组成部件。
　　　　　　　　5）能够熟练解读变压器的铭牌。

※　**能力目标**　1）能够规范使用设备、进行设备安全检查。
　　　　　　　　2）能正确使用仪器仪表对变压器参数进行测量。
　　　　　　　　3）能按照正确顺序进行变压器的拆卸及安装。
　　　　　　　　4）能够根据变压器铭牌正确选择变压器。

※　**素质目标**　1）在任务实施中树立正确的团结协作理念，培养协作精神。
　　　　　　　　2）在任务操作中培养精益求精的工匠精神。
　　　　　　　　3）在团队分工中培养岗位责任心。

三、知识准备

（一）引导问题：什么是变压器？变压器是怎么工作的？

1. 变压器概念

　　变压器是一种常见的静止电气设备，它利用电磁感应原理，将某一数值的交变电压变换为同频率的另一数值的交变电压。变压器对电力系统中电能的传输、分配和安全使用有重要意义，广泛用于电气控制领域、电子技术领域、测试技术领域、焊接技术领域等。

2.变压器的基本工作原理

变压器是利用电磁感应原理工作的，图 1-1 所示为单相变压器的工作原理。变压器的主要部件是铁心和绕组。两个互相绝缘且匝数不同的绕组分别套装在铁心上，两绕组间只有磁的耦合而没有电的联系，其中接电源 u_1 的绕组称为一次绕组（曾称为原绕组、初级绕组），用于接负载的绕组称为二次绕组（曾称为副绕组、次级绕组）。

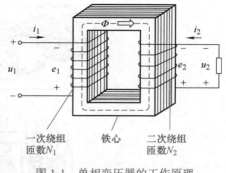

图 1-1　单相变压器的工作原理

一次绕组加上交流电压 u_1 后，绕组中便有电流 i_1 通过，在铁心中产生与 u_1 同频率的交变磁通 Φ，根据电磁感应原理，将分别在两个绕组中感应出电动势 e_1 和 e_2。

$$e_1 = -N_1 \frac{\mathrm{d}\Phi}{\mathrm{d}t}$$

$$e_2 = -N_2 \frac{\mathrm{d}\Phi}{\mathrm{d}t}$$

式中，"−"号表示感应电动势总是阻碍磁通的变化。若把负载接在二次绕组上，则在电动势 e_2 的作用下，有电流 i_2 流过负载，实现了电能的传递。由上式可知，一、二次绕组感应电动势的大小（近似于各自的电压 u_1 及 u_2）与绕组匝数成正比，故只要改变一、二次绕组的匝数（匝数比称为电压比，用 K 表示），就可达到改变电压的目的，这就是变压器的基本工作原理。

（二）引导问题：变压器最主要的用途是什么？

变压器最主要的用途在输、配电技术领域，目前世界各国使用的电能基本上均是由各类（火力、水力、核能等）发电站发出的三相交流电能，如图 1-2 所示。发电站一般建在能源产地、江边、海边或者远离城市的地区，因此，它所发出的电能在向用户输送的过程中，通常需用很长的输电线路。根据 $P = \sqrt{3}UI\cos\varphi$，在输送功率 P 和负载功率因数 $\cos\varphi$ 一定时，输电线路上的电压 U 越高，则流过输电线路中的电流越小。这不仅可以减小输电线的截面积，节约导体材料，还可减小输电线路的功率损耗。因此目前世界各国在电能的输送与分配方面都朝建立高电压、大功率的电力网系统方向发展，以便集中输送、统一调度与分配电能。这就促使输电线路的电压由高压（110～220kV）向超高压（330～750kV）和特高压（750kV 以上）不断升级。目前我国高压输电的电压等级有 110kV、220kV、330kV 及 500kV 等多种。发电机本身由于其结构及所用绝缘材料的限制，不可能直接发出这样的高压，因此在输电时必须首先通过升压变电站，利用变压器将电压升高，如图 1-3 所示。

高压电能输送到用电区后，为了保证用电安全和符合用电设备的电压等级要求，还必须通过各级降压变电站，利用变压器将电压降低。例如工厂输电线路，高压为 35kV、10kV 等，低压为 380V、220V 等。

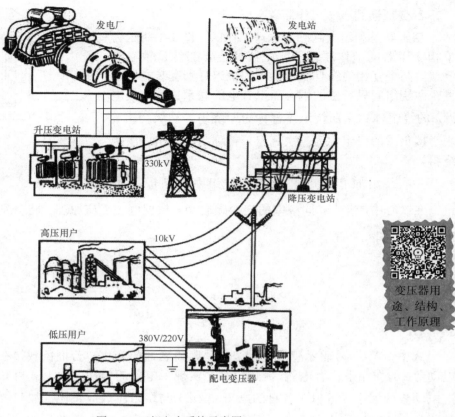

图 1-2　三相电力系统示意图

综上所述，变压器是输、配电系统中不可缺少的电气设备，从发电厂发出的电能经过升压变压器升压，输送到用户区后，再经降压变压器降压供电给用户，中间最少要经过 4、5 次（一般是 8、9 次）变压器的升、降压。根据最近的资料显示，1kW 的发电设备需 8～8.5kV·A 变压器容量与之配套，由此可见，在电力系统中变压器是容量最大的电气设备。电能在传输过程中会有能量的损耗，主要是输电线路的损耗及变压器的损耗，占整个供电容量的 5%～9%，这是一个相对较大的数字。在这个能量损耗中，变压器的损耗

图 1-3　连接发电机与电网的升压变压器

最大，约占 60%，因此变压器效率的高低成为输配电系统中一个突出的问题。我国从 20 世纪 70 年代末开始研制高效节能变压器。在变压器的型号标识中，型号字母后数字代表了损耗水平，数字越大，变压器损耗越小。目前，我国 S 系列变压器已经从 S7 提升到 S16，而 S9 以下变压器已要求强制淘汰，不再生产。

变压器除用于改变电压外，还可用来改变电流、变换阻抗以及产生脉冲等。

（三）引导问题：变压器是怎么分类的？

变压器种类很多，通常可按其用途、绕组结构、铁心结构、相数、冷却方式等进行分类。

1. 按用途分类

1）电力变压器：用作电能的输送与分配，上面介绍的变压器就属于电力变压器，这是生产数量最多、使用最广泛的变压器。按其功能不同又可分为升压变压器、降压变压器、配电变压器等。电力变压器的容量从几十千伏安到几十万千伏安，电压等级从几百伏到几百千伏。

2）特种变压器：在特殊场合使用的变压器，如作为焊接电源的电焊变压器、专供大功率电炉使用的电炉变压器、将交流电整流成直流电时使用的整流变压器等。

3）仪用互感器：用于电工测量中，如电流互感器、电压互感器等。

4）控制变压器：容量一般比较小，用于小功率电源系统和自动控制系统，如输入变压器、输出变压器、脉冲变压器等。

5）其他变压器：如试验用的高压变压器、输出电压可调的调压变压器、产生脉冲信号的脉冲变压器等。

2. 按相数分类

变压器按相数分为单相变压器、三相变压器和多相变压器 3 种。

3. 按冷却方式分类

变压器按冷却方式分为干式变压器、油浸自冷变压器、油浸风冷变压器、强迫油循环变压器、充气式变压器等。

（四） 引导问题：变压器的组成部件有哪些？

1. 单相变压器的基本结构

单相变压器是指接在单相交流电源上用来改变单相交流电压的变压器，其容量一般比较小，主要用作控制及照明。它主要由铁心和绕组两部分组成。铁心和绕组也是三相电力变压器和其他变压器的主要组成部分。

（1）铁心

铁心构成变压器的磁路系统，并作为变压器的机械骨架。铁心由铁心柱和铁轭两部分组成，如图 1-4 所示。铁心柱上套装变压器绕组，铁轭起连接铁心柱使磁路闭合的作用。对铁心的要求是导磁性能好，磁滞损耗及涡流损耗尽量小，因此均采用 0.35mm 厚的硅钢片制作。国产硅钢片有热轧硅钢片、冷轧无取向硅钢片、冷轧晶粒取向硅钢片等。热轧硅钢片铁损耗较大，导磁性能较差，且铁心叠装系数低（因硅钢片两面均涂有绝缘漆），现已不用。"十三五"期间，我国变压器铁心材料制造技术实现了快速发展，适用于高效变压器的铁心材料主要有高磁感取向硅钢和非晶合金。目前国产 S 系列低损耗节能变压器均用高磁感晶粒取向硅钢片，其铁损耗小，且铁心叠装系数高（因硅钢片表面有氧化膜绝缘，不必再涂绝缘漆）。在单位损耗方面，非晶合金低于硅钢，且仍有下降空间，但其也存在着材料脆性高等方面的缺陷。

根据铁心的结构形式，单相变压器可分为心式变压器和壳式变压器两大类。心式变压器是在两边的铁心柱上放置绕组，形成绕组包围铁心的形式，如图 1-5a 所示。壳式变压器则是在中间的铁心柱上放置绕组，形成铁心包围绕组的形式，如图 1-5b 所示。

根据铁心的制作工艺，单相变压器铁心可分为叠片式铁心和卷制式铁心两种。

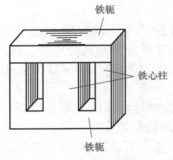

图 1-4　变压器铁心

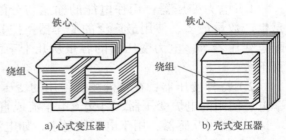

a) 心式变压器　　　　b) 壳式变压器

图 1-5　单相变压器结构

　　心式变压器的叠片式铁心一般用"口"字形或斜"口"字形硅钢片交叉叠成，壳式变压器的叠片式铁心则用 E 形或 F 形硅钢片交叉叠成。为了减小铁心磁路的磁阻以减小铁心损耗，要求铁心装配时，接缝处的空气隙越小越好。

　　卷制式铁心采用 0.35mm 晶粒取向冷轧硅钢片剪裁成一定宽度的硅钢带后再卷制成环形，将铁心绑扎牢固后切割成两个"U"字形，如图 1-6a 所示。图 1-6b 所示为用卷制式铁心制成的 C 形变压器。由于该类型变压器制作工艺简单，正在小容量的单相变压器中逐渐普及。

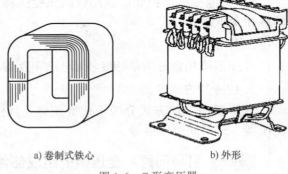

a) 卷制式铁心　　　　b) 外形

图 1-6　C 形变压器

　　此外，在 20 世纪 60 ～ 70 年代还出现过渐开线式的铁心结构，由于铁心制作工艺较复杂，未能广泛应用。

　　（2）绕组

　　变压器的线圈通常称为绕组，它是变压器中的电路部分，小容量变压器一般用具有绝缘的漆包圆铜线绕制而成，容量稍大的变压器则用扁铜线或扁铝线绕制。

　　在变压器中，接到高压电网的绕组称为高压绕组，接到低压电网的绕组称为低压绕组。按高压绕组和低压绕组的相互位置和形状不同，绕组可分为同心式和交叠式两种。

　　1）同心式绕组。同心式绕组是将高、低压绕组同心地套装在铁心柱上，如图 1-7a 所示。小容量单相变压器一般用此种结构，通常接电源的一次绕组绕在里层，绕完后包上绝缘材料再绕二次绕组，一、二次绕组呈同心式结构。对于电力变压器，为了便于与铁心绝缘，把低压绕组套装在里面，高压绕组套装在外面。对于低压、大电流、大容量的变压器，由于低压绕组引出线很粗，也可以把它放在外面。高、低压绕组之间留有空隙，可作为油浸式变压器的油道，既利于绕组散热，又作为两绕组之间的绝缘。同心式绕组按其绕制方法的不同又可分为圆筒式、螺旋式和连续式等多种。同心式绕组的结构简单、制造容易，小型电源变压器、控制变压器、低压照明变压器等均用这种结构，国产电力变压器也基本采用这种结构。

　　2）交叠式绕组。交叠式绕组又称饼式绕组，它是将高压绕组及低压绕组分成若干个"线饼"，沿着铁心柱的高度交替排列。为了便于绝缘，一般最上层和最下层安放低压绕组，如图 1-7b 所示。交叠式绕组的主要优点是漏抗小、机械强度好、引线方便。这种绕组形式主要用在低电压、大电流的变压器上，如容量较大的电炉变压器、电阻电焊机（如点焊、缝焊、对焊电焊机）变压器等。

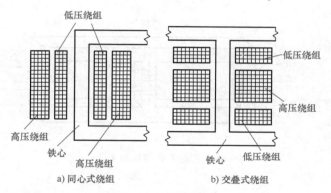

低压绕组

高压绕组

铁心

高压绕组

a) 同心式绕组

低压绕组

高压绕组

铁心

低压绕组

b) 交叠式绕组

图 1-7 变压器绕组

2. 三相变压器的基本结构

现代电力系统都采用三相制供电，因而广泛采用三相变压器来实现电压的转换。三相变压器可以由 3 台同容量的单相变压器组成，按需要将一次绕组及二次绕组分别接成星形或三角形联结。图 1-8 所示为一、二次绕组均为星形联结的三相变压器组。三相变压器的另一种结构是把 3 个单相变压器合成一个三铁心柱的结构形式，称为三相心式变压器，如图 1-9 所示。

由于三相绕组接至对称的三相交流电源时，三相绕组中产生的主磁通也是对称的，故有 $\dot{\Phi}_U + \dot{\Phi}_V + \dot{\Phi}_W = 0$，即中间铁心柱的磁通为零，因此中间铁心柱可以省略，成为图 1-9b 所示形式，实际上为了简化变压器铁心的剪裁及叠装工艺，均采用将 U、V、W 3 个铁心柱置于同一个平面的结构形式，如图 1-9c 所示。

在三相电力变压器中，目前使用最广的是油浸式电力变压器，其外形如图 1-10 所示。它主要由铁心、绕组、油箱和冷却装置、保护装置等部件组成。

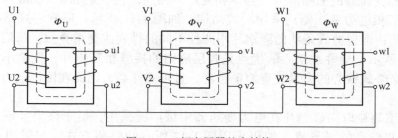

图 1-8 三相变压器基本结构

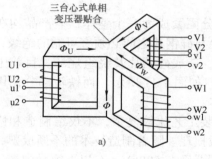

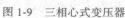

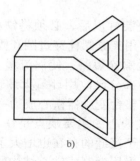

图 1-9 三相心式变压器

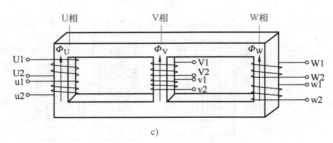

c)

图 1-9　三相心式变压器（续）

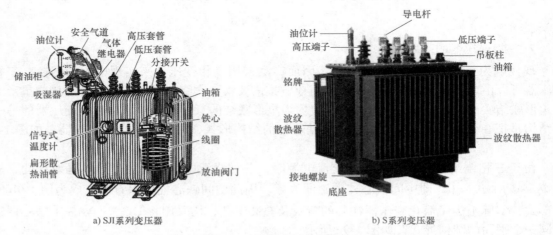

a) SJI系列变压器　　　　　　　　　　b) S系列变压器

图 1-10　油浸式电力变压器

（1）铁心

铁心是三相变压器的磁路部分。与单相变压器相同，它也是由 0.35mm 厚的硅钢片叠压或卷制而成。三相电力变压器均采用心式结构，如图 1-11 所示。通常心式结构的铁心采用交叠式叠装工艺，即把剪成条状的硅钢片用两种不同的排列法交错叠放，每层将接缝错开叠放，如图 1-12 所示。交叠式铁心的优点是各层磁路的接缝相互错开，气隙小，故空载电流较小。另外，交叠式铁心的夹紧装置简单经济，且可靠性高，因而在国产电力变压器中得到广泛应用。

随着高磁感晶粒取向硅钢片在电力变压器中被广泛采用，由于该类硅钢片在顺轧方向有较小的损耗和较高的磁导率，如仍采用图 1-12 所示的叠装方式，当磁通从垂直轧制方向通过时，在转角处会引起附加损耗，因此广泛采用图 1-13 所示的 45° 的斜切硅钢片进行叠装。

铁心叠装好以后，必须将铁心柱及铁轭部分固紧成为一个整体，老产品均在硅钢片中间冲孔，再用夹紧螺栓穿过圆孔固紧。夹紧螺栓与硅钢片之间必须有可靠的绝缘，否则硅钢片会被夹紧螺栓短路，使涡流增大而引起过热，造成硅钢片及绕组烧坏。目前生产的变压器，铁心柱部分已改用环氧无纬玻璃丝带捆扎，如图 1-11 所示，而铁轭部分仍用夹紧螺栓上下夹紧使整台变压器铁心成为一个坚实的整体。

交叠式铁心的主要缺点是铁心的剪冲及叠装工艺比较复杂，不仅给制造和修理带来许多麻烦，由于接缝的存在也增大了变压器的空载损耗。随着制造技术的不断成熟，像单相变压器一样，采用卷制式铁心结构的三相电力变压器已在 500kV·A 以下容量中被采用，其优点是体积小、损耗低、噪声小、价格低，极有推广前途。

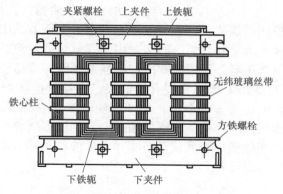

图 1-11　三相电力变压器铁心

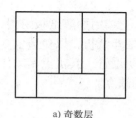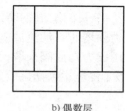

a) 奇数层　　　　　　　　b) 偶数层

图 1-12　三相交叠式铁心叠装方式

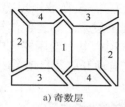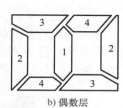

a) 奇数层　　　　　　　b) 偶数层

图 1-13　斜切硅钢片的叠装方式

我国已生产出 SH11 系列非晶合金电力变压器。它具有体积小、效益高、节能等优点，极有发展前途。

（2）绕组

绕组是三相电力变压器的电路部分，从材质上，一般采用铝箔绕组和铜箔绕组；从结构上，有线绕和箔绕两种形式。绕组的结构形式与单相变压器相同，有同心式和交叠式绕组。

漆包铜线是绕组线的一个主要品种，由导体和绝缘层两部组成，裸线经退火软化、多次涂漆后烘焙而成。箔式绕线是以不同厚度的铜或铝箔带为导体，以宽带状的绝缘材料为层间绝缘，以窄带状的绝缘材料为端绝缘，在箔式绕线机上一次完成卷绕，形成卷状线圈，同时完成线圈内外侧引线的焊接及外表面包扎。

使用采用较多的 SCB 变压器，一般高压采用线绕、低压采用箔绕。从可靠性和节材性来说，箔式绕组更具优势。例如西门子变压器高、低压都采用的是箔式绕组，性能更优良。

绕组制作完成后，将图 1-11 变压器铁心的上夹件拆开，并将上部的铁轭硅钢片拆去，随后将三相高、低压绕组套在 3 个铁心柱上，再重新装好上部铁轭和上夹件，成为图 1-14 所示的电力变压器器身。

（3）油箱和冷却装置

由于三相变压器主要用于电力系统进行电能的传输，因此其容量都比较大，电压也比较高，如国产的高电压、大容量老型号三相电力变压器 OSFPSZ–360000/500（容量为 36 万 kV·A，电压为 500kV，每台变压器重量达到 250t）。为了铁心和绕组的

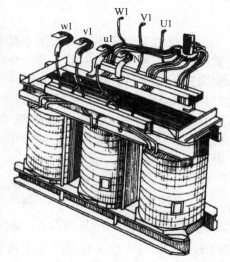

图 1-14　电力变压器器身

散热和绝缘，将它们置于绝缘的变压器油内，而油盛放在油箱内，如图 1-10 所示。为了增加散热面积，一般在油箱四周加装散热装置，老型号电力变压器采用在油箱四周加焊扁形散热油管，如图 1-10a 所示。新型电力变压器多采用片式散热器散热，如图 1-10b 所示。容量大于 10000kV·A 的电力变压器，采用风吹冷却或强迫油循环冷却装置，如图 1-15 所示。

　　较多老型号变压器在油箱上部还安装有储油柜，它通过连接管与油箱相通。储油柜内的油面高度随变压器油的热胀冷缩而变动。储油柜使变压器油与空气的接触面积大为减小，从而减缓了变压器油的老化速度。目前广泛使用的电力变压器则取消了储油柜，运行时变压器油的体积变化完全由设在侧壁的膨胀式散热器（金属波纹油箱）来补偿，变压器端盖与箱体焊为一体，设备免维护，运行安全可靠。

　　（4）保护装置

　　1）气体继电器：在油箱和储油柜之间的连接管中装有气体继电器，当内部绝缘物汽化时，气体继电器动作，发出信号或使开关跳闸。

　　2）防爆管（安全气道）：装在油箱顶部，它是一个长的圆形钢筒，上端用酚醛纸板密封，下端与油箱连通。若变压器发生故障，使油箱内压力骤增时，油流冲破酚醛纸板，以免造成变压器箱体爆裂。近年来，国产电力变压器已广泛采用压力释放阀来取代防爆管，其优点是动作精度高，延时时间短，能自动开启及自动关闭，克服了停电更换防爆管的缺点。

a) 三相干式电力变压器　　　　b) 强迫油循环电力变压器

图 1-15　三相电力变压器

　　（5）铭牌

　　在每台电力变压器的油箱上都有一块铭牌，标有其型号和主要参数，作为正确使用变压器时的依据，如图 1-16 所示。

　　图 1-16 所示的变压器是配电站用的降压变压器，将 10kV 的高压降为 400V 的低压，供三相负载使用。铭牌中的主要参数说明如下：

　　1）型号（见图 1-17）。

　　2）额定电压 U_{1N} 和 U_{2N}。高压侧（一次绕组）额定电压 U_{1N} 是指加在一次绕组上的正常工作电压值。它是根据变压器的绝缘强度和允许发热等条件规定的。高压侧

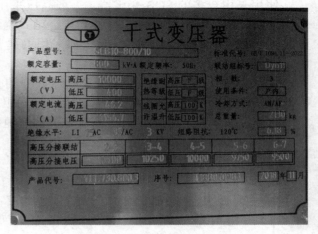

图 1-16　电力变压器铭牌

标出的 3 个电压值，可以根据高压侧供电电压的实际情况，在额定值的 ± 5% 范围内加以选择，当供电电压偏高时可调至 10500V，偏低时则调至 9500V，以保证低压侧的额定电压为 400V 左右。

低压侧（二次绕组）额定电压 U_{2N} 是指变压器在空载时，高压侧加上额定电压后，二次绕组两端的电压值。变压器接上负载后。二次绕组的输出电压 U_2 将随负载电流的增大而降低，为保证在额定负载时能输出 380V 的电压，考虑到电压调整率为 5%，故该变压器空载时二次绕组的额定电压 U_{2N} 为 400V。在三相变压器中，额定电压均指线电压。

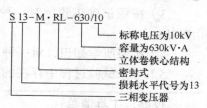

图 1-17　电力变压器型号含义

3）额定电流 I_{1N} 和 I_{2N}。额定电流是指根据变压器容许发热的条件而规定的满载电流值。三相变压器中额定电流是指线电流。

4）额定容量 S_N。额定容量是指变压器在额定工作状态下二次绕组的视在功率，其单位为 kV·A。

单相变压器的额定容量为 $S_N = \dfrac{U_{2N}I_{2N}}{1000}$

三相变压器的额定容量为 $S_N = \dfrac{\sqrt{3}U_{2N}I_{2N}}{1000}$

5）联结组标号。联结组标号指三相变压器一、二次绕组的连接方式。Y 表示高压绕组作星形联结，y 表示低压绕组作星形联结，D 表示高压绕组作三角形联结，d 表示低压绕组作三角形联结，N 表示高压绕组作星形联结时的中性线，n 表示低压绕组作星形联结时的中性线。

6）短路阻抗电压。短路阻抗电压又称为短路电压，它表示在额定电流时变压器阻抗电压降的大小，通常用它与额定电压 U_{1N} 的百分比来表示。

四、任务实施

按任务单分组完成以下任务：
1）变压器电压比的测定。
2）小型变压器的拆装。
3）变压器铭牌的解读。

五、任务单

任务一　认识变压器的作用及结构		组别：	教师签字
班级：	学号：	姓名：	
日期：			

任务要求：

1）测量变压器两端电压，记录测量参数、计算电压比。

2）按照正确步骤，对一种干式小型变压器进行拆卸，记录变压器铁心叠放方式、绕组绕制方向。

3）按照正确步骤，对一种干式小型变压器进行安装，要求安装前后不改变变压器的结构。

4）按照所学知识，对一种干式电力变压器铭牌进行解读，记录解读结果。

5）记录试验过程中存在的问题，并进行合理分析，提出解决方法。

仪器、工具清单：

小组分工：

任务内容：

1. 变压器电压比的测定

1）在交流可调电源断电的情况下，按图1-18接线。变压器的低压线圈 ax 接电源，高压线圈 AX 开路。

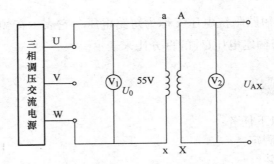

图1-18 电压比试验接线图

2）选好所有电表量程。调节调压器旋钮使输出电压 $U=U_N$，闭合交流电源总开关，按下"开"按钮，接通交流电源后，测量一次电压的同时测出二次电压数据，记录于表1-1中。

表1-1 电压比数据

测量数据		计算数据
U_0/V	U_{AX}/V	K

2. 小型变压器的拆装

（1）变压器的拆卸

1）将变压器外壳撬开，如图1-19所示。

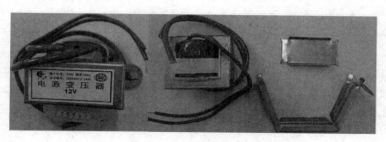

图 1-19　变压器外壳撬开

2）用锤子敲打铁心钢片，再撬开钢片，将第一片卸下后，再将其余钢片拔下，如图 1-20 所示，记录铁心叠放方式。

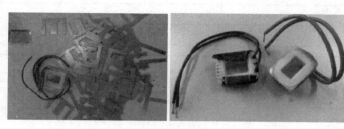

图 1-20　铁心钢片拆卸示意图

3）将一、二次绕组从塑料壳中抽出。

4）拆开一、二次绕组，并记录匝数以及绕组绕制方向。

（2）变压器的安装（见图 1-21）

1）按照记录的绕制方向绕制绕组，并缠上绝缘纸。

2）将绕组插入塑料壳中。

3）将钢片按顺序叠放好。

4）将外壳罩上，固定。

3. 变压器铭牌的解读

根据图 1-22 中变压器铭牌进行解读，并记录解读结果。

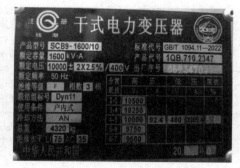

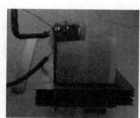

图 1-21　变压器安装示意图 　　　　　　图 1-22　某干式电力变压器铭牌

4.本任务存在的问题与解决方法

六、任务考核与评价

任务一 认识变压器的作用及结构		日期:	教师签字
姓名:	班级:	学号:	

评分细则

序号	评分项	得分条件	配分	小组评价	教师评价
1	学习态度	1. 遵守规章制度 2. 积极主动，具有创新意识	10		
2	安全规范	1. 能进行设备和工具的安全检查 2. 能规范使用实验设备 3. 具有安全操作意识	10		
3	专业技术能力	1. 能正确连接电路 2. 能正确使用仪器仪表对变压器参数进行测量 3. 能正确使用工具进行变压器拆卸及安装 4. 能按照正确顺序进行变压器的拆卸及安装	50		
4	数据读取、处理能力	1. 能正确记录变压器参数 2. 能正确计算变压器电压比	15		
5	报告撰写能力	1. 能独立完成任务单的填写 2. 字迹清晰、文字通顺 3. 无抄袭 4. 能体现较强的问题分析能力	15		
总分			100		

任务二 测量变压器的参数及运行特性

姓名： 班级： 日期： 参考课时：6课时

▶ 一、任务描述

某变压器工厂生产了一批变压器，在出厂之前，需要对变压器的参数及运行特性进行出厂检测，检测人员需要掌握变压器参数及运行特性测量的相关知识，并能够正确进行测量。因此，本任务主要是对变压器的空载、短路参数进行测量，并对其负载电路进行测试，绘制运行特性。

▶ 二、任务目标

※ **知识目标** 1）能够推导空载运行、负载运行的等效方程。
2）能够说出变压器等效方程中各参数的物理意义。
3）能够说出空载试验、负载试验、短路试验的实验目的。
4）能够根据理论分析变压器的运行特性。
5）能够说出变压器进行电路等效折算的原则。
6）能够写出等效电路折算的变换公式。

※ **能力目标** 1）能够规范使用实验设备，掌握本实验安全要点。
2）能够熟练掌握空载试验、负载试验、短路试验的实验步骤。
3）能正确使用仪器仪表对变压器试验数据进行测量。
4）能根据测量数据，对参数进行计算，对特性曲线进行绘制。
5）能够根据变压器等效阻抗选择变压器负载阻抗。

※ **素质目标** 1）树立安全第一的工作规则，将安全理念深植心中。
2）培养遵守规范的实验习惯，保证任务实施的正确性。
3）培养灵活创新、坚持不懈、精益求精的工作态度。
4）培养团结协作、互帮互助的合作精神。

▶ 三、知识准备

单相变压器
空载运行

（一）引导问题：怎样分析变压器的空载运行及负载运行原理？

1. 变压器的空载运行

（1）原理图及参考方向

变压器一次绕组接额定交流电压，而二次绕组开路（即 $I_2 = 0$）的工作方式称为变压器的空载运行，如图 1-23 所示。

由于变压器在交流电源上工作，因此通过变压器的电压、电流、磁通及电动势的大小及方向均随时间在

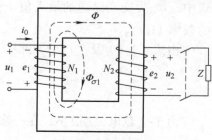

图 1-23 单相变压器空载运行

不断变化，为了正确表示它们之间的相位关系，必须首先规定它们的参考方向（或称为正方向）。

参考方向在原则上可以任意规定，但是参考方向的规定方法不同，由楞次定律可以知道，同一电磁过程所列出的方程式的正、负号将不同。为了统一，习惯上按照"电工惯例"来规定参考方向：

1）在同一支路中，电压的参考方向与电流的参考方向一致。

2）磁通的参考方向与电流的参考方向符合右手螺旋定则。

3）由交变磁通 Φ 产生的感应电动势 e 的参考方向与产生该磁通的电流参考方向一致（即感应电动势 e 与产生它的磁通 Φ 符合右手螺旋定则时为正方向）。图 1-1 及图 1-23 中各电压、电流、磁通、感应电动势的参考方向即按此惯例标出。

下面分析变压器空载运行时，各物理量之间的关系。

（2）理想变压器

空载时，在外加交流电压 u_1 作用下，一次绕组中通过的电流称为空载电流 i_0，在电流 i_0 的作用下，铁心中产生交变磁通，磁通按性质可分为两部分：一部分通过整个铁心磁路闭合，即与一、二次绕组共同交链的磁通，称为主磁通 Φ，它是总磁通的主要部分，是变压器一、二次绕组进行能量传递的媒介；另一部是只与一次绕组交链，通过空气等非磁性物质构成的一次侧漏磁通 $\Phi_{\sigma 1}$，由于该磁路磁阻很大，故 $\Phi_{\sigma 1}$ 仅占总磁通的很小一部分。为了分析问题方便、简单起见，先假定不计漏磁通 $\Phi_{\sigma 1}$，也不计一次绕组的电阻 r_1 及铁心的损耗，这种变压器称为理想变压器。当主磁通 Φ 同时穿过一、二次绕组时，分别在其中产生感应电动势 e_1 和 e_2，其值正比于 $\mathrm{d}\Phi / \mathrm{d}t$。

设 $\Phi = \Phi_{\mathrm{m}} \sin \omega t$，则

$$e = -N\frac{\mathrm{d}\Phi}{\mathrm{d}t} = -N\frac{\mathrm{d}}{\mathrm{d}t}(\Phi_{\mathrm{m}}\sin\omega t) = -\omega N\Phi_{\mathrm{m}}\cos\omega t$$
$$= 2\pi f N\Phi_{\mathrm{m}}\sin(\omega t - 90°) = E_{\mathrm{m}}\sin(\omega t - 90°)$$

可见在相位上，e 滞后 Φ 90°。在数值上，其有效值为

$$E = \frac{E_{\mathrm{m}}}{\sqrt{2}} = \frac{2\pi f N\Phi_{\mathrm{m}}}{\sqrt{2}} = 4.44 f N\Phi_{\mathrm{m}}$$

由此可得

$$E_1 = 4.44 f N_1 \Phi_{\mathrm{m}} \tag{1-1}$$

$$E_2 = 4.44 f N_2 \Phi_{\mathrm{m}} \tag{1-2}$$

式中，Φ_{m} 为交变磁通的最大值（Wb）；N_1 为一次绕组匝数；N_2 为二次绕组匝数；f 为交流电的频率（Hz）。

由式（1-1）及（1-2）可得

$$\frac{E_1}{E_2} = \frac{N_1}{N_2}$$

由于空载电流 i_0 很小，在一次绕组中产生的电压降可以忽略不计，则外加电源电压 u_1 与

一次绕组中的感应电动势E_1可近似看作相等，即

$$U_1 \approx E_1$$

而U_1与E_1的参考方向正好相反，即电动势E_1与外加电压U_1相平衡。在空载情况下，由于二次绕组开路，故端电压U_2与电动势E_2相等，即

$$U_2 = E_2$$

因此

$$U_1 \approx E_1 = 4.44 f N_1 \Phi_{\mathrm{m}} \tag{1-3}$$

$$U_2 = E_2 = 4.44 f N_2 \Phi_{\mathrm{m}} \tag{1-4}$$

则

$$\frac{U_1}{U_2} \approx \frac{E_1}{E_2} = \frac{N_1}{N_2} = K \tag{1-5}$$

式中，K为变压器的电压比，这是变压器最重要的参数之一。

【特别提示】　三相变压器的电压比为相电压之比。

由式（1-5）可见：变压器一、二次绕组的电压与一、二次绕组的匝数成正比，即变压器有变换电压的作用。

由式（1-3）可见：对某台变压器而言，f和N_1均为常数，因此当加在变压器上的交流电压U_1恒定时，则变压器铁心中的磁通Φ_{m}基本保持不变。这个恒磁通的概念很重要，在以后的分析中经常会用到。

理想变压器空载运行时u_1、e_1、Φ三者的波形如图1-24所示。

由于不计变压器中的损耗，此时空载电流$\dot{I}_0$只用来产生磁通$\dot{\Phi}$，一次绕组电路为纯电感电路，空载电流$\dot{I}_0$的相位滞后于电压$\dot{U}_1$ 90°，空载电流$\dot{I}_0$很小，一般只为额定电流的2%～10%。又由于感应电动势$\dot{E}_1$的相位滞后于电压$\dot{U}_1$ 180°。故$\dot{E}_1$的相位滞后于电流$\dot{I}_0$ 90°。另外由前面分析知道$\dot{E}_1$的相位也滞后于$\dot{\Phi}_{\mathrm{m}}$ 90°，故$\dot{I}_0$与$\dot{\Phi}_{\mathrm{m}}$同相位，由此可以作出理想变压器（不计损耗的变压器）空载运行时的相量图，如图1-25所示。

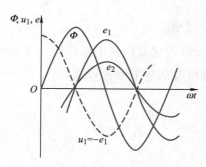

图1-24　主磁通及其感应电动势波形

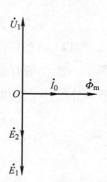

图1-25　理想变压器空载运行相量图

例 1-1 如图 1-23 所示，低压照明变压器一次绕组匝数 $N_1 = 770$，一次绕组电压 $U_1 = 220V$，现要求二次绕组输出电压 $U_2 = 36V$，求二次绕组匝数 N_2 及电压比 K。

解： 由式（1-5）可得

$$N_2 = \frac{U_2}{U_1} N_1 = \frac{36}{220} \times 770 = 126$$

$$K = \frac{U_1}{U_2} = \frac{220}{36} \approx 6.1$$

通常把 $K>1$（即 $U_1 > U_2$，$N_1 > N_2$）的变压器称为降压变压器；$K<1$ 的变压器称为升压变压器。

（3）实际变压器

实际的变压器空载运行时，由空载电流励磁的磁通分为两部分：一部分通过铁心同时与一、二次绕组交链，称为主磁通，其幅值用 Φ_m 表示，它在一、二次绕组中产生的感应电动势 E_1、E_2 分别由式（1-1）及（1-2）确定；另一部分通过一次绕组周围的空间形成闭路，只与一次绕组交链，称为漏磁通，用 $\Phi_{\sigma 1}$ 表示，如图 1-23 所示。它在一次绕组中产生的感应电动势称为漏抗电动势，用 $E_{\sigma 1}$ 表示，则漏抗电动势向量为

$$\dot{E}_{\sigma 1} = -jX_{\sigma 1}\dot{I}_0 \tag{1-6}$$

由于漏磁通经过铁心及空气形成闭合回路，磁路不会饱和，使得漏磁通保持与 I_0 成正比，所以 $X_{\sigma 1}$ 是一个常数。漏磁通只占主磁通的千分之几，因此相应的漏抗和漏抗电动势很小。

理想变压器空载运行时，一次绕组对于电源来说近似于一个纯电感负载，所以它的空载电流 $\dot{I}_0$ 的相位比电压 $\dot{U}_1$ 滞后 90°，是无功电流，它用来产生主磁通 $\dot{\Phi}_m$。而实际变压器空载运行时，空载电流除产生主磁通和漏磁通外，还具有有功分量，以供绕组电阻和铁心中的损耗。这时的空载电流 $\dot{I}_0$ 的相位比电压 $\dot{U}_1$ 滞后不到 90°。空载电流中的无功分量用 $\dot{I}_d$ 表示，另一部分有功分量用 $\dot{I}_q$ 表示，它们与空载电流 $\dot{I}_0$ 超前磁通的角度 δ（铁损耗角）有关，可按下式求得

$$\begin{cases} I_q = I_0 \sin\delta \\ I_d = I_0 \cos\delta \end{cases} \tag{1-7}$$

δ 通常很小，所以 $\dot{I}_0$ 的相位滞后电压 $\dot{U}_1$ 的角度仍接近 90°。

实际变压器的一次绕组有很小的电阻 r_1，空载电流流过它要产生电压降 $r_1\dot{I}_0$。它和感应电动势 $\dot{E}_1$、漏抗电动势 $\dot{E}_{\sigma 1}$ 一起为电源电压 $\dot{U}_1$ 所平衡，可得电动势平衡方程式为

$$\begin{aligned} \dot{U}_1 &= -\dot{E}_1 - \dot{E}_{\sigma 1} + r_1\dot{I}_0 \\ &= -\dot{E}_1 + jX_{\sigma 1}\dot{I}_0 + r_1\dot{I}_0 \\ &= -\dot{E}_1 + Z_{\sigma 1}\dot{I}_0 \end{aligned} \tag{1-8}$$

式中，$Z_{\sigma 1} = r_1 + jX_{\sigma 1}$ 是变压器一次绕组的漏阻抗。由于 r_1、$X_{\sigma 1}$ 均很小，$Z_{\sigma 1}$ 也很小，很小的空

载电流在漏阻抗上产生的电压降也很小。所以，实际变压器在空载运行时仍然满足

$$\begin{cases} U_1 \approx E_1 \\ U_2 = E_2 \end{cases}$$

要画出实际变压器空载运行时的相量图，可在图 1-25 的基础上，把 $\dot{I}_0$ 逆时针转过 δ，并按式（1-7）作出 $\dot{I}_q$ 和 $\dot{I}_d$，再在 $-\dot{E}_1$ 的末端作 $r_1\dot{I}_0$，它与 $\dot{I}_0$ 同相位，在 $r_1\dot{I}_0$ 末端作出 $jX_{\sigma 1}\dot{I}_0$，它超前 $\dot{I}_0$ 90°。最后按式（1-8）作出 $\dot{U}_1$，即为实际变压器空载运行时的相量图，如图 1-26 所示。在图中，为了表示明显，δ、r_1、$\dot{I}_0$ 等均被放大。

下面介绍实际变压器空载运行时的等效电路。由于在变压器中存在电与磁两者的相互关系问题，给变压器的分析计算带来很多麻烦，如果能将电与磁的关系用纯电路的形式"等效"地表现出来，就可简化变压器的分析计算，这就是引出等效电路的目的。由式（1-6）可知，由漏磁通产生的漏抗电动势 $E_{\sigma 1}$ 可以表达成空载电流 I_0 在漏抗 $X_{\sigma 1}$ 上的电压降。同样，由主磁通产生的感应电动势 E_1 也可类似地引入一个参数来处理，但由于主磁通在铁心还有铁损耗，因此不能简单地引入一个电抗，而应引入一个阻抗 Z_m 把 E_1 和 I_0 联系起来。这时 E_1 的作用可看作空载电流 I_0 流过 Z_m 时所产生的电压降，即

$$-\dot{E}_1 = Z_m \dot{I}_0 = (r_m + jX_m)\dot{I}_0 \tag{1-9}$$

式中，Z_m 为变压器的励磁阻抗（Ω），$Z_m = r_m + jX_m$；r_m 为励磁电阻（Ω），对应于铁心损耗的等效电阻；X_m 为励磁电抗（Ω），表示主磁通的作用。

将式（1-9）代入式（1-8）后可得

$$\dot{U}_1 = -\dot{E}_1 + Z_{\sigma 1}\dot{I}_0 = Z_m\dot{I}_0 + Z_{\sigma 1}\dot{I}_0$$
$$= (Z_m + Z_{\sigma 1})\dot{I}_0$$

其等效电路如图 1-27 所示。其中，$Z_{\sigma 1} = r_1 + jX_{\sigma 1}$，$Z_m = r_m + jX_m$。

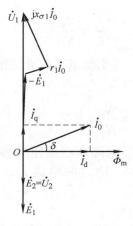

图 1-26　实际变压器空载运行时的相量图

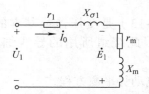

图 1-27　变压器空载时的等效电路

2. 变压器的负载运行

（1）磁通势平衡方程式

如图 1-28 所示，当变压器二次绕组接上负载后，在E_2的作用下，二次绕组流过负载电流I_2，并产生去磁磁通势N_2I_2，为保持铁心中的磁通 Φ 基本不变，一次绕组中的电流由I_0增大为I_1，磁通势变为N_1I_1，以抵消二次电流产生的磁通势的影响，由此可得磁通势平衡方程式为

$$N_1\dot{I}_1 + N_2\dot{I}_2 = N_1\dot{I}_0 \tag{1-10}$$

将式（1-10）变化后可得

$$\dot{I}_1 = \dot{I}_0 + \left(-\frac{N_2}{N_1}\dot{I}_2\right) = \dot{I}_0 + \left(-\frac{\dot{I}_2}{K}\right) = \dot{I}_0 + \dot{I}_1' \tag{1-11}$$

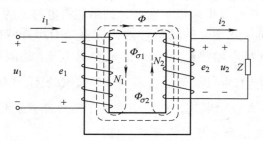

单相变压器负载运行

图 1-28　单相变压器负载运行

式（1-11）表明，负载运行时一次电流$\dot{I}_1$由两个分量组成，一个是励磁电流$\dot{I}_0$，用来建立主磁通 Φ，另一个是供给负载的负载电流分量$\dot{I}_1'$，用以抵消二次绕组磁通势的去磁作用，保持主磁通不变。

式（1-11）还表明变压器在负载运行时，可通过磁通势的平衡关系，将一、二次绕组中的电流联系起来，二次绕组输出功率增大，则二次绕组中的电流增大，导致一次绕组中的电流及输入功率也随之增大。

通常变压器空载电流I_0很小，因此由式（1-11）可得　$\dot{I}_1 \approx -\frac{N_2}{N_1}\dot{I}_2$

上式表明，$\dot{I}_1$与$\dot{I}_2$在相位上相差约180°，其大小为　$\dfrac{I_1}{I_2} \approx \dfrac{N_2}{N_1} \tag{1-12}$

式（1-12）表明，变压器一、二次绕组中的电流与一、二次绕组匝数成反比，即变压器也有变换电流的作用。

综合式（1-5）与式（1-12）可得　$\dfrac{U_1}{U_2} \approx \dfrac{I_2}{I_1} \approx \dfrac{N_1}{N_2} = K \tag{1-13}$

式（1-13）是变压器最基本的公式，由式可见变压器的高压绕组匝数多，而通过的电流小，因此绕组所用的导线细，反之低压绕组匝数少，通过的电流大，所用的导线较粗。

（2）电动势平衡方程式

变压器负载运行时一次绕组的电动势平衡方程式为

$$\dot{U}_1 = -\dot{E}_1 + jX_{\sigma1}\dot{I}_1 + r_1\dot{I}_1 = -\dot{E}_1 + Z_{\sigma1}\dot{I}_1 \qquad (1\text{-}14)$$

与一次绕组相仿，二次绕组也有电阻存在，同时二次绕组内也存在漏磁通 $\Phi_{\sigma2}$，如图 1-28 所示。$\Phi_{\sigma2}$ 将产生漏抗电动势 $\dot{E}_{\sigma2} = -jX_{\sigma2}\dot{I}_2$，故二次绕组的电动势平衡方程式为

$$
\begin{aligned}
\dot{U}_2 &= \dot{E}_2 + \dot{E}_{\sigma2} - r_2\dot{I}_2 \\
&= \dot{E}_2 - (r_2 + jX_{\sigma2})\dot{I}_2 \\
&= \dot{E}_2 - Z_{\sigma2}\dot{I}_2 = Z\dot{I}_2 = (r + jX)\dot{I}_2
\end{aligned}
\qquad (1\text{-}15)
$$

式中，$Z_{\sigma2}$ 为二次绕组漏阻抗（Ω）；Z 为二次绕组的负载阻抗（Ω）；r 为二次绕组的负载电阻（Ω）；X 为二次绕组的负载电抗（Ω）。

（3）变压器的折算

变压器一、二次绕组匝数不相等，在分析计算时很不方便，因此需要对变压器进行折算。变压器的折算就是把一、二次绕组的匝数变换成相同匝数。折算时可以把一次绕组匝数变换成二次绕组匝数，也可以把二次绕组匝数变换成一次绕组匝数，而不改变其电磁关系。通常是将二次绕组折算到一次绕组，由于折算前后二次绕组匝数不同，因此折算前后的二次绕组的各物理量数值与折算前不同，折算后量用原来的符号加"′"表示，即取 $N_2' = N_1$，则 E_2 变成 E_2'，使 $E_2' = E_1$。

1）二次侧电动势和电压的折算。由于二次绕组折算后，$N_2' = N_1$，根据电动势大小与匝数成正比，有

$$\frac{E_2'}{E_2} = \frac{N_2'}{N_2} = \frac{N_1}{N_2} = K$$

即

$$E_2' = KE_2 = E_1$$

$$U_2' = KU_2 \qquad (1\text{-}16)$$

2）二次电流的折算。为保持二次绕组磁动势在折算前后不变，即 $I_2'N_2' = I_2N_2$，则有

$$I_2' = \frac{N_2}{N_2'}I_2 = \frac{N_2}{N_1}I_2 = \frac{1}{K}I_2 \qquad (1\text{-}17)$$

3）二次阻抗的折算。根据折算前后的消耗在二次绕组电阻及漏电抗上的有功、无功功率不变的原则，负载阻抗 Z 的折算值为

$$Z' = \frac{U_2'}{I_2'} = \frac{KU_2}{\dfrac{I_2}{K}} = K^2\frac{U_2}{I_2} = K^2 Z$$

也可表示为

$$Z = \frac{U_2}{I_2} = \frac{\dfrac{N_2}{N_1}U_1}{\dfrac{N_1}{N_2}I_1} = \left(\frac{N_2}{N_1}\right)^2\frac{U_1}{I_1} = \frac{1}{K^2}Z' \qquad (1\text{-}18)$$

式中，$Z' = U_1 / I_1$相当于直接接在一次绕组上的等效阻抗，如图1-29所示。可见接在变压器二次绕组上的负载Z是不经过变压器直接接在电源上的等效负载Z'的$1/K^2$。也就是说，负载阻抗通过变压器接电源时，相当于把阻抗增大为K^2倍。因此，变压器不但具有电压变换和电流变换的作用，还具有阻抗变换的作用。

综上所述，若将二次绕组折算到一次绕组，则折算值与原值的关系是：电动势、电压都乘以电压比K，电流都除以电压比K，电阻、电抗、阻抗都乘以电压比K的二次方、磁动势、功率、损耗等值不变。

在电子电路中，为了获得较大的功率输出，往往对输出电路的输出阻抗与所接的负载阻抗之间的关系有一定的要求。例如对于音响设备，为了能在扬声器中获得最好的音响效果（获得最大的功率输出），要求音响设备的输出阻抗与扬声器的阻抗尽量相等，但实际上扬声器的阻抗通常小于100Ω，而音响设备等信号的输出阻抗却很大，在500Ω以上，为此通常在两者之间接变压器（称为输出变压器、线间变压器）来达到阻抗匹配的目的。

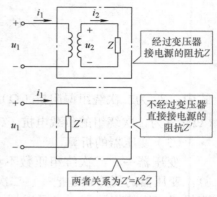

图1-29 变压器的阻抗变换

例1-2 25W扬声器输出电路的输出阻抗为$Z' = 500\Omega$，接入的扬声器阻抗为$Z = 8\Omega$，加接线间变压器使两者实现阻抗匹配，求该变压器的电压比K。若该变压器一次绕组匝数$N_1 = 560$，问二次绕组匝数N_2为多少？

解：由式（1-18）得

$$K = \sqrt{\frac{Z'}{Z}} = \sqrt{\frac{500}{8}} = 7.9$$

$$N_2 = \frac{N_1}{K} = \frac{560}{7.9} \approx 71$$

4）变压器的等值电路。根据折算的变压器，其基本方程式变为

$$\dot{U}_1 = -\dot{E}_1 + jX_{\sigma 1}\dot{I}_1 + r_1\dot{I}_1$$

$$\dot{U}_2' = \dot{E}_2' - (r_2' + jX_{\sigma 2}')\dot{I}_2'$$

$$\dot{E}_1 = \dot{E}_2' = -\dot{I}_0 Z_m \qquad\qquad (1\text{-}19)$$

由此可以画出变压器的等值电路，其中变压器一、二次绕组之间的磁耦合作用由主磁通在绕组中产生的感应电动势$\dot{E}_1$、$\dot{E}_2$反映出来，经过绕组折算后，$\dot{E}_1 = \dot{E}_2'$，构成了相应主磁场励磁部分的等值电路。根据式（1-19），可将一、二次绕组的等值电路和励磁支路连在一起，构成变压器的T形等值电路，如图1-30所示。

考虑到一般变压器中，$Z_m \gg Z_{\sigma 1}$，因而$I_0 Z_m$很小，可以忽略不计，同时负载变化时$\dot{E}_1 = \dot{E}_2'$的变化也很小，因此可以认为I_0不随负载变化；在实际应用的变压器中，由于$I_{N1} \gg I_0$，可以进一步把励磁电流I_0忽略不计，即将励磁支路去掉，从而得到一个非常简单、便于计算的阻抗串联电路，称这个电路为简化等效电路，如图1-31所示。此时变压器表现为一串联

阻抗Z_k，即

$$Z_k = Z_{\sigma 1} + Z'_{\sigma 2} = r_k + jX_k$$

式中，Z_k为变压器的短路阻抗；r_k为变压器的短路电阻，$r_k = r_1 + r'_2$；X_k为变压器的短路电抗，$X_k = X_{\sigma 1} + X'_{\sigma 2}$。

根据简化等效电路可得如下平衡方程：

$$\dot{I}_1 = -\dot{I}'_2 \qquad \dot{U}_1 = \dot{I}_1(r_k + jX_k) - \dot{U}'_2 = \dot{I}_1 Z_k - \dot{U}'_2$$

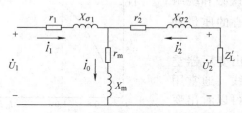

图1-30　变压器的T形等值电路

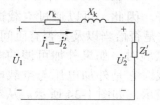

图1-31　变压器的简化等效电路

绘制相量图如图1-32所示。

图1-32简化相量图中的三角形abc一般称为漏阻抗三角形。对一个已经确定的变压器来说，此三角形的形状是不变的，其大小与负载大小成正比。额定负载时的漏阻抗三角形称为短路三角形。

（二）　引导问题：怎样进行变压器的空载试验和短路试验？

1. 空载试验

变压器空载试验的目的是测定变压器在空载运行时的电压比K、空载电流I_0、空载损耗功率P_0和励磁阻抗Z_m等。试验电路如图1-33所示。

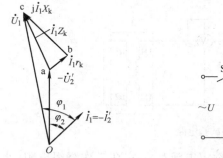

图1-32　变压器负载运行时的简化相量图

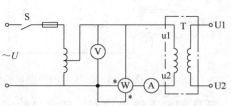

图1-33　变压器的空载试验电路

由于变压器空载运行时的空载电流很小，功率因数很低，所用的功率表应为低功率因数功率表，并将电压表接在功率表前面，以减少误差。空载试验在高压侧或低压侧进行都可以，但考虑到空载试验要加额定电压，为了安全起见，通常在低压侧进行，并将高压侧开路。试验时，调节自耦调压器手柄，使加在低压侧的电压为额定电压U_{2N}，这时由功率表测得的读数就是空载损耗P_0，由电压表读得U_{2N}，由电流表读得空载电流$\dot{I}'_0$，再通过电压互感器和电压表测量高压侧电压U_{1N}。根据这些读数可计算出变压器的空载参数。

1）电压比K：　　　　　　　　　　$K = U_{1N} / U_{2N}$

2）空载电流I_0：　　　　　　　$I_0 = \dot{I}'_0 / K$（折算到高压侧）

3）空载损耗P_0即变压器的铁损耗。

4）励磁阻抗Z_m：　　$Z_m = K^2 Z'_m = K^2 U_{2N} / I'_0$（折算到高压侧）

需要说明的是空载损耗P_0应该是变压器铁损耗和铜损耗之和，但由于空载电流I_0很小，约为（0.02～0.1）I_N，故铜损耗可以忽略不计，因此可近似认为P_0是变压器的铁损耗，P_0越小，说明变压器的铁心和绕组的质量越好。因此，可以通过空载试验来检查铁心的质量和绕组的匝数是否恰当以及是否有匝间短路等。

空载试验时，如果外加可调的电压，可以作出变压器空载特性曲线，它是外加电压与空载电流的关系曲线，通常用百分值来表示，如图1-34所示。从空载特性曲线可以看出变压器磁路的饱和程度是否恰当。

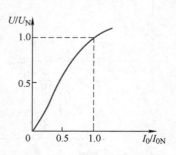

图1-34　空载变压器的特性曲线

2. 短路试验

变压器的短路试验是在低压侧短路的条件下进行的。高压侧加上很低的电压，使得高压侧的电流等于额定值。试验电路如图1-35所示。

短路试验的目的是测定变压器的铜损耗P_{Cu}和短路电压U_k、短路阻抗Z_k。

短路试验时，高压侧所加电压应从零缓慢上升到高压绕组电流达到额定值时为止。这时功率表的读数就是短路试验所消耗的功率，称为短路功率，用P_k表示。而电流表的读的读数I_k和电压表的读数U_k则用来确定短路阻抗Z_k，即

$$Z_k = \frac{U_k}{I_k} = \frac{U_k}{I_{1N}}$$

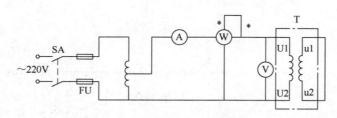

图1-35　变压器的短路试验电路

在短路试验中，低压侧并不输出功率，却流过额定电流I_{2N}，它在二次绕组电阻r_2上的铜损耗为$r_2 I_{2N}^2$，而一次绕组流过额定电流I_{1N}，它在一次绕组电阻r_1上的铜损耗为$r_1 I_{2N}^2$。由于所加的电压很低，磁通很少，这时的铁损耗可以忽略不计，可近似地认为短路功率等于一、二次绕组的铜损耗，即

$$P_k \approx r_1 I_{1N}^2 + r_2 I_{2N}^2$$

考虑到电流I_{1N}和I_{2N}之间的正比关系$I_{1N} = I_{2N} / K$，显然

$$P_k = r_1 I_{1N}^2 + K^2 r_2 I_{1N}^2$$
$$= (r_1 + K^2 r_2) I_{1N}^2$$
$$= r_k I_{1N}^2$$

式中，r_k 为变压器的短路电阻，可由短路试验的数据求得。

$$r_k = \frac{P_k}{I_{1N}^2} = r_1 + K^2 r_2$$

短路电阻的数值随温度变化而变化，而试验时的温度与变压器实际运行时的温度往往不同，按国家标准规定，试验所得的电阻值必须换算成规定工作温度时的数值。对于油浸式电力变压器而言，规定的工作温度为 75℃，于是

$$r_k(75℃) = \frac{234.5 + 75}{234.5 + \theta} r_k \qquad (1\text{-}20)$$

式中，θ 为试验时的室温（℃）。

短路电抗为

$$X_k = \sqrt{Z_k^2 - r_k^2(75℃)} \qquad (1\text{-}21)$$

短路试验时要注意，切不可在一次绕组加上额定电压的情况下把二次绕组短路，因为这会使变压器一、二次绕组上的电流都很大，变压器将立即损坏。

在短路试验中，使得一次绕组电流等于额定值时的电压称为短路电压，或称为变压器的阻抗电压，用 U_k 表示，它是变压器的一个重要参数。为了便于比较，常把它表示为对一次绕组额定电压的相对值的百分数（在变压器中通常将某一物理量的值与其额定值的比值称为标幺值），即

$$U_k^* = \frac{U_k}{U_{1N}} \times 100\% \qquad (1\text{-}22)$$

将式（1-22）变换可得

$$U_k^* = \frac{U_k}{U_{1N}} \times 100\% = \frac{I_k Z_k}{U_{1N}} \times 100\% = \frac{Z_k}{Z_N} \times 100\% = Z_k^*$$

可见短路电压的大小直接反映了短路阻抗的大小，而短路阻抗又直接影响到变压器的运行性能。从正常运行角度看，希望短路电压较小，从而使变压器输出电压随负载的变动小。而从短路故障的角度看，又希望短路电压较大，可使相应的短路电流较小。一般中、小型变压器 $U_k^* = 4\% \sim 10.5\%$，大型变压器 $U_k^* = 12.5\% \sim 17.5\%$。

（三）引导问题：变压器具有怎样的运行特性？

要正确、合理地使用变压器，必须了解变压器在运行时的主要特性及性能指标。变压器在运行时的主要特性有外特性与效率特性，而表征变压器运行性能的主要指标有电压变化率和效率。下面分别加以讨论。

1. 变压器的外特性及电压变化率

变压器空载运行时，若一次绕组电压 U_1 不变，则二次绕组电压 U_2 也不变。变压器加上

负载之后，随着负载电流I_2的增大，I_2在二次绕组内部的阻抗电压降也会增大，使二次绕组输出的电压U_2随之发生变化。另一方面，由于一次绕组电流I_1随I_2增大，因此I_2增大时，使一次绕组漏阻抗上的电压降增加，一次绕组电动势E_1和二次绕组电动势E_2也会有所下降，这也会影响二次绕组的输出电压U_2。变压器的外特性是用来描述输出电压U_2随负载电流I_2的变化情况。

当一次绕组电压U_1和负载的功率因数$\cos\varphi_2$一定时，二次绕组电压U_2与负载电流I_2的关系称为变压器的外特性，它可以通过试验求得。功率因数不同时的几条外特性如图1-36所示，可以看出，当$\cos\varphi_2=1$时，U_2随I_2的增大而下降得不多；当$\cos\varphi_2$降低即在感性负载时，U_2随I_2增大而下降的程度加大，这是因为滞后的无功电流对变压器磁路中的主磁通的去磁作用更为显著，而使E_1和E_2有所下降；但当φ_2为负值即在容性负载时，超前的无功电流有助磁作用，主磁通有所增加，E_1和E_2也相应加大，使得U_2随I_2的增大而升高。以上叙述表明，负载的功率因数对变压器外特性的影响很大。

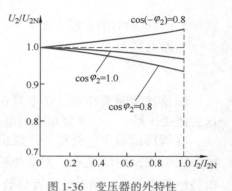

图1-36 变压器的外特性

在图1-36中，纵坐标用U_2/U_{2N}表示，而横坐标用I_2/I_{2N}表示，使得在坐标轴上的数值都在$0\sim1$之间，或稍大于1，这样做是为了便于不同容量和不同电压的变压器相互比较。

一般情况下，变压器的负载大多数是感性负载，所以当负载增加时，输出电压U_2总是下降的，其下降程度常用电压变化率来描述。当变压器从空载到额定负载$(I_2=I_{2N})$运行时，二次绕组输出电压的变化值ΔU与空载电压（额定电压）U_{2N}之比的百分值称为变压器的电压变化率，用$\Delta U\%$来表示。

$$\Delta U\% = \frac{U_{2N}-U_2}{U_{2N}}\times100\% \qquad (1\text{-}23)$$

式中，U_{2N}为变压器空载时二次绕组的电压（称为额定电压）；U_2为二次绕组输出额定电流时的电压。

电压变化率反映了供电电压的稳定性，是变压器的一个重要性能指标。$\Delta U\%$越小，说明变压器二次绕组输出的电压越稳定，因此要求变压器的$\Delta U\%$越小越好。常用的电力变压器从空载到满载，电压变化率约为$3\%\sim5\%$。

例1-3 某台供电电力变压器将$U_{1N}=10000\text{V}$的高压降压后对负载供电，要求该变压器在额定负载下的输出电压为$U_2=380\text{V}$，该变压器的电压变化率$\Delta U=5\%$，求该变压器二次绕组的额定电压U_{2N}及电压比K。

解： 由式（1-23）得

$$\Delta U = \frac{U_{2N}-380}{U_{2N}}\times100\% = 5\%$$

则
$$U_{2N} = 400V$$

$$K = \frac{U_{1N}}{U_{2N}} = \frac{10000}{400} = 25$$

由例 1-3 可知，给电力变压器铭牌中额定线电压为 380V 的负载供电时，变压器二次绕组的额定电压不是 380V，而是 400V。

2. 变压器的损耗及效率

变压器从电源输入的有功功率 P_1 和向负载输出的有功功率 P_2 为

$$\begin{cases} P_1 = U_1 I_1 \cos\varphi_1 \\ P_2 = U_2 I_2 \cos\varphi_2 \end{cases} \tag{1-24}$$

两者之差为变压器的损耗 ΔP，它包括铜损耗 P_{Cu} 和铁损耗 P_{Fe} 两部分，即

$$\Delta P = P_{Cu} + P_{Fe} \tag{1-25}$$

（1）铁损耗 P_{Fe}

变压器的铁损耗包括基本铁损耗和附加铁损耗两部分。基本铁损耗包括铁心中的磁滞损耗和涡流损耗，它取决于铁心中的磁通密度的大小、磁通交变的频率和硅钢片的质量等。附加损耗则包括铁心叠片间因绝缘损伤而产生的局部涡流损耗、主磁通在变压器铁心以外的结构部件中引起的涡流损耗等，附加损耗约为基本损耗的 15% ~ 20%。

变压器的铁损耗与一次绕组上所加的电源电压大小有关，而与负载电流的大小无关。当电源电压一定时，铁心中的磁通基本不变，铁损耗也基本不变，因此铁损耗又称"不变损耗"。

（2）铜损耗 P_{Cu}

变压器的铜损耗也分为基本铜损耗和附加铜损耗两部分。基本铜损耗是由电流在一、二次绕组电阻上产生的损耗，而附加铜损耗是指由漏磁通产生的集肤效应使电流在导体内分布不均匀而产生的额外损耗。附加铜损耗约占基本铜损耗的 3% ~ 20%。在变压器中，铜损耗与负载电流的二次方成正比，所以铜损耗又称为"可变损耗"。

（3）效率 η

变压器的输出功率 P_2 与输入功率 P_1 之比称为变压器的效率 η，即

$$\eta = \frac{P_2}{P_1} \times 100\% = \frac{P_2}{P_2 + \Delta P} \times 100\% = \frac{P_2}{P_2 + P_{Cu} + P_{Fe}} \times 100\% \tag{1-26}$$

变压器由于没有旋转的部件，不存在电机的机械损耗，因此变压器的效率一般都比较高，中、小型电力变压器效率在 95% 以上，大型电力变压器效率可达 99% 以上。

例 1-4　S9-500/100 低损耗三相电力变压器额定容量为 500kV·A，设功率因数为 1，二次电压 $U_{2N} = 400V$，铁损耗 $P_{Fe} = 0.98kW$，额定负载时铜损耗 $P_{Cu} = 4.1kW$，求二次额定电流 I_{2N} 及变压器效率 η。

解：
$$I_{2N} = \frac{S_N}{\sqrt{3}U_{2N}} = \frac{500 \times 1000}{\sqrt{3} \times 400}A \approx 722A$$

$$P_2 = S_N \cos\varphi = 500\text{kW}$$

$$\eta = \frac{P_2}{P_1} \times 100\% = \frac{P_2}{P_2 + P_{\text{Fe}} + P_{\text{Cu}}} \times 100\% = \frac{500}{500 + 0.98 + 4.1} \times 100\% \approx 99\%$$

前面已经讲过，降低变压器本身的损耗、提高其效率是供电系统中一个极为重要的课题，世界各国都在大力研究高效节能变压器，其主要途径为：一是采用低损耗材料来制作铁心，例如容量相同的两台电力变压器，用高导磁硅钢片制作铁心的变压器铁损耗最低能降至约 0.7W/kg，非晶合金能降至约 0.15W/kg，后者比前者空载损耗低 60% ～ 70%，由此可见我国强制推行使用低损耗变压器的原因；二是减小铜损耗。如果能用超导材料来制作变压器绕组，则可使其电阻为零，铜损耗就不存在了。高温超导变压器与常规变压器相比，具有体积小、效率高、无火灾隐患、无环境污染等优点，在相同容量下超导变压器的体积比常规变压器小 40% ～ 60%。2006 年，我国首台高温超导变压器投入配电网试验运行获得成功，它标志着我国在高温超导变压器的研制开发方面已经进入世界先进行列。

（4）效率特性

变压器在不同的负载电流 I_2 时，输出功率 P_2 及铜损耗 P_{Cu} 都在变化，因此变压器的效率 η 也随负载电流 I_2 的变化而变化，其变化规律通常用变压器的效率特性曲线来表示，如图 1-37 所示。图中，$\beta = I_2 / I_{2N}$ 称为负载系数。

通过数学分析可知：当变压器的铁损耗等于铜损耗时，变压器的效率最高，通常变压器达到最高效率时 β 在 0.5～0.6 之间。

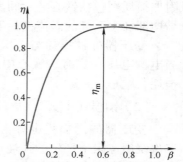

图 1-37　变压器效率特性曲线

四、任务实施

按任务单分组完成以下任务：
1）变压器空载参数的测定。
2）变压器短路参数的测定。
3）变压器负载阻抗的选择。
4）变压器运行特性曲线的绘制。

五、任务单

任务二　测量变压器的参数及运行特性		组别：	教师签字
班级：	学号：	姓名：	
日期：			

任务要求：
1）按照正确步骤，分组进行变压器空载运行试验，记录相关参数、绘制相关曲线。
2）按照正确步骤，分组进行变压器短路运行试验，记录相关参数、绘制相关曲线。
3）根据任务内容，对变压器负载电阻进行选择，并用试验验证。
4）按照正确步骤，分组进行变压器负载试验，记录相关参数，绘制相关曲线。
5）记录试验过程中存在的问题，并进行合理分析，提出解决方法。

仪器、工具清单：

小组分工：

任务内容：

1. 变压器空载参数的测量

1）在三相调压交流电源断电的条件下，按图 1-38 接线。（注：为方便标注，用 A、B、C 和 a、b、c 分别表示变压器高、低压绕组的首端，X、Y、Z 和 x、y、z 表示变压器高、低压绕组的尾端，以下同）变压器的低压绕组 a、x 端接电源，高压绕组 A、X 端开路。

2）选好所有电表量程。将调压器旋钮向逆时针方向旋转到底，即将其调到输出电压为零的位置。

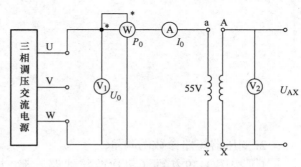

图 1-38　空载试验接线图

3）闭合交流电源总开关，按下"开"按钮，便接通了三相交流电源。调节三相调压器旋钮，使变压器空载电压 $U_0=1.2U_N$，然后逐次降低电源电压，电压在（$1.2 \sim 0.2$）U_N 的范围内，测量变压器的 U_0、I_0、P_0。

4）测量数据时，$U=U_N$ 点必须测，并在该点附近测的点较密，共测量数据 $7 \sim 8$ 组，记录于表 1-2 中。

5）为了计算变压器的电压比，在 U_N 以下测量一次电压的同时测出二次电压数据，也记录于表 1-2 中。

表 1-2　变压器空载试验数据

试验数据				计算数据
U_0 /V	I_0 /A	P_0 /W	U_{AX} /V	$\cos\varphi_0$

6）记录实训操作过程并进行参数计算，待计算的空载参数为：变压器电压比 K、空载电流 I_0、空载损耗功率 P_0 和励磁阻抗。绘制空载特性曲线：$U_0 = f(I_0)$，$P_0 = f(U_0)$，$\cos\varphi_0 = f(U_0)$。

_____

_____

_____

_____

绘图区：

2. 变压器短路参数的测量

1）按图 1-39 接线（每次改接线路，都要关断电源）。将变压器的高压绕组接电源，低压绕组直接短路。

2）选好所有电表量程，将交流调压器旋钮调到输出电压为零的位置。

3）接通交流电源，逐次缓慢增加输入电压，直到短路电流等于 $1.1I_N$ 为止，在 $(0.2 \sim 1.1)I_N$ 范围内测量变压器的 U_k、I_k、P_k。

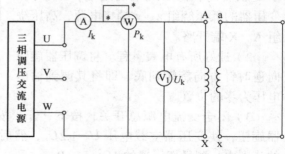

图 1-39　短路试验接线图

4）测量数据时，$I_k = I_N$ 点必须测，共测量数据 6 ～ 7 组，记录于表 1-3 中。试验时记下周围环境温度。

表 1-3　变压器短路试验数据　　　　室温_____℃

试验数据			计算数据
U_k /V	I_k /A	P_k /W	$\cos\varphi_k$

5）记录实训操作过程并进行参数计算，待计算的短路参数为：变压器铜损耗 P_{Cu}、短路电压 U_k 和短路阻抗 Z_k。绘制短路特性曲线：$U_k = f(I_k)$，$P_k = f(U_k)$，$\cos\varphi_k = f(U_k)$。

绘图区：

3. 负载阻抗的选择

实验室现有电阻只有 10Ω、100Ω、200Ω、500Ω，请运用变压器电阻的等效折算，获得一个 25Ω 的电阻，在实验设备上进行验证，并记录等效电阻设计方案以及实际测量结果。

4. 变压器负载运行特性的测绘

1）按图 1-40 接线（每次改接线路，都要关断电源）。将变压器的高压绕组接电源，低压绕组接入一个电阻值大的可变电阻，并使其处于在高阻状态。

2）选好所有电表量程，将交流调压器旋钮调到输出电压为零的位置。

3）接通交流电源，缓慢增加输入电压直到额定值。缓慢减小可变电阻值，直到低压绕组电流等于 I_{2N} 为止，在 $(0.2 \sim 1) I_N$ 范围内测量变压器的 U_2、P_2。

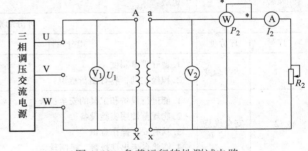

图 1-40　负载运行特性测试电路

4）共测量数据 6 ～ 7 组，记录于表 1-4 中。

表 1-4　变压器负载运行特性试验数据

试验数据			计算数据
U_2/V	I_2/A	P_2/W	$\cos\varphi_2$

5）记录操作过程，计算电压变化率 $\Delta U\% = (U_{2N} - U_2)/U_{2N} \times 100\%$，根据测量数据绘制变压器外特性曲线 $U_2/U_{2N} = f(I_2/I_{2N})$。

6）低压绕组串联一个电阻值大的可变电阻与一个电容，重复步骤 3）～ 5）。

5. 拓展思考

1）变压器的空载和短路试验中电源电压一般加在哪一侧较合适？

2）在空载和短路试验中，各种仪表应怎样连接才能使测量误差最小？

六、任务考核与评价

任务二	测量变压器的参数及运行特性		日期：		教师签字	
姓名：		班级：	学号：			

评分细则

序号	评分项	得分条件	配分	小组评价	教师评价
1	学习态度	1. 遵守规章制度 2. 积极主动，具有创新意识	10		
2	安全规范	1. 能进行设备和工具的安全检查 2. 能规范使用实验设备 3. 具有安全操作意识 4. 实验台未出现报警、跳闸现象	10		
3	专业技术能力	1. 能正确连接电路 2. 能按照任务单根据正确顺序进行实验操作 3. 能正确进行试验数据的记录 4. 电路出现故障时，能有效解决问题 5. 能对变压器空载特性、短路特性及负载运行特性曲线进行分析	50		
4	数据读取、处理能力	1. 能正确进行试验数据的记录 2. 能根据公式对空载电路及短路电路参数进行有效计算 3. 能根据记录数据对负载运行特性进行有效绘制 4. 能正确选择负载电阻满足等效电阻的要求	15		
5	报告撰写能力	1. 能独立完成任务单的填写 2. 字迹清晰、图表规范、详略得当、重点清晰 3. 无抄袭 4. 能分析拓展问题	15		
	总分		100		

任务三　三相变压器的连接

姓名：　　　　班级：　　　　日期：　　　　参考课时：6课时

一、任务描述

某厂进行产能升级后，原有电力变压器不能满足新的供电需求，需购置一台新的电力变压器与原有变压器并联使用，因此，需要采购人员掌握三相变压器并联运行的相关知识，学会分辨三相变压器的极性和联结组。本任务主要是对三相变压器的极性和联结组进行判别。

二、任务目标

※　**知识目标**　1）能够说出三相变压器并联运行的条件。
　　　　　　　　2）能够说出变压器极性的含义。
　　　　　　　　3）能够复述变压器极性的测定方法。
　　　　　　　　4）能够复述变压器联结组的判别方法。

※　**能力目标**　1）能够熟练掌握两种同名端测定方法。
　　　　　　　　2）能够熟练掌握变压器联结组判别方法。

※　**素质目标**　1）培养遵守规则、安全第一的工作习惯。
　　　　　　　　2）培养灵活创新、精益求精的工作态度。
　　　　　　　　3）培养团结协作、互帮互助的合作精神。

变压器的极性及三相变压器的联结组

三、知识准备

（一）引导问题：什么是变压器的极性？如何测量变压器的同名端？

1. 变压器的极性

因为变压器的一、二次绕组绕在同一个铁心上，都被磁通 Φ 交链，所以当磁通交变时，在两个绕组中感应出的电动势有一定的方向关系，即当一次绕组的某一端子瞬时电位为正时，二次绕组也必有一电位为正的对应端子，这两个对应的端子就称为同极性端或同名端，通常用符号"•"表示。

在使用变压器或其他磁耦合线圈时，经常会遇到两个线圈极性的正确连接问题，例如某变压器的一次绕组由两个匝数相等、绕向一致的绕组组成，如图1-41a中绕组1-2和3-4。如果每个绕组额定电压为110V，则当电源电压为220V时，应把两个绕组串联起来使用，如图1-41b所示接法；如果电源电压为110V，则应将它们并联起来使用，如图1-41c所示接法。当接法正确时，两个绕组所产生的磁通方向相同，它们在铁心中互相叠加。如果接法错误，两个绕组所产生的磁通方向相反，它们在铁心中互相抵消，使铁心中的合成磁通为零，如图1-42所示，每个绕组中就没有感应电动势产生，相当于短路状态，会把变压器烧毁。因此在进行变压器绕组的连接时，事先确定好各绕组的同名端是十分必要的。

2. 变压器极性的判定

（1）分析法

对两个绕向已知的绕组而言，可这样判断：当电流从两个同名端流入（或流出）时，铁心中所产生的磁通方向一致，如图 1-41 所示，1 端和 3 端为同名端，电流从这两个端子流入时，它们在铁心中产生的磁通方向相同。同样可判断图 1-43 中的两个绕组，1 端和 4 端为同名端。清楚同名端的概念以后，就可以理解为什么在图 1-1 及图 1-23 中一次绕组的绕向及电压电流方向相同，而二次绕组中的电压和电流方向在两个图中正好相反。

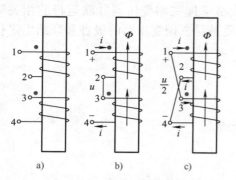
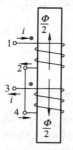
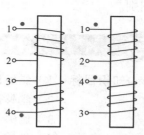

图 1-41　变压器绕组的正确连接　　图 1-42　错误连接　　图 1-43　同名端的判定

（2）实验法

对于一台已经制成的变压器，无法从外部观察其绕组的绕向，因此无法辨认其同名端，此时可用实验的方法进行测定，测定的方法有交流法和直流法两种。

1）交流法。如图 1-44 所示，将一、二次绕组各取一个接线端连接在一起，如图中的 2（即 U2）和 4（即 u2），并在一个绕组上（图中为 U1U2 绕组）加一个较低的交流电压 u_{12}，再用交流电压表分别测量 U_{12}、U_{13}、U_{34}，如果测量结果为 $U_{13} = U_{12} - U_{34}$，则说明 N_1、N_2 绕组为反极性串联，1 和 3 为同名端。如果 $U_{13} = U_{12} + U_{34}$，则 1 和 4 为同名端。

2）直流法。用 1.5V 或 3V 的直流电源，按图 1-45 所示连接，直流电源接在高压绕组上，而直流毫伏表接在低压绕组两端。当开关 S 闭合的一瞬间，如果毫伏表指针向正方向摆动，则接直流电源正极的端子与接直流毫伏表正极的端子为同名端。

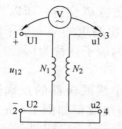
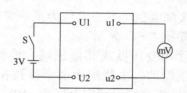

图 1-44　测定同名端的交流法　　　　　　图 1-45　测定同名端的直流法

（二）　引导问题：如何判断三相变压器的联结组？

1. 三相变压器绕组的连接方法

在三相电力变压器中，无论是高压绕组还是低压绕组，我国均采用星形联结及三角形联结两种方法。

星形联结是把三相绕组的末端U2、V2、W2（或u2、v2、w2）连接在一起，而把它们的首端U1、V1、W1（或u1、v1、w1）分别用导线引出，如图1-46a所示。

三角形联结是把一相绕组的末端和另一相绕组的首端连在一起，顺次连接成一个闭合回路，然后从首端U1、V1、W1（或u1、v1、w1）用导线引出，如图1-46b、c所示。其中图1-46b的三相绕组按U2W1、W2V1、V2U1的次序连接，称为逆序（逆时针）三角形联结；而图1-46c的三相绕组按U2V1、W2U1、V2W1的次序连接，称为顺序（顺时针）三角形联结。

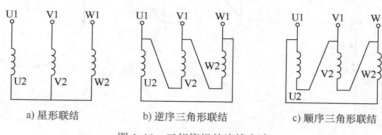

a) 星形联结   b) 逆序三角形联结   c) 顺序三角形联结

图1-46 三相绕组的连接方法

三相变压器高、低压绕组采用星形联结和三角形联结时，高压绕组星形联结用Y表示，三角形联结用D表示，中性线用N表示；低压绕组星形联结用y表示，三角形联结用d表示，中性线用n表示。

三相变压器一、二次绕组不同接法的组合形式有：Yy、YNd、Yd、Yyn、Dy、Dd等，其中最常用的组合形式有三种，即Yyn、YNd和Yd。不同形式的组合各有优缺点。对于高压绕组来说，采用星形联结最为有利，因为它的相电压只有线电压的$1/\sqrt{3}$，当中性点引出接地时，绕组对地的绝缘要求降低了。大电流的低压绕组，采用三角形联结时导线截面积比星形联结时减小到$1/\sqrt{3}$，便于绕制，所以大容量的变压器通常采用Yd或YNd联结。容量不太大而且需要中性线的变压器，广泛采用Yyn联结，以适应照明与动力混合负载需要的两种电压。

上述各种接法中，一次绕组线电压与二次绕组线电压之间的相位关系是不同的，这就是三相变压器的联结组标号。三相变压器联结组别不仅与绕组的绕向和首末端的标记有关，还与三相绕组的连接方式有关。理论与实践证明，一、二次绕组线电动势的相位差总是30°的整数倍。因此国际上规定，标志三相变压器一、二次绕组线电动势的相位关系采用时钟表示法，即规定一次绕组线电动势$\dot{E}_{UV}$为长针，永远指向钟面上的"12"，二次绕组线电动势$\dot{E}_{uv}$为短针，它指向钟面上的哪个数字，该数字则为该三相变压器的联结组标号。现就Yy联结和Yd联结的变压器加以分析。

2. Yy联结组和Yd联结组

（1）Yy联结组

如图1-47所示，变压器一、二次绕组都采用星形联结，且首端为同名端，故一、二次绕组相互对应的相电动势相位相同，因此对应的线电动势的相位也相同，如图1-47b所示，当一次绕组线电动势$\dot{E}_{UV}$（长针）指向钟面的"12"时，二次绕组线电动势$\dot{E}_{uv}$（短针）也指向"12"，这种连接方式称为Yy0联结组，如图1-47c所示。

若在图 1-47 的联结中，变压器一、二次绕组的首端不是同名端，而是异名端，则二次绕组的电动势相量均反向，$\dot{E}_{uv}$ 将指向钟面的 "6"，成为 Yy6 联结组。

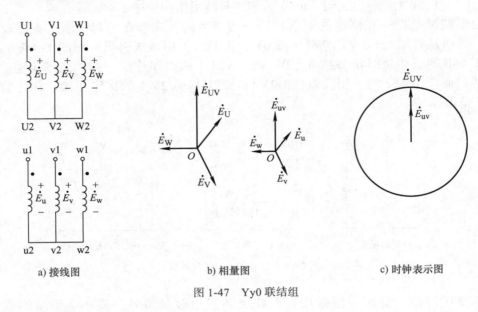

a) 接线图　　　　b) 相量图　　　　c) 时钟表示图

图 1-47　Yy0 联结组

（2）Yd 联结组

如图 1-48 所示，变压器一次绕组采用星形联结，二次绕组采用三角形联结，且二次绕组 u 相的首端 u1 与 v 相的末端 v2 相连，即如图 1-48a 所示的逆序连接，且一、二次绕组的首端为同名端，则对应的相量图如图 1-48b 所示。其中 $\dot{E}_{uv} = -\dot{E}_v$，它超前 $\dot{E}_{UV}$ 30°，指向钟面的 "11"，故为 Yd11 联结组，如图 1-48c 所示。

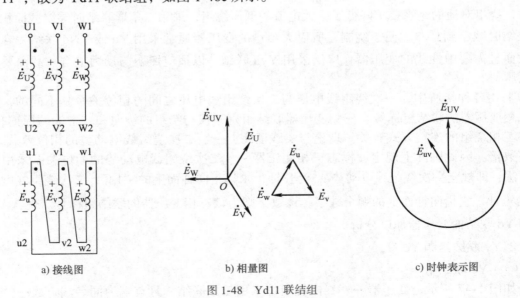

a) 接线图　　　　b) 相量图　　　　c) 时钟表示图

图 1-48　Yd11 联结组

若变压器一次绕组为星形联结，二次绕组为三角形联结，但二次绕组 u 相的首端 u1 与 w 相末端 w2 相连，且一、二次绕组的首端为同名端，其联结组为 Yd1。

三相电力变压器的联结组别还有许多种，但实际上为了制造及运行方便，国家标准规定了三相电力变压器只采用五种标准联结组，即 Yyn0、YNd11、YNy0、Yy0 和 Yd11。

在上述五种联结组中，较为常用的是 Yyn0 联结组，它用于容量不大的三相配电变压器，低压侧电压为 400～230V，用以供给动力和照明的混合负载。一般此类变压器的最大容量为 1800kV·A，高压侧的额定电压不超过 35kV。此外，Yy0 联结组不能用于三相变压器组，只能用于三铁心的三相变压器。

（三）引导问题：三相变压器并联运行的条件有哪些？当电压比不等、联结组标号不同或短路阻抗不等时，变压器如何并联运行？

三相变压器的并联运行是指几台三相变压器的高压绕组及低压绕组分别连接到高压电源及低压电源母线上，共同向负载供电的运行方式。在变电站中，总负载经常由两台或多台三相电力变压器并联供电，其原因为：

1）变电站所供的负载一般来讲总是在若干年内不断发展、增加的，随着负载不断增加，可以相应地增加变压器的台数，这样做可以减少建站、安装时的一次投资。

2）当变电站所供负载有较大昼夜或季节波动时，可以根据负载的变动情况，随时调控投入并联运行的变压器台数，以提高变压器的运行效率。

3）当某台变压器需要检修（或故障）时，可以将其换下，将备用变压器投入并联运行，以提高供电的可靠性。

为了使变压器能正常地投入并联运行，各并联运行的变压器必须满足以下条件：

1）一、二次绕组电压应相等，即电压比应相等。

2）联结组标号必须相同。

3）短路阻抗（即短路电压）应相等。

实际并联运行的变压器，其电压比不可能绝对相等，其短路电压也不可能绝对相等，允许有小的差别，但变压器的联结组标号必须相同。下面分别说明。

1. 电压比不等时的并联运行

设两台同容量的变压器 T_1 和 T_2 并联运行，如图 1-49a 所示，其电压比有微小的差别。其一次绕组接在同一电源电压 U_1 下，二次绕组并联后，二次电压 U_2 也应相同，但由于电压比不同，两个二次绕组之间的电动势有差别，设 $E_1 > E_2$，则电动势差值 $\Delta \dot{E} = \dot{E}_1 - \dot{E}_2$ 会在两个二次绕组之间形成环流 I_C，如图 1-49b 所示，这个电流称为平衡电流，其值与两台变压器的短路阻抗 Z_{k1} 和 Z_{k2} 有关。即

$$I_C = \frac{\Delta E}{Z_{k1} + Z_{k2}} \qquad (1-27)$$

变压器的短路阻抗不大，故在不大的 ΔE 下也会有很大的平衡电流。变压器空载运行时，平衡电流流过绕组，会增大空载损耗，平衡电流越大，损耗越多。变压器接负载时，二次电动势高的一台变压器电流增大，而另一台变压器电流减少，可能使前者超过额定电流而过载，后者小于额定电流值。所以，GB/T 17468—2019《电力变压器选用导则》中规定，并联运行的变压器，电压和电压比要相同，允许偏压也要相同（尽量满足电压比在允许偏差范围内）。

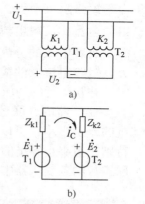

图 1-49　电压比不等时的并联运行

2. 联结组标号不同时变压器的并联运行

如果两台变压器的电压比和短路阻抗相等，联结组标号不同，此时并联运行必须改变变压器接入电压与输出电压的相序。若两台变压器的联结组标号不同且接入电压与输出电压相序一致，则后果十分严重。因为联结组标号不同、两台变压器输入电压与输出电压相序一致时，二次绕组电压的相位差不同，它们线电压的相位差至少为30°，因此会产生很大的电压降 $\Delta \dot{U}_2$。图1-50所示为 Yy0 和 Yd11 两台变压器并联，二次绕组线电压之间的电压差。其数值为

$$\Delta U_2 = 2U_{2N} \sin \frac{30°}{2} = 0.518U_{2N} \tag{1-28}$$

这样大的电压差将在两台并联变压器二次绕组中产生比额定电流大得多的空载环流，导致变压器损坏，故联结组标号不同的变压器在不改变输入电压或输出电压相序的情况下不允许并联运行。换言之，联结组标号不同的变压器如果通过改变输入电压或输出电压相序使得输出线电压相位一致，此时可以并联运行。

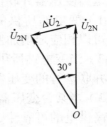

图 1-50　两台变压器并联运时的电压差

3. 短路阻抗（短路电压）不等时变压器的并联运行

设两台容量相同、电压比相等、联结组标号也相同的三相变压器并联运行，现在来分析它们的负载如何均衡分配。设负载为对称负载，则可取其一相来分析。

如果这两台变压器的短路阻抗也相等，则流过两台变压器中的负载电流也相等，即负载均匀分布，这是理想情况。如果短路阻抗不等，设 $Z_{k1} > Z_{k2}$，则由于两台变压器一次绕组接在同一电源上，电压比及联结组又相同，故二次绕组的感应电动势及输出电压应相等，但由于短路阻抗不等，参看图1-49b，由欧姆定律可得 $Z_{k1}I_1 = Z_{k2}I_2$，其中 I_1 为流过变压器 T_1 绕组的电流（负载电流），I_2 为流过变压器 T_2 绕组的电流（负载电流）。由此可见，并联运行时，负载电流的分配与各台变压器的短路阻抗成反比，短路阻抗小的变压器输出的电流要大，短路阻抗大的输出电流较小，其容量得不到充分利用。因此，GB/T 17468—2019 中规定，并联运行的变压器的短路阻抗偏差不应超过10%。

变压器的并联运行，还存在负载分配的问题。两台同容量的变压器并联，由于短路阻抗的差别很小，可以做到接近均匀的负载分配。当容量差别较大时，合理分配负载很困难，特别是担心小容量的变压器过载，而使大容量的变压器得不到充分利用。为此，要求投入并联运行的各变压器中，最大容量与最小容量之比不宜超过 3∶1。

⧉ 四、任务实施

按任务单分组完成以下任务：

1）三相变压器极性的判别。

2）三相变压器联结组的测定。

五、任务单

任务三　三相变压器的连接		组别：	教师签字
班级：	学号：	姓名：	
日期：			

任务要求：

1）按照正确步骤，分组进行三相变压器极性的测定及判别。

2）按照正确步骤，分组对变压器最常用的两种联结组进行测定及判别。

3）按照正确步骤，分组记录相关参数，并能够运用相关公式正确进行计算。

4）记录实验过程中存在的问题，并进行合理分析，提出解决方法。

仪器、工具清单：

小组分工：

任务内容：

1. 变压器极性的判别

（1）测定相间极性

1）按图 1-51 接线。A、X 接电源的 U、V 两端子，Y、Z 短接。

2）接通交流电源，在绕组 A、X 间施加约 $50\%U_{N}$ 的电压。

3）用电压表测出电压 U_{BY}、U_{CZ}、U_{BC}，若 $U_{BC} = |U_{BY} - U_{CZ}|$，则首末端标记正确；若 $U_{BC} = |U_{BY} + U_{CZ}|$，则标记不对，须将 B、C 两相任一相绕组的首末端标记对调。

4）用相同的方法，将 B、C 两相中的任一相施加电压，另外两相末端相联，测定每相首、末端正确的标记。

（2）测定一、二次侧极性

1）暂时标出三相低压绕组 a、b、c、x、y、z，然后按图 1-52 接线，一、二次侧中性点用导线相连。

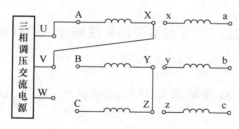

图 1-51　测定相间极性接线图

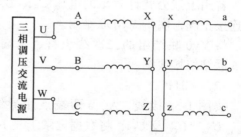

图 1-52　测定一、二次侧极性接线图

2）高压三相绕组施加约 50% 的额定电压，用电压表测量电压 U_{AX}、U_{BY}、U_{CZ}、U_{ax}、U_{by}、U_{cz}、U_{Aa}、U_{Bb}、U_{Cc}，若 $U_{Aa}=U_{Ax}-U_{ax}$，则 A 相高、低压绕组同相，并且首端 A 与 a 为同名端；若 $U_{Aa}=U_{AX}+U_{ax}$，则 A 与 a 为异名端。

3）用相同的方法判别出 B、b、C、c 两相一、二次侧的极性。

4）高低压三相绕组的极性确定后，根据要求连接出不同的联结组。

2. 变压器联结组的测定

（1）Yy0

按图 1-53 接线。A、a 两端子用导线连接，在高压侧施加三相对称的额定电压，测出 U_{AB}、U_{ab}、U_{Bb}、U_{Cc} 及 U_{Bc}，将数据记录于表 1-5 中。

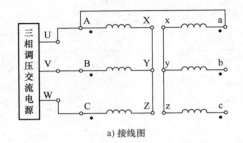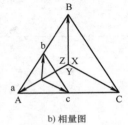

a) 接线图　　　　　　　　　　b) 相量图

图 1-53　Yy0 联结组

表 1-5　数据记录表

实测数据					计算数据			
U_{AB}/V	U_{ab}/V	U_{Bb}/V	U_{Cc}/V	U_{Bc}/V	$K_{L}=\dfrac{U_{AB}}{U_{ab}}$	U_{Bb}/V	U_{Cc}/V	U_{Bc}/V

根据图 1-53b 可知

$$U_{Bb} = U_{Cc} = (K_{L}-1)U_{ab}$$

$$U_{Bc} = U_{ab}\sqrt{K_{L}^{2}-K_{L}+1}$$

$$K_{L} = \frac{U_{AB}}{U_{ab}}$$

若用上述公式计算出的电压 U_{Bb}、U_{Cc}、U_{Bc} 的数值与实验测得的数值相同，则表示绕组连接正确，属于 Yy0 联结组。

将 Yy0 联结组的二次绕组首、末端标记对调，A、a 两端子用导线相连，即可得到 Yy6 联结组接线图。

（2）Yd11

按图 1-54 接线。A、a 两端点用导线相连，高压侧施加对称额定电压，测量 U_{AB}、U_{ab}、U_{Bb}、U_{Cc} 及 U_{Bc}，将数据记录于表 1-6 中。

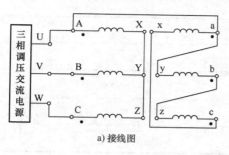
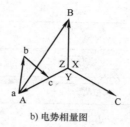

a) 接线图　　　　　　　　　　　b) 电势相量图

图 1-54　Yd11 联结组

表 1-6　数据记录表

实测数据					计算数据			
U_{AB}/V	U_{ab}/V	U_{Bb}/V	U_{Cc}/V	U_{Bc}/V	$K_L = \dfrac{U_{AB}}{U_{ab}}$	U_{Bb}/V	U_{Cc}/V	U_{Bc}/V

根据图 1-54b 可知

$$U_{Bb} = U_{Cc} = U_{Bc} = U_{ab}\sqrt{K_L^2 - \sqrt{3}K_L + 1}$$

若由上式计算出的电压 U_{Bb}、U_{Cc}、U_{Bc} 的数值与实测值相同，则绕组连接正确，属于 Yd11 联结组。

将 Yd11 联结组的二次绕组首、末端的标记对调，A、a 两端子用导线相连，即可得到 Yd5 联结组接线图。

附变压器联结组校核公式，见表 1-7。

表 1-7　变压器联结组校核公式

组别	$U_{Bb}=U_{Cc}$	U_{Bc}	U_{Bc}/U_{Bb}
0	$K_L - 1$	$\sqrt{K_L^2 - K_L + 1}$	>1
1	$\sqrt{K_L^2 - \sqrt{3}K_L + 1}$	$\sqrt{K_L^2 + 1}$	>1
2	$\sqrt{K_L^2 - K_L + 1}$	$\sqrt{K_L^2 + K_L + 1}$	>1
3	$\sqrt{K_L^2 + 1}$	$\sqrt{K_L^2 + \sqrt{3}K_L + 1}$	>1
4	$\sqrt{K_L^2 + K_L + 1}$	$K_L + 1$	>1
5	$\sqrt{K_L^2 + \sqrt{3}K_L + 1}$	$\sqrt{K_L^2 + \sqrt{3}K_L + 1}$	=1
6	$K_L + 1$	$\sqrt{K_L^2 + K_L + 1}$	<1
7	$\sqrt{K_L^2 + \sqrt{3}K_L + 1}$	$\sqrt{K_L^2 + 1}$	<1

（续）

组别	$U_{Bb}=U_{Cc}$	U_{Bc}	U_{Bc}/U_{Bb}
8	$\sqrt{K_L^2+K_L+1}$	$\sqrt{K_L^2-K_L+1}$	<1
9	$\sqrt{K_L^2+1}$	$\sqrt{K_L^2-\sqrt{3}K_L+1}$	<1
10	$\sqrt{K_L^2-K_L+1}$	K_L-1	<1
11	$\sqrt{K_L^2-\sqrt{3}K_L+1}$	$\sqrt{K_L^2-\sqrt{3}K_L+1}$	=1

注：设 $U_{ab}=1$，$U_{AB}=K_L U_{ab}=K_L$。

3. 拓展思考

1）如何确定同一绕组的两端？

2）计算不同联结组的 U_{Bb}、U_{Cc}、U_{Bc} 的数值，与实测值进行比较，判别绕组连接是否正确。

六、任务考核与评价

任务三 三相变压器的连接		日期：	教师签字
姓名：	班级：	学号：	

评分细则

序号	评分项	得分条件	配分	小组评价	教师评价
1	学习态度	1. 遵守规章制度 2. 积极主动，具有创新意识	10		
2	安全规范	1. 能进行设备和工具的安全检查 2. 能规范使用实验设备 3. 具有安全操作意识 4. 实验台未出现报警、跳闸现象	10		
3	专业技术能力	1. 能按照任务单根据正确顺序进行实验操作 2. 能正确进行实验数据的记录 3. 能正确对三相变压器极性进行判别 4. 能正确对三相变压器的联结组进行测定	50		
4	数据读取、处理能力	1. 能正确进行实验数据的记录 2. 能根据记录的数据对变压器的极性进行判定 3. 能根据记录数据对不同联结组的电动势进行计算	15		
5	报告撰写能力	1. 能独立完成任务单的填写 2. 字迹清晰、重点归纳得当 3. 无抄袭 4. 能分析拓展问题	15		
总分			100		

任务四 其他用途变压器的使用

姓名：　　　　　　班级：　　　　　　日期：　　　　　　参考课时：2 课时

一、任务描述

　　某工厂采购了一批自耦变压器和仪用互感器用于工厂测试室的调压及测量，需要安装人员掌握自耦变压器的相关知识，并要求工作人员掌握仪用互感器的使用。本任务主要是对自耦变压器的认识以及仪用互感器的使用。

二、任务目标

※ **知识目标**　1）能够说出自耦变压器的运行原理。
　　　　　　　2）能够说出自耦变压器的结构特点。
　　　　　　　3）能够说出电压互感器、电流互感器的工作原理。
　　　　　　　4）能够复述仪用互感器使用时的注意事项。
※ **能力目标**　1）能够熟练掌握自耦变压器的使用方法。
　　　　　　　2）能够熟练掌握仪用互感器的使用方法。
※ **素质目标**　1）培养用理论指导实践的工作习惯。
　　　　　　　2）培养灵活创新、精益求精的工作态度。
　　　　　　　3）培养团结协作、互帮互助的合作精神。

三、知识准备

（一）引导问题：自耦变压器有什么结构特点？它的电压、电流及容量有着怎样的关系？

1. 结构特点及用途

　　变压器一、二次绕组是分开绕制的，它们虽装在同一铁心上，但相互之间是绝缘的，即一、二次绕组之间只有磁的耦合，而没有电的直接联系，这种变压器称为双绕组变压器。如果把一、二次绕组合二为一，使二次绕组成为一次绕组的一部分，这种变压器称为自耦变压器，如图 1-55 所示。

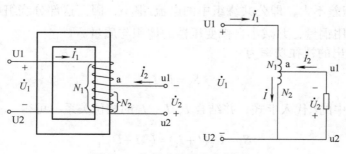

图 1-55　自耦变压器的工作原理

自耦变压器的一、二次绕组之间除了有磁的耦合外，还有电的直接联系。自耦变压器可节省铜和铁的消耗量，从而减小变压器的体积、质量，降低制造成本，并且有利于大型变压器的运输和安装。在高压输电系统中，自耦变压器主要用来连接两个电压等级相近的电力网，用作联络变压器。在实验室常用具有滑动触点的自耦调压器获得可任意调节的交流电压。此外，自耦变压器还常用作异步电动机的起动补偿器，对电动机进行降压起动。

　　2. 电压、电流及电容的关系

　　自耦变压器也是利用电磁感应原理工作的，当一次绕组 U1U2 两端加交变电压 U_1 时，铁心中产生交变的磁通，并分别在一次绕组和二次绕组中产生感应电动势 E_1 和 E_2，它们有下述关系

$$U_1 \approx E_1 = 4.44 f N_1 \Phi_\mathrm{m}$$

$$U_2 \approx E_2 = 4.44 f N_2 \Phi_\mathrm{m}$$

所以自耦变压器的电压比 K 为

$$K = \frac{E_1}{E_2} = \frac{N_1}{N_2} \approx \frac{U_1}{U_2} \tag{1-29}$$

　　当自耦变压器二次绕组加上负载后，由于外加电源电压不变，因此主磁通近似不变，总的励磁磁通势仍等于空载磁通势，即

$$N_1 \dot{I}_1 + N_2 \dot{I}_2 = N_1 \dot{I}_0 \tag{1-30}$$

　　若忽略空载磁通势，则

$$N_1 \dot{I}_1 + N_2 \dot{I}_2 \approx 0$$

$$\dot{I}_1 \approx -\frac{N_2}{N_1} \dot{I}_2 = -\frac{\dot{I}_2}{K} \tag{1-31}$$

　　式（1-31）说明：自耦变压器一、二次绕组中的电流大小与匝数成反比，在相位上相差180°。

　　因此，流经公共绕组中的电流 I 的大小为

$$\dot{I} = \dot{I}_1 + \dot{I}_2 = \left(1 - \frac{1}{K}\right) \dot{I}_2 \tag{1-32}$$

　　可见流经公共绕组中的电流总是小于输出电流 I_2，并与 I_2 同相位。当电压比 K 接近 1 时，I_1 与 I_2 的数值相差不大，即公共绕组中的电流 I 很小，因而这部分绕组可用截面积较小的导线绕制，以节约用铜量，并减小自耦变压器的体积与质量。

　　自耦变压器输出的视在功率为

$$S_2 = U_2 I_2$$

　　将式（1-32）中的 I_2 代入上式，并结合 I、I_1、I_2 的相位关系，可得

$$S_2 = U_2(I + I_1) = U_2 I + U_2 I_1 \tag{1-33}$$

从式（1-33）可看出，自耦变压器的输出功率由两部分组成，其中U_2I部分是依据电磁感应原理从一次绕组传递到二次绕组的视在功率，而U_2I_1则是通过电路的直接联系从一次绕组直接传递到二次绕组的视在功率。由于I_1只在一部分绕组的电阻上产生铜损耗，因此自耦变压器的损耗比普通变压器小，效率较高，较为经济。

例1-5　在一台容量为15kV·A的自耦变压器中，已知$U_1=220V$，$N_1=150$。

（1）如果要使输出电压$U_2=210V$，应该在绕组的什么位置安置抽头？满载时I_1和I_2各是多少？此时一、二次绕组公共部分的电流是多少？（2）如果输出电压$U_2=110V$，那么公共部分的电流是多少？

解：由$\dfrac{U_1}{U_2}=\dfrac{N_1}{N_2}$知抽头处的匝数为

$$N_2=\frac{U_2}{U_1}N_1=\frac{210}{220}\times150\approx143$$

由于自耦变压器的效率很高，可以认为

$$U_1I_1=U_2I_2=S_N=15\times10^3\,\text{V}\cdot\text{A}$$

所以满载时的电流为

$$I_1=\frac{S_N}{U_1}=\frac{15\times10^3}{220}\text{A}\approx68.2\text{A}$$

$$I_2=\frac{S_N}{U_2}=\frac{15\times10^3}{210}\text{A}\approx71.4\text{A}$$

而一、二次绕组公共部分的电流按式（1-32）计算得

$$I=I_2-I_1=(71.4-68.2)\text{A}=3.2\text{A}$$

可见自耦变压器一、二次绕组公共部分的电流比普通变压器二次绕组在相应情况下的电流小得多。

（2）如果输出电压$U_2=110V$，则

$$I_2=\frac{15\times10^3}{110}\text{A}\approx136.4\text{A}$$

此时绕组公共部分的电流为

$$I=I_2-I_1=(136.4-68.2)\text{A}=68.2\text{A}$$

例1-5表明，当一、二次绕组的电压较接近时，采用自耦变压器，其绕组公共部分的电流很小，这一部分绕组可以用较细的导线，而公共部分的匝数几乎就是绕组的全部匝数，小电流在这里引起的损耗也小，因此经济效果显著。

理论分析和实践都可以证明：当一、二次绕组电压之比接近于1（或不大于2）时，自耦变压器的优点比较显著，当电压比大于2时，优点不明显。所以实际应用的自耦变压器，其电压比一般为1.2～2.0。因此在电力系统中，用自耦变压器把110kV、150kV、220kV和330kV的高压电力系统连接成大规模的电力系统。自耦变压器的缺点在于一、二次绕组的电

路直接连在一起，高压侧的电气故障会波及低压侧。

自耦变压器不仅用于降压，也可用于升压。如果把自耦变压器的抽头做成滑动触点，就可构成输出电压可调的自耦变压器。为了使滑动接触可靠，这种自耦变压器的铁心做成圆环形。其上均匀分布绕组，滑动触点由炭刷构成，由于其输出电压可调，因此称为自耦调压器，其外形和原理电路如图 1-56 所示。自耦变压器的一次绕组匝数 N_1 固定不变，并与电源相连，一次绕组的另一端子 U2 和触点 a 之间的绕组 N_2 作为二次绕组。当滑动触点 a 移动时，输出电压 U_2 随之改变，这种调压器的输出电压 U_2 可低于一次绕组电压 U_1，也可稍高于一次绕组电压。如实验室中常用的单相调压器，一次绕组输入电压 U_1 为 220V，二次绕组输出电压 U_2 为 0～250V，在使用时要注意：一、二次绕组的公共端 U2 或 u2 接中性线，U1 端接电源相线，u1 端和 u2 端作为输出。此外还必须注意自耦调压器在接电源之前，必须把手柄转到零位，使输出电压为零，再慢慢顺时针转动手柄，使输出电压逐步上升。

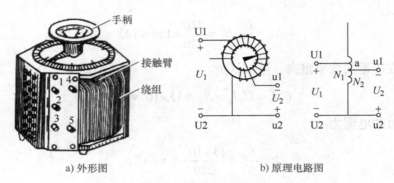

a) 外形图   b) 原理电路图

图 1-56 自耦变压器

【二】引导问题：仪用互感器有什么作用？电流互感器和电压互感器的工作原理是什么？在使用时分别有哪些注意事项？

电工仪表中的交流电流表一般可直接用来测量 5～10A 以下的电流，交流电压表可直接用于测量 450V 以下的电压。而在实践中有时需测量几百、几千安的大电流及几千、几万伏的高电压，此时必须加接仪用互感器。

仪用互感器是测量用的专用设备，分电流互感器和电压互感器两种，它们的工作原理与变压器相同。

仪用互感器的目的：一是为了测量人员的安全，使测量回路与高压电网相互隔离；二是扩大测量仪表（电流表及电压表）的测量范围。

仪用互感器除了用于交流电流和交流电压的测量外，还用于各种继电保护的测量系统，因此仪用互感器的应用很广，下面分别介绍。

1. 电流互感器

在电路测量中用来按比例变换交流电流的仪器称为电流互感器。

电流互感器的基本结构形式及工作原理与单相变压器相似，它也有两个绕组，一次绕组串联在被测的交流电路中，流过被测电流 I，它一般只有一匝或几匝，用粗导线绕制，二次绕组匝数较多，与交流电流表（或电能表、功率表）相接，如图 1-57 所示。

由变压器工作原理可得

$$\frac{I_1}{I_2} = \frac{N_2}{N_1} = K_i$$

则

$$I_1 = K_i I_2 \qquad\qquad (1\text{-}34)$$

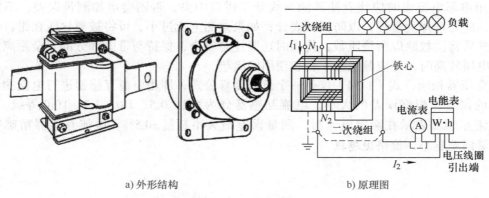

a) 外形结构   b) 原理图

图 1-57 电流互感器

K_i称为电流互感器的额定电流比，标在电流互感器的铭牌上，只要读出接在电流互感器二次绕组侧电流表的读数，则一次电路的待测电流可以从式（1-34）中得到。一般二次侧电流表的量程为5A。只要改变接入的电流互感器的电流比，就可测量不同大小的一次电流。在实际应用中，与电流互感器配套使用的电流表已换算成一次电流，其标度尺即按一次电流分度，从而可以直接读数，不必再进行换算。

【特别提示】 使用电流互感器时必须注意以下事项：

1）电流互感器的二次绕组绝对不允许开路。因为二次绕组开路时，电流互感器处于空载运行状态，此时一次绕组流过的电流（被测电流）全部为励磁电流，使铁心中的磁通急剧增大，一方面使铁心损耗急剧增加，造成铁心过热，烧坏绕组；另一方面将在二次绕组上感应出很高的电压，可能使绝缘击穿，并危及测量人员和设备的安全。因此在一次电路工作时如需检修或拆换电流表、功率表的电流线圈时，必须先将电流互感器的二次绕组短接。

2）电流互感器的铁心及二次绕组一端必须可靠接地，如图1-57b所示，以防止绝缘击穿后，电力系统的高压危及工作人员及设备的安全。

例1-6 某三相异步电动机，额定电压为380V，额定电流为140A，额定功率为75kW，试选择电流互感器规格，并计算流过电流表的实际电流。

解：为了测量准确，并考虑到电动机允许出现的短时过负载等因素，应使被测电流大致为满量程的 1/2 ~ 3/4，因此选择电流互感器额定电流为200A。电流比为

$$K_i = \frac{200}{5} = 40$$

流过电流表的电流I_2为

$$I_2 = \frac{I_1}{K_i} = \frac{140}{40}\text{A} = 3.5\text{A}$$

利用电流互感器原理制造的便携式钳形电流表如图 1-58 所示。它的闭合铁心可以张开，将被测载流导线嵌入铁心窗口中，被测导线相当于电流互感器的一次绕组，铁心上绕二次绕组，与测量仪表相连，可直接读出被测电流的数值。其优点是测量电路电流时不必断开电路，使用方便。

使用钳形电流表时应注意使被测导线处于钳口中央，否则会增加测量误差；不知电流大小时，应先选择大量程，以防损坏表计；如果被测电流过小，可将被测导线在钳口内多绕几圈，然后将读数除以所绕匝数，使用时还要注意安全，保持与带电部分的安全距离，被测导线的电压较高时，还应戴绝缘手套和使用绝缘垫。

与变压器相同，式（1-34）仅是一个近似计算公式，即用电流互感器进行电流测量时存在一定的误差，根据误差的大小，电流互感器分为 0.2、0.5、1.0、3.0、10.0 等级。如 0.5 级的电流互感器表示在额定电流时，测量误差最大不超过±0.5%。电流互感器精确等级越高，测量误差越小，价格也越贵。

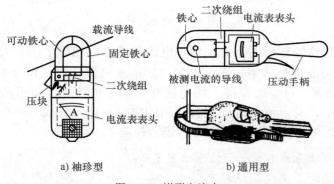

a) 袖珍型   b) 通用型

图 1-58　钳形电流表

2. 电压互感器

在电工测量中用来按比例变换交流电压的仪器称为电压互感器，如图 1-59 所示。

电压互感器的基本结构形式及工作原理与单相变压器很相似。它的一次绕组匝数为N_1，与待测电路并联；二次绕组匝数为N_2，与电压表并联。一次电压为U_1，二次电压为U_2，因此电压互感器实际上是一台降压变压器，其电压比K_u为

$$K_u = \frac{U_1}{U_2} = \frac{N_1}{N_2} \tag{1-35}$$

K_u常标在电压互感器的铭牌上，只需读出二次电压表的读数，一次电压即可由式（1-35）得出。一般二次电压表均用量程为 100V 的仪表。只要改变接入的电压互感器的电压比，就可测量不同大小的电压。在实际应用中，与电压互感器配套使用的电压表已换算成一次电压，其标度尺即按一次电压分度，从而可以直接读数，不必再进行换算。

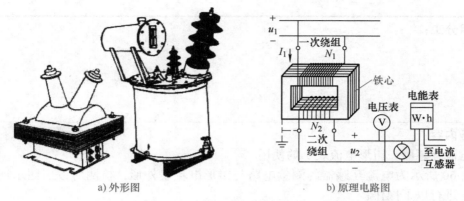

a) 外形图　　　　　　　　　　b) 原理电路图

图 1-59　电压互感器

【特别提示】　使用电压互感器时必须注意以下事项：

　　1）电压互感器的二次绕组在使用时绝不允许短路。如果二次绕组短路，将产生很大的短路电流，导致电压互感器烧坏。

　　2）电压互感器的铁心及二次绕组的一端必须可靠地接地，如图 1-59b 所示，以保证工作人员及设备的安全。

　　3）电压互感器有一定的额定容量，使用时二次绕组回路不宜接入过多的仪表，以免影响电压互感器的测量精度。

四、任务实施

　　按任务单分组完成以下任务：

　　1）电流互感器（钳形电流表）的使用。

　　2）电压互感器的使用。

五、任务单

任务四　其他用途变压器的使用		组别：	教师签字
班级：	学号：	姓名：	
日期：			

任务要求：

　　1）列出任务所需仪器及工具清单，记录小组分工。

　　2）按照正确步骤，运用钳形电流表对电流进行检测。

　　3）按照正确步骤，运用电压互感器对电压进行检测。

　　4）记录实验过程中存在的问题，并进行合理分析，提出解决方法。

仪器、工具清单：

小组分工：

任务内容：

1. 电流互感器（钳形电流表）的使用

图 1-60 所示为电流互感器的测量电路与钳形电流表外形，检测时按照图示连接好的电路后，进行以下操作：

1）检查钳形电流表指针是否指向零位，若不指零，应进行机械调零。

2）将钳形电流表转换开关置于 ACA 5 档。

3）选择电动机一相电路，串联数字电流表。

4）读取数字电流表的电流值。

5）将导线放置在钳形电流表钳口内中心位置，读取电流值。

6）重复步骤 3）～5），分别测量三相电流 I_U、I_V、I_W，数据记录于表 1-8 中。

图 1-60　电流互感器的测量电路与钳形电流表外形

表 1-8　电流互感器读数记录

	I_U	I_V	I_W
数字电流表读数			
钳形电流表读数			

2. 电压互感器的使用

1）检查电压互感器指针是否指向零位，若不指零，应进行机械调零。

2）将电压互感器开关调至合适的档位。

3）在电动机定子端的两相之间接入一个数字电压表。

4）读取数字电压表的电压值。

5）将电压互感器的一次侧接至电动机定子端两相之间，读取线电压。

6）重复步骤 3）～5），分别测量电动机的三个线电压 U_{UV}、U_{VW}、U_{WU}。

表 1-9　电压互感器读数记录

	U_{UV}	U_{VW}	U_{WU}
数字电压表读数			
电压互感器读数			

3. 拓展思考

1）如果电流太小，导致钳形电流表无法正确测量，如何解决？

2）数字电流表（电压表）与仪用互感器测量的电流（电压）大小是否一致？请分析原因。

_____

_____

_____

_____

_____

_____

六、任务考核与评价

任务四　其他用途变压器的使用		日期：	教师签字
姓名：	班级：	学号：	

评分细则

序号	评分项	得分条件	配分	小组评价	教师评价
1	学习态度	1. 遵守规章制度 2. 积极主动、认真踏实	10		
2	安全规范	1. 能进行设备和工具的安全检查 2. 能规范使用实验设备 3. 具有安全操作意识 4. 实验台未出现报警、跳闸现象	10		
3	专业技术能力	1. 能按照任务单根据正确顺序进行实验操作 2. 能正确选择电流表、电压表量程 3. 能够正确使用仪用互感器	50		

（续）

序号	评分项	得分条件	配分	小组评价	教师评价
4	数据读取、处理能力	1. 能正确进行实验数据的记录 2. 能根据记录的数据分析测量不一致的原因	15		
5	报告撰写能力	1. 能独立完成任务单的填写 2. 字迹清晰、重点归纳得当 3. 具有自己独特的思考和分析 4. 能分析拓展问题	15		
		总分	100		

任务五　变压器的故障及维护

姓名：　　　班级：　　　日期：　　　参考课时：2 课时

一、任务描述

变电站在日常维护中需要技术人员掌握电力变压器的维护要点，并能够分析一些常见的故障，因此本任务主要掌握电力变压器的故障分析及日常维护方法。

二、任务目标

※ **知识目标**　1）了解电力变压器投入运行前及运行中的检查。
　　　　　　　2）能够复述电力变压器的常见故障及原因。
　　　　　　　3）能够说出电力变压器的定期检查项目。
※ **能力目标**　能够对电力变压器进行日常巡检，观察运行状态。
※ **素质目标**　1）培养遵守规则、安全第一的工作习惯。
　　　　　　　2）培养灵活创新、精益求精的工作态度。
　　　　　　　3）培养团结协作、互帮互助的合作精神。

三、知识准备

（一）引导问题：电力变压器在投入运行前和运行中有哪些检查项目？

1. 电力变压器投入运行前的检查

无论是新出厂的变压器还是检修后的变压器，在投入运行前都必须进行仔细检查。

1）检查型号和规格。检查电力变压器型号和规格是否符合要求。

2）检查各种保护装置。检查熔断器的规格型号是否符合要求；报警系统、继电保护系统是否完好，工作是否可靠；避雷装置、气体继电器是否完好，气体继电器内部有无气体存在，如有气体存在应打开气阀盖放掉气体。

3）检查监视装置。检查各检测仪表的规格是否符合要求、是否完好，油温指示器、油位显示器是否完好，油位是否在与环境温度相应的油位线上。

4）外观检查。检查箱体各部分有无渗油现象；防爆膜是否完好；箱体是否可靠接地，各电压级的出线套管是否有裂缝、损伤，安装是否牢靠；导电排及电缆连接处是否牢固可靠。

5）消防设备的检查。检查消防设备的数量和种类是否符合规格要求。

6）测量各电压级绕组对地的绝缘电阻。20～30kV变压器的绝缘电阻值不低于300MΩ，3～6kV变压器不低于200MΩ，0.4kV以下的变压器不低于90MΩ。

2. 电力变压器投入运行中的检查

一般变配电所有人值班时，应每班巡视检查一次电力变压器；变配电所无人值班时，可每周巡视检查一次电力变压器；对于采用强迫油循环的变压器，要求每小时巡视检查一次；室外柱上配电变压器应每月巡视检查一次；在变压器负载剧烈变化、天气恶劣、变压器运行异常、线路故障时，应增加特殊巡视，特巡周期不作具体规定。

（1）日常巡视检查

1）进行温度检查。油浸式电力变压器运行中的允许温升应按上层油温来检查，用温度计测量，上层油温升的最高允许值为60K，为了防止变压器油劣化变质，上层油温升不宜长时间超过45K。对于采用强迫循环水冷和风冷的变压器，正常运行时，上层油温升不宜超过35K。

巡视时应注意温度计是否完好，由温度计查看变压器上层油温是否正常，是否接近或超过最高允许限额。当玻璃温度计与压力式温度计间有显著异常时，应查明仪表是否不准或油温是否有异常。

2）进行油位检查。检查变压器储油柜上的油位是否正常，是否为假油位，有无渗油现象，充油的高压套管油位、油色是否正常，套管有无漏油现象。油位指示不正常时必须查明原因。必须注意油位表出入口处有无沉淀物堆积阻碍油路。

3）注意变压器的声响，检查变压器的电磁声与以往相比有无异常。异常噪声发生的原因通常为：电源频率波动大，造成外壳及散热器振动；铁心夹紧不良，紧固部分发生松动；因铁心或铁心加紧螺杆、紧固螺栓等结构上的缺陷，发生铁心短路；绕组或引线对铁心或外壳有放电现象；由于接地不良或某些金属部分未接地产生静电放电。

4）检查漏油。漏油会使变压器油位降低，还会使外壳散热器等产生油污。应特别注意检查各阀门、各部分的垫圈。

5）检查引出导电排的螺栓接头有无过热现象。可查看示温蜡片及变色漆的变化情况。

6）检查绝缘件出现套管、引出导电排的支持绝缘子等表面是否清洁，有无裂纹、破损及散络放电痕迹。

7）检查各种阀门是否正常，通向气体继电器的阀门和散热器的阀门是否处于打开状态。

8）检查防爆管有无破裂、损伤及喷油痕迹，防爆膜是否完好。

9）检查冷却系统运转是否正常，风冷油浸式电力变压器风扇有无个别停转，风扇电动机有无过热现象，振动是否增大；检查强迫油循环水冷却的变压器油泵运转是否正常，油压和油流是否正常，冷却水压力是否低于油压力，冷却水进口温度是否过高，冷油器有无渗油或渗漏水的现象，阀门位置是否正确。对于室内安装的变压器，要查看周围通风是否良好，是否要开动排风扇等。

10）检查吸湿器。检查吸湿器的吸附剂是否达到饱和状态。

11）检查外壳接地，外壳接地线应完好。

12）检查周围场地和设施，对室外变压器重点检查基础是否良好，有无基础下沉，检查电杆是否牢固，木杆、杆根有无腐朽现象。对室内变压器重点检查门窗是否完好，百叶窗的铁丝纱是否完整，照明是否合适和完好，消防用具是否齐全。

（2）特殊巡视检查

1）过载的巡视，应监视负载电流、变压器上层油面温度、油位的变化；检查示温蜡片有无熔化现象；导电排螺栓连接处是否良好；冷却系统工作是否正常，应保证变压器油较好的冷却状况，使其温度不超过额定值。

2）大风天气巡视时，重点检查变压器的引线摆动情况，以及周围环境相同距离是否合乎规定，有无搭挂杂物，以免造成外力破坏事故。

3）雷雨天气巡视时，重点检查变压器的瓷瓦绝缘有无闪络放电现象，检查避雷器是否完好无损，动作指示器是否工作正常。若出现高压、低压阀式避雷器放电破裂或短路接地，应及时停电并仔细检查避雷器及其引接线。

4）大雷天气巡视时，检查高、低压侧各瓷套管有无闪络放电现象，尤其是高压侧各相瓷套管有无拉弧与裂纹。

5）大雪天气巡视时，检查变压器和雪融化情况，以及引线和接头等部位，对有可能危及安全运行的结冰要及时处理。

6）冰雹后、冰冻及气候急剧变化情况下进行巡视时，检查瓷套管有无因被砸而出现破损或裂纹；防爆膜、吸湿器和油位表等部件的玻璃壳是否完好；各侧母线上的电磁元件是否完好无损、有无松动。

7）地震后巡视时，检查变压器及各部构架基础是否出现沉陷、断裂、变形等情况；有无威胁安全运行的其他不良因素。

（二）引导问题：变压器常见的故障有哪些？

1. 异常响声

1）响声较大而嘈杂时，可能是变压器铁心的问题。例如，夹件或压紧铁心的螺钉松动时，仪表的指示一般正常，绝缘油的颜色、温度与油位也无大变化，这时应停止变压器的运行，进行检查。

2）响声中夹有水的沸腾声，发出"咕噜咕噜"的气泡溢出声，可能是绕组有较严重的故障，使其附近的零件严重发热使油气化。分接开关接触不良使局部点严重过热或变压器匝间短路，都会发出这种声音。此时，应立即停止变压器运行，进行检修。

3）响声中夹有爆炸声，既大又不均匀时，可能是变压器的器身绝缘有击穿现象。这时，应将变压器停止运行，进行检修。

4）响声中夹有放电的"吱吱"声时，可能是变压器器身或套管发生表面局部放电。如果是套管的问题，在气候恶劣或夜间时，还可见电晕辉光或蓝色、紫色的小火花，此时应停止变压器运行，清理套管表面的脏污，再涂上硅油或硅脂等涂料，检查铁心接地与各带电部位对地的距离是否符合要求。

5）响声中夹有连续、有规律的撞击或摩擦声时，可能是变压器某些部件因铁心振动而造成机械接触，或者因为静电放电引起的异常响声，而各种测量表计指示和温度均无反应，这类响声虽然异常，但对运行无大危害，不必立即停止运行，可在计划检修时予以排除。

2. 温度异常

变压器在负载和散热条件、环境温度都不变的情况下，较原来同条件时温度高，并有不断升高的趋势，也就是变压器温度异常升高，也是变压器的常见故障。引起温度异常升高的原因有：

1）变压器匝间、层间、股间短路。

2）变压器铁心局部短路。

3）因漏磁或涡流引起油箱、箱盖等发热。

4）长期过载运行，事故过载。

5）散热条件恶化等。

运行时发现变压器温度异常，应先查明原因后，再采取相应的措施予以排除，使温度降低。如果是变压器内部故障引起的，应停止运行，进行检修。

3. 喷油爆炸

喷油爆炸的原因是变压器内部的故障短路电流和高温电弧使变压器油迅速老化，而继电保护装置又未能及时切断电源，使故障较长时间持续存在，使箱体内部压力持续增大，高压的油气从防爆管或箱体其他强度薄弱之处喷出形成事故。

1）绝缘损坏：匝间短路等局部过热使绝缘损坏，变压器进水使绝缘受潮损坏，雷击过电压使绝缘损坏等。绝缘损坏可能导致内部短路。

2）断线产生电弧：绕组导线焊接不良、引线连接松动等在大电流冲击下可能造成断线，断点处产生高温电弧，这会使油汽化促使内部压力增大。

3）调压分接开关故障：配电变压器高压绕组的调压绕组经分接开关连接在一起，分接开关触点串接在高压绕组回路中，和绕组一起通过负载电流和短路电流，如分接开关动静触点发热，跳火起弧，可使调压绕组短路。

4. 严重漏油

变压器运行中渗漏油现象比较普遍，油位在规定的范围内，仍可继续运行或安排计划检修。但是变压器油渗漏严重，或连续从破损处不断外溢，以至于油位计已见不到油位时，套管引线和分接开关暴露于空气中，绝缘水平将大大降低，易引起击穿放电。此时应立即将变压器停止运行，补漏和加油。

引起变压器漏油的原因有：焊缝开裂或密封件失效、运行中受到震动、外力冲撞和油箱锈蚀严重而破损等。

5. 套管闪络

变压器套管积垢，在大雾或小雨时造成污闪，使变压器高压侧单相接地或相间短路。变压器套管因外力冲撞或机械应力、热应力而破损也是引起闪络的因素。变压器箱盖上落异物，如大风将树枝吹落在箱盖，也会引起套管放电或相间短路。

以上通过变压器的声音、温度、油位、外观及其他现象对配电变压器进行故障的判断，只能作为现场直观的初步判断。变压器的内部故障不仅是单一方面的直观反映，它涉及诸多因素，有时甚至会出现假象。必要时必须进行变压器特性试验及综合分析，才能准确可靠地找出故障原因，判明事故性质，提出较完备和合理的处理方法。

〔三〕引导问题：变压器定期检查项目有哪些?

1）检查瓷管表面是否清洁，有无破损裂纹及放电痕迹，螺栓有无损坏及其他异常情况，如发现上述缺陷，请尽快停电检修。

2）检查箱壳有无渗油和漏油现象，严重的要及时处理；检查散热管温度是否均匀。

3）检查储油柜的油位高度是否正常，若发现油面过低应加油；检查油色是否正常，必要时进行油样化验。

4）检查油面温度计的温度和室温之差（温升）是否符合规定，对照负载情况检查是否有因变压器内部故障而引起的过热。

5）观察防爆管上的防爆膜是否完好，有无冒烟现象。

6）观察导电排及电缆接头处有无发热、变色现象，如贴有示温蜡片，应检查蜡片是否熔化，如熔化应停电检查，找出原因修复。

7）注意变压器有无异常声响，或响声是否比以前大。

8）注意箱体接地是否良好。

9）变压器室内消防设备干燥剂是否吸潮变色，需要时进行烘干处理或调换。

10）定期进行油样化验。

此外，进出变压器室时，应及时关门上锁，以防小动物窜入而引起重大事故。

四、任务实施

按任务单分组完成电力变压器的定期检查。

五、任务单

任务五　变压器的故障及维护		组别：		教师签字
班级：	学号：		姓名：	
日期：				

任务要求：

1）列出任务所需仪器及工具清单，记录小组分工。

2）按照正确步骤，完成变压器的定期检查任务。

仪器、工具清单：

小组分工：

任务内容：

1. 变压器的定期检查

在教师或值班人员指导下检查运行中的变压器，抄录电压表、电流表、功率表的读数；记录油面温度和室内温度；检查各密封处有无漏油现象；检查高低压瓷管是否清洁，有无破裂及放电痕迹；检查各密封处有无漏油现象；检查导电排、电缆接头有无变色现象，有示温蜡片的检查蜡片是否融化；检查防爆膜是否完好；检查硅胶是否变色；检查有无异常声响；检查油箱接地是否完好；检查消防设备是否完整，性能是否良好。将抄录下的有关数据填入表 1-10 中。

表 1-10　变压器巡检数据记录表

铭牌数据	型号			容量			
	额定电压			额定电流			
	接法			额定温升			
检查记录	高压侧	电压		输入功率			
		电流					
	低压侧	电压		功率表读数			
		电流		功率因数			
	油面温度		室温			实际温升	
	绝缘瓷管	清洁		无裂痕		有放电痕迹	
		不清洁		有裂痕		无放电痕迹	
检查记录	防爆膜	完好		导电排和电缆接头		有变色现象	
		不完整				无变色现象	
	硅胶	变色		有无异常声响		有无漏油	
		未变色					
	接地线	可靠		消防设备品种数量			
		不可靠					

2. 拓展思考

根据记录数据分析变压器状态。

六、任务考核与评价

任务五 变压器的故障及维护		日期：	教师签字
姓名：	班级：	学号：	

评分细则

序号	评分项	得分条件	配分	小组评价	教师评价
1	学习态度	1. 遵守规章制度 2. 积极主动、认真踏实	10		
2	安全规范	1. 能规范使用实验设备 2. 具有安全操作意识	10		
3	专业技术能力	1. 能按照教师要求，完成电力变压器的巡查 2. 能正确使用仪器仪表	50		
4	数据读取、处理能力	1. 能正确进行实验数据的记录 2. 能根据记录的数据分析变压器状态	15		
5	报告撰写能力	1. 能独立完成任务单的填写 2. 字迹清晰、重点归纳得当 3. 具有自己独特的思考和分析 4. 能分析拓展问题	15		
	总分		100		

项目二

三相异步电动机的应用与维护

项目背景 ≫

　　在国民经济各部门中，广泛地使用着各种各样的生产机械，其中大部分生产机械需要有原动机拖动才能正常工作。目前拖动生产机械的原动机一般采用电动机，其中三相异步电动机最为常见。以电动机来拖动生产机械的方式称为"电力拖动"。电力拖动能得到广泛应用是因为驱动电机的电能可以以很小的损失输送很远的距离；电动机种类和形式很多，可以充分满足各种不同类型生产机械对原动机的要求；电动机控制方法简单，并且可以实现遥控和自动控制。电力拖动系统的控制方式经历了由简单到复杂，由低级到高级的过程。电力拖动自动控制技术的提高决定了机电一体化工业的发展。右图为某小区的 PLC 控制恒压变频供水系统。

引言图

项目内容 ≫

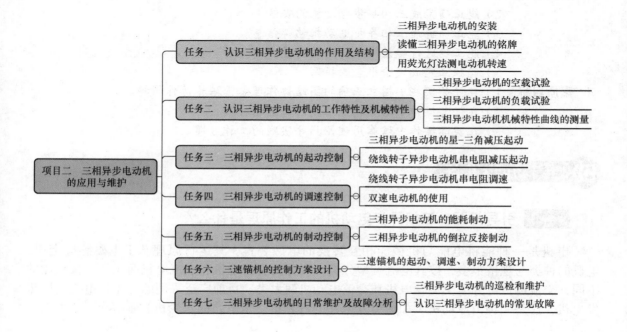

项目二 三相异步电动机的应用与维护

- 任务一 认识三相异步电动机的作用及结构
  - 三相异步电动机的安装
  - 读懂三相异步电动机的铭牌
  - 用荧光灯法测电动机转速
- 任务二 认识三相异步电动机的工作特性及机械特性
  - 三相异步电动机的空载试验
  - 三相异步电动机的负载试验
  - 三相异步电动机机械特性曲线的测量
- 任务三 三相异步电动机的起动控制
  - 三相异步电动机的星-三角减压起动
  - 绕线转子异步电动机串电阻减压起动
- 任务四 三相异步电动机的调速控制
  - 绕线转子异步电动机串电阻调速
  - 双速电动机的使用
- 任务五 三相异步电动机的制动控制
  - 三相异步电动机的能耗制动
  - 三相异步电动机的倒拉反接制动
- 任务六 三速锚机的控制方案设计
  - 三速锚机的起动、调速、制动方案设计
- 任务七 三相异步电动机的日常维护及故障分析
  - 三相异步电动机的巡检和维护
  - 认识三相异步电动机的常见故障

项目概述 》

本项目学习三相异步电动机的工作原理、应用、维护等内容，要求认识三相异步电动机的作用及结构、能够对三相异步电动机的转差率及工作特性进行测量，认识三相异步电动机的机械特性，掌握三相异步电动机的起动、调速、制动控制，完成三相异步电动机的控制方案设计，进行三相异步电动机的日常维护及故障分析。

任务一 认识三相异步电动机的作用及结构

姓名：　　　　班级：　　　　日期：　　　　参考课时：4 课时

一、任务描述

某农业集团购买了一批三相异步电动机用于田间灌溉，安装人员需对三相异步电动机的作用及结构有基本认识，并进行正确的安装。本任务应掌握三相异步电动机的工作原理、结构，能够读懂三相异步电动机的铭牌，完成三相异步电动机的拆装。

二、任务目标

※ **知识目标**　1）了解三相异步电动机的基本概念及应用场景。

　　　　　　　2）能够说出三相异步电动机的构成、基本工作原理、作用。

　　　　　　　3）能够正确解读三相异步电动机的铭牌。

※ **能力目标**　1）能够规范使用设备，进行设备安全检查。

　　　　　　　2）能正确完成三相异步电动机的安装。

　　　　　　　3）能正确解读三相异步电动机铭牌信息。

　　　　　　　4）能正确进行转差率及转速的测量。

　　　　　　　5）能独立完成实验报告的撰写。

※ **素质目标**　1）在任务实施中树立正确的团结协作理念，培养协作精神。

　　　　　　　2）在任务操作中培养精益求精的工匠精神。

　　　　　　　3）在实际操作中培养用理论指导实践的工作习惯。

三、知识准备

（一）引导问题：三相异步电动机的工作原理是什么？

电机是一种能将电能与机械能相互转换的电磁装置。其运行原理基于电磁感应定律。电机的种类与规格很多，按其电流类型分类，可分为直流电机和交流电机两大类。按功能的不同，交流电机可分为交流发电机和交流电动机两大类。目前广泛采用的交流发电机是同步发电机，这是一种由原动机（如火力发电厂的汽轮机、水电站的水轮机）拖动旋转产生交流电能的装置。当前世界各国的电能几乎均由同步发电机产生。交流电动机则是指由交流电源供电将交流电能转化为机械能的装置。根据电动机转速的变化情况，交流电动机可分为同步电动机和异步电动机两类。同步电动机是指电动机转速始终保持与交流电源的频率同步，不随所拖动的负载变化而变化的电动机，它主要用于功率较大、转速不要求调节的生产机械，如大型水系、空气压缩机、矿井通风机等。而异步电动机是指由交流电源供电，电动机的转速随负载变化而稍有变化的旋转电动机，这是目前使用最多的一类电动机。按供电电源的不同，异步电动机又可分为三相异步电动机和单相异步电动机两大类。三相异步电动机由三相交流电源供电，由于其结构简单、价格低廉、坚固耐用、使用维护方便，在工、农业及其他各个领域中都获得了广泛的应用。据我国及世界上一些发达国家的统计表明，在所有电能消耗中，电动机的耗能约占 60% ~ 67%，而在所有电动机的耗能中，三相异步电动机又居首位。单相异步电动机采用单相交流电源，功率一般比较小，主要用于家庭、办公等只有单相交流电源的场所，如电风扇、空调、电冰箱、洗衣机等电器设备。本项目重点讲述有关三相异步电动机的工作原理、结构、特性、使用与维护知识。

1. 旋转磁场

（1）旋转磁场及其产生

图 2-1 所示为异步电动机旋转原理示意图，在一个可旋转的马蹄形磁铁中间，放置一只可以自由转动的笼型短路线圈。当转动马蹄形磁铁时，笼型转子会跟着一起旋转。这是因为磁铁转动时，其磁力线（磁通）切割笼型转子的导体，在导体中因电磁感应而产

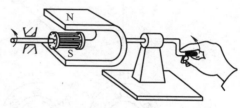

图 2-1 异步电动机旋转原理示意图

生感应电动势，由于笼型转子本身是短路的，在电动势作用下导体中有电流流过，方向如图 2-2 所示。该电流又和旋转磁场相互作用，产生转动力矩，驱动笼型转子随着磁场的转向而旋转，这就是异步电动机的简单旋转原理。

实际使用的异步电动机的旋转磁场不可能靠转动永久磁铁来产生。下面先分析旋转磁场产生的条件，再分析三相异步电动机的旋转原理。

图 2-3 所示为三相异步电动机定子绕组结构示意图。在定子铁心上冲有均匀分布的铁心槽，在空间各相差120°电角度的铁心槽中布置有三相绕组 U1U2、V1V2、W1W2，三相绕组采用星形联结。向三相定子绕组中分别通入三相对称交流电 i_U、i_V、i_W，各相电流将在定子绕组中分别产生相应的磁场，如图 2-4 所示。

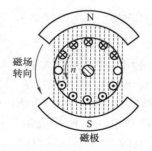

图 2-2 异步电动机旋转原理图

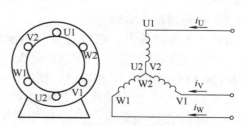

图 2-3 三相异步电动机定子绕组结构示意图
（极对数 $p=1$）

1）在 $\omega t = 0$ 的瞬间，$i_U = 0$，故 U1U2 绕组中无电流；$i_V < 0$，根据图 2-3 中假定的电流参考方向，电流从绕组末端 V2 流入，从首端 V1 流出；$i_W > 0$，电流从绕组首端 W1 流入，从

末端 W2 流出。绕组中电流产生的合成磁场如图 2-4b 所示。

2）在 $\omega t = \pi/2$ 的瞬间，$i_U > 0$，电流从首端 U1 流入，末端 U2 流出；$i_V < 0$，电流仍从末端 V2 流入，首端 V1 流出；$i_W < 0$，电流从末端 W2 流入，首端 W1 流出。绕组中电流产生的合成磁场如图 2-4c 所示，可见合成磁场顺时针转过了90°。

3）继续按上述方法分析 $\omega t = \pi$、$3\pi/2$、2π 的不同瞬间三相交流电在三相定子绕组中产生的合成磁场，可得到图 2-4d、e、f 所示的变化。观察图 2-4 中合成磁场的分布规律可见：合成磁场的方向按顺时针方向旋转，并旋转了一周。

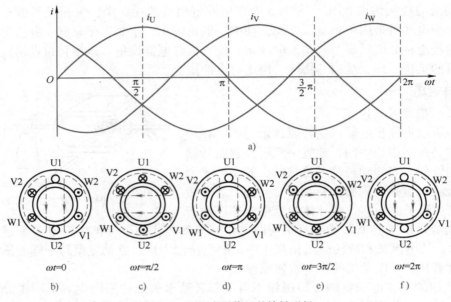

图 2-4　两极定子绕组的旋转磁场

由此可以得出如下结论：在三相异步电动机定子铁心中布置结构完全相同、在空间各相差 120° 电角度的三相定子绕组，分别向三相定子绕组通入三相交流电，则在定子、转子与空气隙中产生一个沿定子内圆旋转的磁场，该磁场称为旋转磁场。

【特别提示】　对称绕组中通入对称电流会产生一个圆形旋转磁场。

（2）旋转磁场的旋转方向

由图 2-4 可以看出，三相交流电的变化次序（相序）为 U 相达到最大值 → V 相达到最大值 → W 相达到最大值 → U 相达到最大值……将 U 相交流电接 U 相绕组，V 相交流电接 V 相绕相，W 相交流电接 W 相绕组，则产生的旋转磁场的旋转方向为 U 相 → V 相 → W 相（顺时针旋转），即与三相交流电的变化相序一致。如果任意调换电动机两相绕组所接交流电源的相序，即假设 U 相交流电仍接 U 相绕组，将 V 相交流电改与 W 相绕组相接，W 相交流电与 V 相绕组相接，可以对照图 2-4 分别绘出 $\omega t = 0$ 及 $\omega t = \pi/2$ 瞬时的合成磁场图，如图 2-5 所示。

由图 2-5 可见，此时合成磁场的旋转方向已变为逆时针旋转，即与图 2-4 的旋转方向相反。由此可以得出结论：旋转磁场的旋转方向取决于通入定子绕组中的三相交流电源的相序，且与三相交流电源的相序一致。只要任意调换电动机两相绕组所接交流电源的相序，旋转磁场即反转。这个结论很重要，因为后面将要分析到三相异步电动机的旋转方向与旋转磁场的转向一致，因此要改变电动机的转向，只要改变旋转磁场的转向即可。

（3）旋转磁场的旋转速度

1）$p=1$。以上讨论的是两极三相异步电动机（即磁极对数 $p=1$）定子绕组产生的旋转磁场，由分析可见，当三相交流电变化一周后（即每相经过360°电角度），其所产生的旋转磁场也正好旋转一周。所以在两极电动机中旋转磁场的转速等于三相交流电的变化速度，即 $n_1 = 60f_1 = 3000\text{r / min}$。

2）$p=2$。若在定子铁心上放置图2-6所示的两套三相绕组，每套绕组占据半个定子内圆，并将属于同相的两个线圈串联，即成为 $p=2$ 的四极三相异步电动机。再通入三相交流电，采用与前面相似的分析方法，如图2-7所示，可以得到如下结果：当三相交流电变化一周时，四极电动机的合成磁场只旋转了半圈（即转过180°机械角度），则在四极电动机中旋转磁场的转速等于三相交流电变化速度的1/2，即 $n_1 = 60f / 2 = 60 \times 50 \div 2\text{r / min} = 1500\text{r / min}$。因此当磁极对数增加一倍，旋转磁场的转速减小一半。

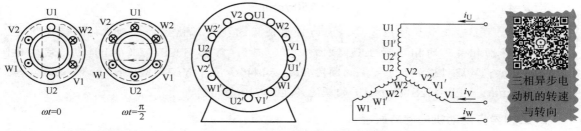

图2-5　旋转磁场转向的改变　　　　图2-6　三相定子绕组的结构示意图

3）p 对磁极。同上分析可得 p 对磁极时，旋转磁场的转速为

$$n_1 = \frac{60f_1}{p} \qquad (2\text{-}1)$$

式中，f_1 为交流电的频率（Hz）；p 为电动机的磁极对数；n_1 为旋转磁场的转速，又称同步转速（r/min）。

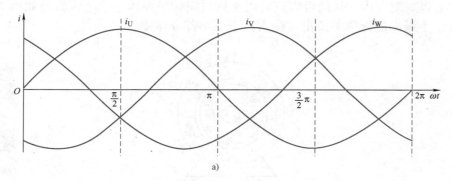

a)

图2-7　四极定子绕组的旋转磁场

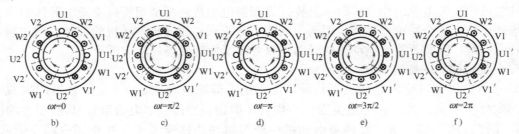

图 2-7 四极定子绕组的旋转磁场（续）

例 2-1 通入三相异步电动机定子绕组中的交流电频率 f_1=50Hz，试分别求电动机磁极对数 p=1、p=2、p=3 及 p=4 时旋转磁场的转速 n_1。

解： 当 p=1 时　　　　　　$n_1 = \dfrac{60 f_1}{p} = \dfrac{60 \times 50}{1}$ r/min = 3000r/min

当 p=2 时　　　　　　　$n_1 = \dfrac{60 f_1}{p} = \dfrac{60 \times 50}{2}$ r/min = 1500r/min

同理，当 p=3 时　　　　　　　　n_1=1000r/min

当 p=4 时　　　　　　　　　n_1=750r/min

【特别提示】 上述 4 个数据很重要，因为目前使用的各类三相异步电动机的转速与上述 4 种转速密切相关（均稍小于上述 4 种转速）。例如：YE3-132S1-2（p=1）的额定转速 n=2900r/min；YE3-132S-4（p=2）的额定转速 n=1440r/min；YE3-132S-6（p=3）的额定转速为 960r/min；YE3-132S-8（p=4）的额定转速为 710r/min。

2. 三相异步电动机的旋转原理
（1）转子旋转原理

图 2-8 所示为一台三相笼型异步电动机定子与转子剖面图。转子上的 6 个小圆圈表示自成闭合回路的转子导体。当三相定子绕组 U1U2、V1V2、W1W2 中通入三相交流电后，按前述分析可知将在定子、转子及其空气隙内产生一个同步转速为 n_1、在空间按顺时针方向旋转的磁场。该旋转磁场将切割转子导体，在转子导体中产生感应电动势，由于转子导体自成闭合回路，因此该电动势将在转子导体中形成电流，其电流方向可用右手定则判定。在使用右手定则时必须注意，右手定则的磁场是静止的，导体在作切割磁力线的运动，而这里正好相反。为此，可以相对地把磁场看成不动，而导体以与旋转磁场相反的方向（逆时针）切割磁力线，从而可以判定出在该瞬间转子导体中的电流方向如图 2-8 所示，即电流从转子上半部的导体中流出，流入转子下半部导体中。

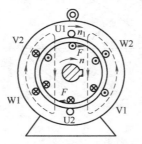

三相异步电动机的工作原理

图 2-8 三相异步电动机工作原理

有电流流过的转子导体将在旋转磁场中受电磁力 F 的作用，其方向可用左手定则判定，如图 2-8 中箭头所示，该电磁力 F 在转子轴上形成电磁转矩，使异步电动机以转速 n 旋转。由此可以归纳出三相异步电动机的旋转原理为：当定子三相绕组中通入三相交流电时，在电动机气隙中形成旋转磁场，转子绕组在旋转磁场的作用下产生感应电流，载有电流的转子导体受电磁力的作用，产生电磁转矩使转子旋转。由图 2-8 可见，电动机转子的旋转方向与旋转磁场的旋转方向一致。因此，要改变三相异步电动机的旋转方向，只需改变旋转磁场的转向即可。

（2）转差率 s

由上面的分析还可看出，转子的转速 n 一定要小于旋转磁场的转速 n_1，如果转子转速与旋转磁场转速相等，转子导体就不再切割旋转磁场，转子导体中也不再产生感应电动势和电流，电磁力 F 将为零，转子将减速。因此，异步电动机的"异步"就是指电动机转速 n 与旋转磁场转速 n_1 之间存在着差异，两者的步调不一致。又由于异步电动机的转子绕组并不直接与电源相接，而是依据电磁感应产生电动势和电流，获得电磁转矩而旋转，因此异步电动机又称感应电动机。

把异步电动机旋转磁场的转速（即同步转速）n_1 与电动机转速 n 之差称为转速差，转速差与旋转磁场转速 n_1 之比称为异步电动机的转差率 s，即

$$s = \frac{n_1 - n}{n_1} \tag{2-2}$$

转差率 s 是异步电动机的一个重要物理量，s 的大小与异步电动机运行状态密切相关。

（3）异步电动机的 3 种运行状态

1）电动机状态（$0 < s < 1$）。根据前面讨论的结论，气隙旋转磁场与转子中感应电流之间形成的电磁转矩方向相同，即为电动机状态，输入电功率，输出机械功率，如图 2-9b 所示。

① 当异步电动机在静止状态或刚接上电源，即电动机刚开始起动的一瞬间，转子转速 $n = 0$，则对应的转差率 $s = 1$。

② 如果转子转速 $n = n_1$，则转差率 $s = 0$。

③ 异步电动机在正常状态下运行时，转差率 s 在 $0 \sim 1$ 之间变化。

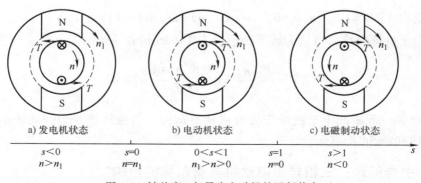

图 2-9　转差率 s 与异步电动机的运行状态

④ 三相异步电动机在额定状态（即加在电动机定子三相绕组上的电压为额定电压，电

动机输出的转矩为额定转矩）下运行时，额定转差率$s_{\rm N}$在0.01～0.06之间。由此可以看出三相异步电动机的额定转速$n_{\rm N}$与同步转速n_1较为接近，在例2-1后面给出的一组数据也说明了这一点。下面再举一例予以说明。

例 2-2 已知Y2–160M–4三相异步电动机的同步转速n_1=1500r/min，额定转差率$s_{\rm N}$=0.027，求该电动机的额定转速$n_{\rm N}$。

解： 由$s_{\rm N}=(n_1-n_{\rm N})/n_1$可得

$$n_{\rm N}=(1-s_{\rm N})n_1=(1-0.027)\times1500{\rm r}/{\rm min}\approx1460{\rm r}/{\rm min}$$

⑤ 当三相异步电动机空载（即轴上没有拖动机械负载，电动机空转）时，由于电动机只需克服空气阻力及摩擦阻力，故转速n与同步转速n_1相差甚微，转差率s很小，为0.004～0.007。

2）发电机状态$(-\infty<s<0)$。若定子绕组接三相交流电源，而转子由机械外力拖动与旋转磁场同方向转动，且使转子转速n超过同步转速n_1，即$n>n_1$，则$s<0$。此时，转子导体与旋转磁场的相对切割方向与电动机状态时正好相反，故转子绕组中的电动势及电流和电动机状态时相反，电磁转矩T也反向成为阻力矩。机械外力必须克服电磁转矩做功，以保持$n>n_1$。即电机此时输入机械功率，输出电功率，处于发电机状态运行，如图2-9a所示。所以异步电机的运行状态是可逆的，既可作电动机运行，又可作发电机运行。

3）电磁制动状态$(1<s<\infty)$。若异步电动机转子受外力的作用，使转子转向与旋转磁场转向相反，则$s>1$，如图2-9c所示。此时旋转磁场方向与其在转子导体上产生的电磁转矩方向仍相同，故电磁转矩方向与转子受力方向相反，即此时的电磁转矩属于制动转矩。此状态时一方面定子绕组从电源吸取电功率，另一方面外加力矩克服电磁转矩做功，向电机输入机械功率，它们均变成电机内部的热损耗。

例 2-3 某三相异步电动机极对数p=2，额定转速$n_{\rm N}$=1450r/min，电源频率f=50Hz，求额定转差率$s_{\rm N}$。该电动机在进行变频调速时，频率突然降为f'=45Hz，求此时对应的转差率s'，并问此时电机在何种状态下运行？

解：
$$s=\frac{n_1-n_{\rm N}}{n_1}=\frac{1500-1450}{1500}\approx0.033$$

当频率变为45Hz时 $\quad n_1'=60f'/p=60\times45\div2{\rm r}/{\rm min}=1350{\rm r}/{\rm min}$

此瞬间由于机械惯性，可认为转子转速仍为1450r/min，则

$$s'=\frac{n_1'-n_{\rm N}}{n_1'}=\frac{1350-1450}{1350}\approx-0.074$$

由$s'<0$可知，此瞬间电动机处于发电机状态运行，电磁转矩变为制动转矩，使转子减速，直到$n<1350$r/min稳定运行。

（二）引导问题：三相异步电动机具有怎样的结构？

三相异步电动机种类繁多，按其外壳防护方式的不同可分开启型（IP11）、防护型（IP22）、封闭型（IP44、IP54）三大类，如图2-10所示。由于封闭型结构能防止固体异物、

水滴等进入电动机内部，并能防止人与物触及电动机带电部位与运动部位，运行中安全性好，因而成为目前使用最广泛的结构形式。按电动机转子结构的不同又可分为笼型异步电动机和绕线转子异步电动机。图 2-10 为笼型异步电动机，图 2-11 为绕线转子异步电动机。另外，异步电动机还可按工作电压不同分为高压异步电动机和低压异步电动机，按工作性能的不同可分为高起动转矩异步电动机和高转差异步电动机，按外形尺寸及功率的大小可分为大型、中型、小型和微型异步电动机等。

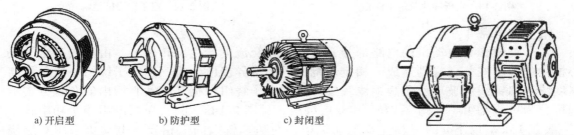

| a) 开启型 | b) 防护型 | c) 封闭型 |

图 2-10 三相笼型异步电动机外形　　　　图 2-11 三相绕线转子异步电动机外形

三相异步电动机虽然种类繁多，但基本结构均由定子和转子两大部分组成，定子和转子之间有空气隙。

图 2-12 所示为封闭型三相笼型异步电动机结构，其主要组成部分如下。

1. 定子

定子指电动机中静止不动的部分，主要包括定子铁心、定子绕组、机座、端盖等部件。

（1）定子铁心

定子铁心作为电动机磁通的通路，对铁心材料的要求是既要有良好的导磁性能，剩磁很少，又要尽量降低涡流损耗，一般用 0.5mm 厚且表面有绝缘层的硅钢片叠压而成。在定子铁心的内圆冲有沿圆周均匀分布的槽，如图 2-13 所示，在槽内嵌放三相定子绕组，可参看图 2-12。

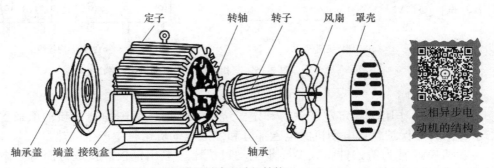

图 2-12 三相笼型异步电动机结构

定子铁心的槽型有开口型、半开口型、半闭口型 3 种，如图 2-14 所示。半闭口型槽的优点是电动机的效率和功率因数较高，缺点是绕组嵌线和绝缘都较难，一般用于小型低压电机中。半开口型槽可以嵌放成型并经过绝缘处理的绕组，因此开口型槽内绕组绝缘比半开口槽方便，主要用在高压电机中。定子铁心制作完成后整体压入机座内，随后在铁心槽内嵌放定子绕组。

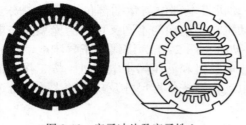

图 2-13　定子冲片及定子铁心

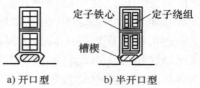

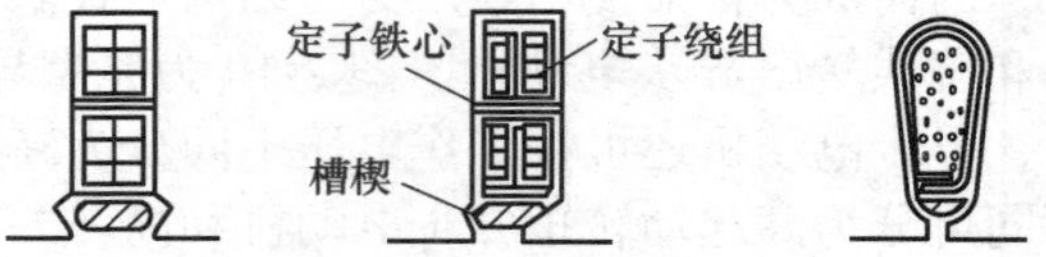

a) 开口型　　　b) 半开口型　　　c) 半闭口型

图 2-14　定子铁心槽型

（2）定子绕组

定子绕组作为电动机的电路部分，通入三相交流电产生旋转磁场。由嵌放在定子铁心槽中的线圈按一定规则连成三相定子绕组。小型异步电动机三相定子绕组一般采用高强度漆包扁铜线和玻璃丝包扁铜线绕成。三相定子绕组根据其中铁心槽内的布置方式不同可分为单层绕组（见图 2-14c）和双层绕组（见图 2-14a、b）。单层绕组用于功率较小（一般在 15kW 以下）的三相异步电动机中，而功率较大的三相异步电动机采用双层绕组。三相定子绕组之间及绕组与定子铁心槽间均以绝缘材料绝缘，定子绕组往槽内嵌放完毕后再用绝缘槽楔固紧。常用的薄膜类绝缘材料有聚酯薄膜青壳纸、聚酯薄膜、聚酯薄膜玻璃漆布箔及聚四氟乙烯。三相异步电动机定子绕组的主要绝缘项目有以下 3 种：

1）对地绝缘：定子绕组整体与定子铁心之间的绝缘。

2）相间绝缘：各相定子绕组之间的绝缘。

3）匝间绝缘：每相定子绕组各线匝之间的绝缘。

定子三相绕组的结构完全对称，一般有 6 个出线端（U1、U2、V1、V2、W1、W2）置于机座外部的接线盒内，根据需要接成星形（丫）或三角形（△），如图 2-15 所示。也可将 6 个出线端接入控制电路中实现星形联结和三角形联结的换接。

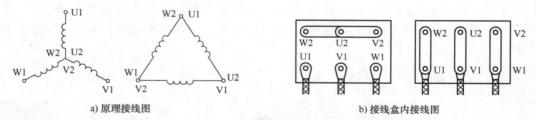

a) 原理接线图　　　　　　　　　b) 接线盒内接线图

图 2-15　三相笼型异步电动机出线端

（3）机座

机座的作用是固定定子铁心和定子绕组，并通过两侧的端盖和轴承来支撑电动机的转子，同时可保护整台电动机的电磁部分和发散电动机运行中产生的热量。

机座通常为铸铁件，大型异步电动机机座一般用钢板焊接成，而有些微型电动机的机座采用铸铝件以降低电动机的质量。封闭式电动机的机座外面有散热筋以增加散热面积，防护型电动机的机座两端端盖开有通风孔，使电动机内外的空气可以直接对流，有利于散热。

（4）端盖

借助置于端盖内的滚动轴承可将电动机转子和机座连成一个整体。端盖一般均为铸钢件，微型电动机则用铸铝件。

2. 转子

转子指电动机的旋转部分，包括转子铁心、转子绕组、转轴等。

（1）转子铁心

转子铁心作为电动机磁路的一部分，一般用0.5mm硅钢片冲制叠压而成，硅钢片外圆冲有均匀分布的孔，用来安置转子绕组。一般小型异步电动机的转子铁心直接固定在转轴上，而大、中型异步电动机（转子直径在300～400mm以上）的转子铁心借助转子支架固定在转轴上。

为了改善电动机的起动及运行性能，笼型异步电动机转子铁心一般都采用斜槽结构（即转子槽与电动机转轴的轴线不平行，而是扭斜了一个角度），如图2-12所示。

（2）转子绕组

转子绕组用来切割定子旋转磁场，产生感应电动势和电流，并在旋转磁场的作用下受力而使转子转动，分笼型转子和绕线转子两类，笼型和绕线转子异步电动机即由此得名。

1）笼型转子。笼型转子通常有两种不同的结构形式，中小型异步电动机的笼型转子一般为铸铝转子，即采用离心铸铝或压力铸铝的方法，将熔化的铝充满铁心槽和端环的各部分，如图2-16a所示。

另一种结构为铜条转子，即在铁心槽内放置没有绝缘的铜条，铜条的两端用短路环焊接起来，形成一个笼子的形状，如图2-16b所示。铜条转子制造较复杂，价格高，主要用于功率较大或有特殊要求的异步电动机。

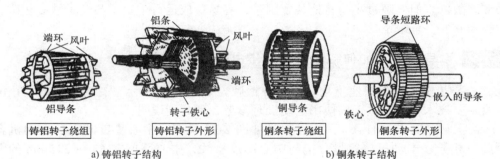

a) 铸铝转子结构　　　　　　　　　　b) 铜条转子结构

图2-16　笼型异步电动机转子

为了提高电动机的起动转矩，在容量较大的异步电动机中，有的转子采用双笼型或深槽结构，如图2-17所示。双笼型转子上有内、外两个鼠笼，外笼采用电阻率较大的黄铜条制成，内笼则用电阻率较小的紫铜条制成。而深槽转子则用狭长的导体制成。

2）绕线转子。三相异步电动机转子的另一种结构形式是绕线转子。它的定子部分结构与笼型异步电动机相同，主要不同之处是转子绕组，图2-18所示为绕线转子异步电动机的转子结构及接线原理图。转子绕组的结构形式与定子绕组相似，也采用由绝缘导线绕成的三相绕组或成型的三相绕组嵌入转子铁心槽内，并采用星形联结，3个引出端分别接到压在转子轴一端并且互相绝缘的铜制集电环上，再通过压在集电环上的3个电刷与外电路相接，外电路与变阻器相接，该变阻器也采用星形联结。调节该变阻器的电阻值就可达到调节电动机起动性能和转速的目的。而笼型异步电动机的转子绕组由于被本身的端环直接短路，转子电流无法按需要进行调节。因此在某些对起动性能及调速有特殊要求的设备（如起重设备、卷扬机械、鼓风机、压缩机、泵类等）中，多采用绕线转子异步电动机。

3. 其他部件

1）轴承：用来连接转动部分与固定部分，较多采用滚动轴承以减小摩擦力。

2）轴承盖：保护轴承，使轴承内的润滑脂不致溢出，并防止灰、砂、脏物等侵入润滑脂内。

3）风扇：用于冷却电动机。

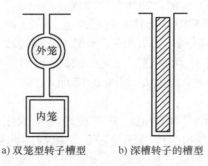

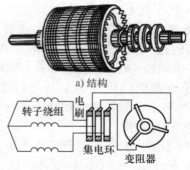

a) 双笼型转子槽型　　b) 深槽转子的槽型

图 2-17　双笼型转子及深槽转子的槽型

a) 结构

b) 起动时转子接线原理图

图 2-18　三相绕线转子异步电动机的转子结构及接线原理图

4. 气隙

为了保证三相异步电动机的正常运转，在定子与转子之间有气隙。气隙的大小对三相异步电动机的性能影响极大。气隙大，则磁阻大，由电源提供的励磁电流大，使电动机运行时的功率因数低。但气隙过小，将使装配困难，容易造成运行中定子与转子铁心相碰，一般空气隙约为 0.2 ～ 1.5mm。

（三）引导问题：如何解读三相异步电动机的铭牌？

在三相异步电动机的机座上均装有一块铭牌，如图 2-19 所示。铭牌上标出了该电动机的型号及主要技术数据，供正确使用电动机时参考，现分别说明。

1）型号（YE3-355M1-6）：型号含义如图 2-20 所示。中心高度越大，电动机容量越大，因此三相异步电动机按容量分类与中心高度有关，中心高度在 63 ～ 315mm 的电动机为小型，中心高度在 355 ～ 630mm 的电动机为中型，630mm 以上的电动机为大型。在同样的高度下，机座长则铁心长，相应的电动机容量较大。自 20 世纪 50 年代起，我国三相笼型异步电动机的产品进行了多次更新换代，使电动机的整体质量不断完善。其中 J、JO 系列为我国 20 世纪 50 年代生产的仿苏产品，容量为 0.6 ～ 125kW，早已停产。J2、JO2 系列为我国 20 世纪 60 年代自行设计的系列产品，采用 E 级绝缘，性能比 J、JO 系列有较大的提高，目前也已停产，但仍在一些设备上使用。Y 系列为我国 20 世纪 80 年代设计并定型的产品，如图 2-21a 所示，与 JO2 系列相比，效率有所提高，起动转矩倍数平均为 2，有大幅度的提高，体积平均减小 15%，质量减小 12%，由于采用 B 级绝缘，温升裕度较大，功率等级较多，可避免"大马拉小车"的弊病，Y 系列电动机完全符合国际电工委员会标准，有利于设备出口及与进口设备上的电动机互换。

三相异步电动机			
型号YE3-355M1-6		功率160kW	电流296A
频率50Hz	电压380V	接法△	转速990r/min
防护等级 IP55	质量1600kg	工作制S1	F级绝缘
××电机厂			

图 2-19　三相异步电动机铭牌

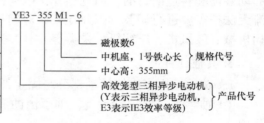

图 2-20　电动机型号含义

从 20 世纪 90 年代起，我国又设计开发了 Y2 系列三相异步电动机，如图 2-21b 所示，机座中心高 80～355mm，功率为 0.55～315kW，它在 Y 系列的基础上重新设计的，达到国际先进水平，是取代 Y 系列的更新换代产品。Y2 系列电动机较 Y 系列效率高、起动转矩大，由于采用 F 级绝缘（用 B 级考核），所以温升裕度大，且噪声低，电机结构合理、体积小、质量小，外形新颖美观，

a) Y系列　　b) Y2系列

图 2-21 Y、Y2 系列三相笼型异步电动机外形

也完全符合国际电工委员会标准。从 20 世纪 90 年代末期起，我国已开始实现从 Y 系列向 Y2 系列过渡。

2012 年我国推行 YE3 系列电动机，也称超高效节能型三相异步电动机（节能 5%～10%）。YE3 系列电动机采用超高导磁、低损耗冷轧无取向硅钢片，具有高效、节能、低振动、低噪声、散热好、运行平稳、使用维护方便等特点，逐步取代 Y、Y2、Y3、YX3、YE2 等系列电动机，与国际 IE3 节能型电机接轨。

YE4、YE5 电动机是 YE3 系列电动机的升级产品。2021 年我国开始执行国家强制标准 GB 18613—2020《电动机能效限定值及能效等级》，电动机能效分为 1 级能效、2 级能效、3 级能效，对应 IEC 的 IE5、IE4 和 IE3 的效率值。YE3、YE4、YE5 系列电动机分别对应满足了该国标的 3 种能效等级。

2）额定功率 P_N(160kW)：电动机在额定工作状态下运行时，允许输出的机械功率（kW）。

3）额定电流 I_N（296A）：电动机在额定工作状态下运行时，定子电路输入的线电流（A）。

4）额定电压 U_N(380V)：电动机在额定工作状态下运行时，定子电路所加的线电压（V）。

三相异步电动机的额定功率 P_N 与其他额定数据之间的关系为

$$P_N = \sqrt{3}U_N I_N \cos\varphi_N \eta_N \times 10^{-3} \tag{2-3}$$

式中，$\cos\varphi_N$ 为额定功率因数；η_N 为额定效率。

5）额定转速 n_N（990r/min）：电动机在额定工作状态下运行时的转速（r/min）。

6）接法（△）：电动机三相定子绕组与交流电源的连接方法，对 Y 系列电动机而言，国家标准规定凡 3kW 及以下者均采用星形联结，4kW 及以上者均采用三角形联结。

7）防护等级（IP55）：电动机外壳防护等级。防护等级标志由表征字母"IP"及附加在其后的两个表征数字组成。其中第一个数字表示外壳防止固体进入壳内的能力，如"4"表示防护大于 1mm 固体的电机，"5"表示防尘电机等；第二个数字表示由于外壳进水而引起有害影响的能力，如"4"表示防溅水电机，"5"表示防喷水电机等。

8）频率（50Hz）：电动机使用交流电源的频率（Hz）。

9）绝缘等级：电动机各绕组及其他绝缘部件所用绝缘材料的等级。绝缘材料按耐热性能分为 7 个等级，见表 2-1。目前国产电动机使用的绝缘材料等级为 B、F、H、N 4 个等级。

表 2-1   绝缘材料耐热性能等级

绝缘等级	Y	A	E	B	F	H	N
最高允许温度 /（℃）	90	105	120	130	155	180	200

10）定额工作制：指电动机按铭牌值工作时，可以持续运行的时间和顺序。常用的电动机定额有连续定额、短时定额和断续周期定额 3 种，分别用 S1、S2、S3 表示。

① 连续定额（S1）：表示电动机按铭牌值工作时可以长期连续运行。

② 短时定额（S2）：表示电动机按铭牌值工作时只能在规定的时间内短时运行。我国规定的短时运行时间为 10min、30min、60min 及 90min 4 种。

③ 断续周期定额（S3）：表示电动机按铭牌值工作时，运行一段时间就要停止一段时间，周而复始地按一定周期运行。每一周期为 10min，我国规定的负载持续率为 15%、25%、40% 及 60% 共 4 种（如标明 40% 则表示电动机工作 4min 需断电停转 6min）。

例 2-4   已知某三相异步电动机的额定数据为 $P_N = 5.5$kW，$I_N = 11.7$A，$U_N = 380$V，$\cos\varphi_N = 0.83$，定子绕组三角形联结。求电动机的效率 η_N。

解：由式（2-3）可得

$$\eta_N = \frac{P_N}{\sqrt{3}U_N I_N \cos\varphi_N \times 10^{-3}} = \frac{5.5}{\sqrt{3} \times 380 \times 11.7 \times 0.83 \times 10^{-3}} \approx 0.86$$

由例 2-4 数据可以看到在数值上 $I_N \approx 2P_N$，这是额定电压为 380V 的三相异步电动机的一般规律（特别是两极和四极电动机更接近），因此在今后实际应用中，根据三相异步电动机的功率即可估算出电动机的额定电流，即每 kW 按 2A 电流估算（10kW 以下的适当增加，50kW 以上的适当减小）。

四、任务实施

按任务单分组完成以下任务：

1）三相异步电动机的安装。

2）解读三相异步电动机的铭牌。

3）用荧光灯法测电动机转速。

五、任务单

任务一 认识三相异步电动机的作用及结构		组别：	教师签字
班级：	学号：	姓名：	
日期：			

任务要求：

1）列出任务所需仪器及工具清单，记录小组分工。

2）按照正确步骤，在虚拟仿真软件中完成三相异步电动机的安装。

3）按照所学知识，对三相异步电动机铭牌进行解读，记录解读结果。

4）用荧光灯法测量电动机转速及转差率。

5）记录实验过程中存在的问题，并进行合理分析，提出解决方法。

仪器、工具清单：

小组分工：

任务内容：

1. 三相异步电动机的安装

1）打开计算机中的电工技能与实训软件，选择三相异步电动机，单击三相异步电动机的结构，观察三相异步电动机的拆装顺序。

2）在电动机装配虚拟操作界面，如图2-22所示，按照前轴承盖→前轴承→后轴承内盖→后轴承→后端盖→后轴承盖→定子→前端盖→前轴承盖→扇叶→风罩的顺序进行安装操作。

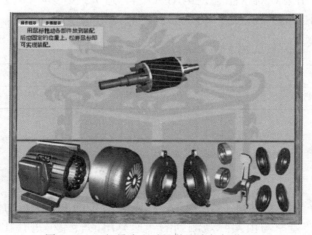

图2-22　三相异步电动机装配虚拟操作界面

2. 解读三相异步电动机的铭牌

对图2-23和图2-24中两个三相异步电动机铭牌分别进行解读，并记录解读结果。

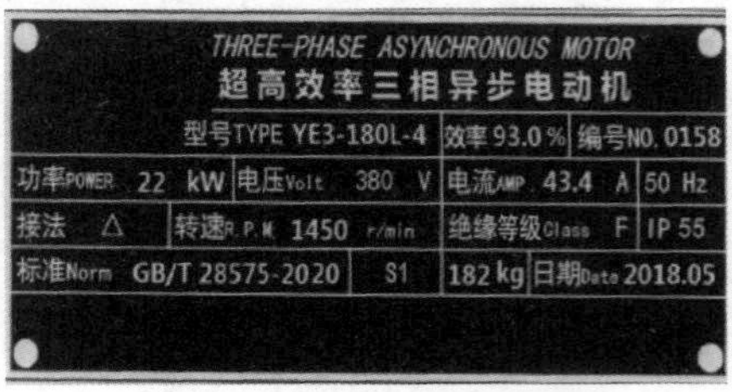

图 2-23　三相异步电动机铭牌实例 1 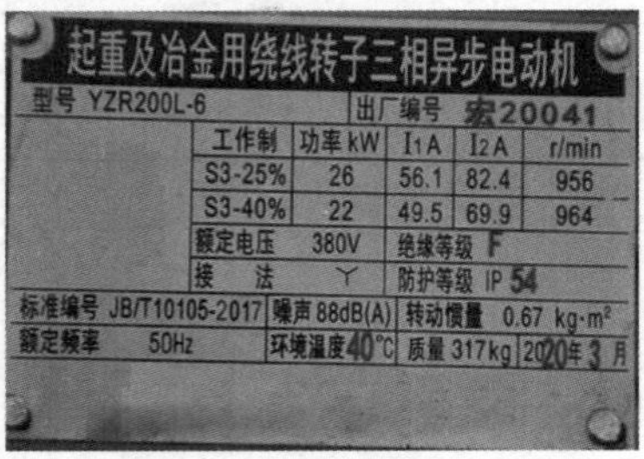　　　　　图 2-24　三相异步电动机铭牌实例 2

3. 用荧光灯法测量电动机转速及转差率

荧光灯是一种闪光灯，当接到 50Hz 电源上时，灯每秒闪亮 100 次，人的视觉暂留时间约为 1/10s，所以用肉眼观察会感觉荧光灯是一直发亮的，利用荧光灯这一特性来测量电动机的转速及转差率。试验步骤如下：

1）三相异步电动机（极数 2p=4）直接与测速发电机同轴连接，在联轴器上用黑胶布包一圈，再将 4 张白纸条（宽度约为 3mm）均匀地贴在黑胶布上。

2）由于电动机的同步转速为 1500r/min，而荧光灯闪亮频率为 100 次 /s，即荧光灯闪亮一次，电动机转动 1/4 圈。由于电动机轴上均匀贴有 4 张白纸条，故电动机以同步转速转动时，肉眼观察图案是静止不动的（可用三相同步电动机验证）。

3）开启电源，打开控制屏上荧光灯开关，调节调压器，升高电动机电压，观察电动机转向，如果转向不对应停机调整相序。转向正确后，升压至 220V，使电动机起动运转，记录此时电动机转速。

4）因三相异步电动机转速总是低于同步转速，所以灯每闪亮一次图案逆电动机旋转方向落后一个角度，用肉眼观察图案逆电动机旋转方向缓慢移动。

5）计时（一般取 30s）数条数。将观察到的数据记录于表 2-2 中。

表 2-2　荧光灯法测转差率数据记录

N（转）	t/s	s	$n/$（r/min）

$$s = \frac{\Delta n}{n_1} = \frac{\dfrac{N}{4t} \times 60}{\dfrac{60 f_1}{p}} = \frac{pN}{4tf_1}$$

式中，s 为转差率；t 为计数时间（s）；N 为 t 内图案转过的圈数；f_1 为电源频率，f_1=50Hz。

6）将计算出的转差率与由实际观测到的转速算出的转差率进行比较。

7）思考一下，对于 $2p$=2、$2p$=6、$2p$=8 的电动机，能用同样的方法测转差率吗？

六、任务考核与评价

任务一	认识三相异步电动机的作用及结构		日期：		教师签字：
姓名：		班级：		学号：	

评分细则

序号	评分项	得分条件	配分	小组评价	教师评价
1	学习态度	1. 遵守规章制度 2. 积极主动，具有创新意识	10		
2	安全规范	1. 能进行设备和工具的安全检查 2. 能规范使用实验设备 3. 具有安全操作意识	10		
3	专业技术能力	1. 能正确连接电路 2. 能正确完成三相异步电动机的虚拟安装 3. 能正确解读电动机铭牌信息 4. 能正确进行转差率及转速的测量	50		
4	数据读取、处理能力	1. 能正确记录实验数据 2. 能正确计算转差率及转速 3. 能独立思考，完成转差率公式在不同情况下的调整	15		
5	报告撰写能力	1. 能独立完成任务单的填写 2. 字迹清晰、文字通顺 3. 无抄袭 4. 能体现较强的问题分析能力	15		
		总分	100		

任务二 认识三相异步电动机的工作特性及机械特性

姓名： 　　班级： 　　日期： 　　参考课时：4 课时

一、任务描述

　　某工厂对一批老旧的三相异步电动机进行拆装检修后，想将其再次投入生产使用。为了检测转子绕组有无匝间短路、判断定子绕组与铁心有无局部短路等问题，需要对三相异步电动机的参数及运行曲线进行重新测定。因此，本任务主要需要完成电动机空载参数、负载参数的测定以及机械特性曲线的测量。

二、任务目标

※ **知识目标**　1）能够描述出旋转磁场对定子绕组和转子绕组的作用。

　　　　　　　2）能够说出三相异步电动机中功率的传输过程。

　　　　　　　3）能够说出电动机的转矩与功率的关系。

4）能够根据运行原理分析三相异步电动机的工作特性。

5）能够掌握三相异步电动机拖动系统的运动方程。

6）能够描绘几种不同类型的负载的机械特性曲线。

7）能够画出三相异步电动机机械特性曲线，并标出几个关键的运行状态点。

※　**能力目标**　1）能够规范使用设备、进行设备安全检查。

2）能正确完成三相异步电动机的空载参数及短路参数的测定。

3）能正确完成机械特性曲线的测量及绘制。

4）能正确对三相异步电动机的稳定运行区进行分析。

5）能独立完成实验报告的撰写，并能正确对实验数据进行分析。

※　**素质目标**　1）在任务实施中培养安全第一、用理论指导实践的工作习惯。

2）在任务实施中树立团结协作理念，培养互助精神。

3）在任务操作中培养精益求精的工匠精神。

4）培养良好的工作习惯，在实施过程中妥善管理实验设备，规范操作行为，完善操作流程。

三、知识准备

（一）引导问题：三相异步电动机运行时，旋转磁场对定子绕组、转子绕组的作用分别是怎样的？

异步电动机的工作原理与变压器有许多相似之处，如异步电动机的定子绕组与转子绕组相当于变压器的一次绕组与二次绕组；变压器是利用电磁感应原理把电能从一次绕组传递给二次绕组，而异步电动机定子绕组从电源吸取的能量也是靠电磁感应传递给转子绕组，因此可以说变压器是静止的异步电功机。变压器与异步电动机的主要区别有：变压器铁心中的磁场是脉动磁场，而异步电动机气隙中的磁场是旋转磁场；变压器的主磁路只有接缝间隙，而异步电动机定子与转子间有气隙存在；变压器二次侧是静止的，输出电功率，而异步电动机转子是转动的，输出机械功率。因此当异步电动机转子未动时，转子中各个物理量的分析与计算可以用分析与计算变压器的方法进行，但当转子转动后，转子中的感应电动势及电流的频率随之发生变化，而不再与定子绕组中的电动势及电流频率相等，从而引起转子感抗、转子功率因数等发生变化，使分析与计算较为复杂，下面分别进行讨论。

1. 旋转磁场对定子绕组的作用

前已叙述，在异步电动机的三相定子绕组内通入三相交流电后会产生旋转磁场，此旋转磁场将在定子绕组中产生感应电动势。通常认为，旋转磁场按正弦规律随时间而变化，即

$$\Phi = \Phi_m \sin \omega t$$

旋转磁场以转速 $n_1 = 60 f_1 / p$ 沿定子内圆旋转，而定子绕组固定不动，所以定子绕组切割旋转磁场产生的感应电动势的频率与电源频率相同，也为 f_1，而感应电动势的大小为

$$E_1 = 4.44 f_1 K_1 N_1 \Phi_m \qquad (2\text{-}4)$$

式中，E_1 为定子绕组感应电动势有效值（V）；K_1 为定子绕组的绕组系数，$K_1 < 1$；N_1 为定子每

相绕组的匝数；f_1为定子绕组感应电动势频率（Hz）；Φ_m为旋转磁场每极磁通最大值（Wb）。

式（2-4）与变压器中的感应电动势公式（1-1）相比多了一个绕组系数K_1，这是因为变压器绕组集中绕在一个铁心上，则在任意瞬间穿过绕组的各个线圈中的主磁通大小及方向都相同，整个绕组的电动势为各线圈电动势的代数和；而在异步电动机中，同一相的定子绕组并不是集中嵌放在一个槽内，而是分别嵌放在若干个槽内，这种绕组称为分布绕组，整个绕组的电动势是各个线圈中电动势的相量和，比代数和小。另外为了改善定子绕组电动势的波形和节省导线，一般采用短距绕组，从而使两个线圈边的电动势有一定的相位差，使短距绕组的电动势比整距绕组小，因此要乘以一个绕组系数K_1。即K_1是由于绕组采用分布绕组和短距绕组而使感应电动势减少的系数，$K_1 < 1$。

由于定子绕组本身的阻抗电压降比电源电压小得多，所以近似认为电源电压U_1与感应电动势E_1相等，即

$$U_1 \approx E_1 = 4.44 f_1 K_1 N_1 \Phi_m \tag{2-5}$$

由式（2-5）可知：当外加电源电压U_1不变时，定子绕组中的主磁通Φ_m也基本不变。这个结论很更要，在后面分析三相异步电动机的运行特性时经常用到。

旋转磁场不仅通过定子绕组，而且与转子绕组相交链，下面分析旋转磁场对转子绕组的作用。

2. 旋转磁场对转子绕组的作用

（1）转子感应电动势及电流的频率

转子以转速n旋转后，转子导体切割定子旋转磁场的相对转速为$n_1 - n$，因此在转子中感应出电动势及电流的频率f_2为

$$f_2 = \frac{p(n_1 - n)}{60} = \frac{p(n_1 - n)n_1}{60n_1} = sf_1 \tag{2-6}$$

即转子中的电动势及电流的频率与转差率s成正比。

当转子不动时，$s=1$，则$f_2 = f_1$。

当转子达到同步转速时，$s=0$，则$f_2 = 0$，即转子导体中没有感应电动势及电流。

（2）转子绕组感应电动势E_2的大小

$$E_2 = 4.44 f_2 K_2 N_2 \Phi_m = 4.44 s f_1 K_2 N_2 \Phi_m \tag{2-7}$$

式中，K_2为转子绕组的绕组系数；N_2为转子每相绕组的匝数。

转子不动时（$s=1$）的感应电动势E_{20}为

$$E_{20} = 4.44 f_1 K_2 N_2 \Phi_m \tag{2-8}$$

可得

$$E_2 = s E_{20} \tag{2-9}$$

由式（2-9）可知，转子转动时，转子绕组中的电动势E_2等于转子不动时的电动势E_{20}乘以转差率s。当转子未动（起动瞬间）时，$s=1$，转子内感应电动势最大。随着转子转速增加，转子中的感应电动势E_2下降，由于异步电动机在正常运行时，s约为$0.01 \sim 0.06$（即

1%～6%），所以在正常运行时，转子中的感应电动势只有起动瞬间的1%～6%。

（3）转子的电抗和阻抗

异步电动机中的磁通绝大部分穿过空气隙与定子和转子绕组相交链，称为主磁通Φ，它在定子及转子绕组中分别产生感应电动势E_1及E_2。另外有一小部分磁通仅与定子绕组交链，称为定子漏磁通，而只与转子绕组相交链的磁通称为转子漏磁通，漏磁通的变化也将在定子及转子绕组中产生漏磁感应电动势，在电路中则表现为电抗电压降。下面将讨论转子电路内的电抗和阻抗。

$$X_2 = 2\pi f_2 L_2 = 2\pi s f_1 L_2 \tag{2-10}$$

式中，X_2为转子每相绕组的漏电抗（Ω）；L_2为转子每相绕组的漏电感（H）。当转子不动时，$s=1$，则$X_{20} = 2\pi f_1 L_2$，此时电抗最大，在正常运行时，$X_2 = sX_{20}$。

由此可得

$$Z_2 = \sqrt{R_2^2 + X_2^2} = \sqrt{R_2^2 + (sX_{20})^2} \tag{2-11}$$

式中，Z_2为转子每相绕组的阻抗（Ω）；R_2为转子每相绕组的电阻（Ω）。

可见转子绕组的阻抗在起动瞬间最大，随转速增加（s下降）而减小。

（4）转子电流和功率因数

1）转子每相绕组的电流I_2为

$$I_2 = \frac{E_2}{Z_2} = \frac{sE_{20}}{\sqrt{R_2^2 + (sX_{20})^2}} \tag{2-12}$$

2）转子电路的功率因数$\cos\varphi_2$为

$$\cos\varphi_2 = \frac{R_2}{Z_2} = \frac{R_2}{\sqrt{R_2^2 + (sX_{20})^2}} \tag{2-13}$$

对于一台异步电动机而言，R_2及X_{20}基本上是不变的，所以I_2与$\cos\varphi_2$均随s的变化而变化。由式（2-12）可看出当$s=1$时，I_2很大，即起动时转子中的起动电流很大。

【特别提示】 由式（2-13）可以看出当$s=1$时，由于$R_2 \ll X_{20}$，故$\cos\varphi_2 \approx R_2 / X_{20}$很小，即电动机起动时转子功率因数很低；当$s \approx 0$时，$\cos\varphi_2 \approx 1$，即正常运行时功率因数较高；当电动机空载运行时，$s \approx 0$，$R_2/s \to \infty$，即转子相当于开路，$I_1 \approx I_0$，用于产生主磁通，因此电动机空载时功率因数很低。对整台电动机而言，其功率因数应为定子的功率因数$\cos\varphi_1$，它与转子功率因数$\cos\varphi_2$不同，但两者比较接近。

〔（二）〕 引导问题：三相异步电动机在运行中功率是如何分配的？ 功率与转矩有什么关系？

1. 功率及效率

任何机械在实现能量的转换过程中总有损耗存在，异步电动机也不例外，因此异步电动机轴上输出的机械功率P_2总是小于其从电网输入的电功率P_1，下面先举一例来加以说明。

例2-5　某三相异步电动机输出功率（额定功率）$P_2=11\mathrm{kW}$，额定电压$U_1=380\mathrm{V}$，额定电流$I_1=22.3\mathrm{A}$，电动机功率因数$\cos\varphi_1=0.85$，求额定输入功率P_1及输出功率与输入功率之比η。

解：由三相交流电路的功率公式知

$$P_1 = \sqrt{3}U_1 I_1 \cos\varphi_1 = \sqrt{3}\times 380\times 22.3\times 0.85\mathrm{W} \approx 12476\mathrm{W} = 12.76\mathrm{kW}$$

$$\eta = \frac{P_2}{P_1}\times 100\% = \frac{11}{12.76}\times 100\% \approx 86\%$$

由例2-5可知，电动机从电网上输入的功率$P_1=12.76\mathrm{kW}$，而电动机输出的功率只有$11\mathrm{kW}$，故该电动机在运行中的功率损耗$\sum P = P_1 - P_2 = (12.76-11)\mathrm{kW} = 1.76\mathrm{kW}$。

异步电动机在运行中的功率损耗有：

1）电流在定子绕组中的铜损耗P_{Cu1}及转子绕组中的铜损耗P_{Cu2}。

2）交变磁通在电动机定子铁心中产生的磁滞损耗及涡流损耗，统称为铁损耗P_{Fe}。

3）机械损耗P_t，包括电动机在运行中的机械摩擦损耗、风的阻力产生的机械损耗。输入的功率P_1中有一小部分供给定子铜损耗P_{Cu1}和定子铁损耗P_{Fe}后，余下的大部分功率通过旋转磁场的电磁作用经过空气隙传递给转子，这部分功率称为电磁功率P_e，电磁功率中再扣除转子铜损耗P_{Cu2}和机械损耗P_t后即为输出功率P_2。电动机的功率平衡方程式为

$$P_2 = P_e - P_{\mathrm{Cu2}} - P_t = P_1 - P_{\mathrm{Cu1}} - P_{\mathrm{Fe}} - P_{\mathrm{Cu2}} - P_t = P_1 - \sum P \tag{2-14}$$

式中，$\sum P$为功率损耗。图2-25所示为三相异步电动机功率传输过程。

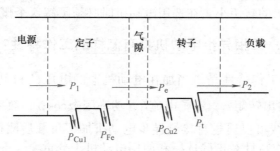

图2-25　三相异步电动机功率传输过程

电动机的效率η等于输出功率P_2与输入功率P_1之比，即

$$\eta = \frac{P_2}{P_1}\times 100\% = \frac{P_1 - \sum P}{P_1}\times 100\% \tag{2-15}$$

异步电动机在空载运行及轻载运行时，由于定子与转子间空气隙的存在，定子电流I_1仍有一定的数值（变压器空载运行时电流很小），因此电动机从电网输入的功率仍有一定的数值，而此时轴上输出的功率很小，使异步电动机在空载时效率很低。另外，理论分析及实践都表明，异步电动机在轻载时功率因数也很低。因此在选择及使用电动机时必须注意电动机

的额定功率应稍大于所拖动负载的实际功率，避免电动机额定功率比负载功率大得多，出现"大马拉小车"现象。

2. 功率与转矩的关系

由力学知识知道：旋转体的机械功率等于作用在旋转体上的转矩 T 与它的机械角速度 Ω 的乘积，即 $P = T\Omega$，代入式（2-14）并消去 Ω 后可得

$$T_2 = T - T_{Cu2} - T_t = T - T_0 \tag{2-16}$$

式中，T 为电磁转矩；T_0 为空载转矩；T_2 为输出转矩，其大小为

$$T_2 = \frac{P_2}{\Omega} = \frac{60P_2}{2\pi n} = \frac{1000 \times 60 \times P_2}{2\pi n} \approx 9550 \frac{P_2}{n} \tag{2-17}$$

当电动机在额定状态下运行时，式（2-17）中的 T_2、P_2、n 分别为额定输出转矩（N·m）、额定输出功率（kW）、额定转速（r/min）。

例 2-6 有 YE3-160M-4 及 YE3-90L-6 型三相异步电动机，额定功率都是 $P_2 = 11\text{kW}$，前者额定转速为 1460r/min，后者额定转速为 910r/min，分别求它们的额定输出转矩。

解： 前者额定输出转矩

$$T_{21} = 9550 \frac{P_2}{n_{21}} = 9550 \times \frac{11}{1460} \text{N·m} \approx 71.95 \text{N·m}$$

后者额定输出转矩

$$T_{22} = 9550 \frac{P_2}{n_{22}} = 9550 \times \frac{11}{910} \text{N·m} \approx 115.44 \text{N·m}$$

由此可见，输出功率相同的异步电动机，如果极数多，则转速低，输出转矩大，如果极数少，则转速高，输出的转矩小，在选用电动机时必须了解这个概念。

（三）引导问题：三相异步电动机具有怎样的工作特性？

三相异步电动机的工作特性是指当加在电动机上的电压 U_1 和电压的频率 f_1 均为额定值时，电动机的转速 n、输出转矩 T_2、定子电流 I_1、功率因数 $\cos\varphi_1$、效率 η 与输出功率 P_2 之间的关系曲线，上述关系曲线可以通过直接给异步电动机加上负载后测得，如图 2-26 所示。掌握三相异步电动机的工作特性对正确选择和使用电动机十分重要，下面从物理概念上说明它们之间的关系。

为了便于作图，在所有工作特性曲线的绘制中，都将功率与额定功率的比值 P_2/P_N 作为横坐标；在转速特性曲线的绘制中，将 n/n_N、I_1/I_N、I_2/I_N 作为纵坐标。

1. 转速特性 $n = f(P_2)$

三相异步电动机空载时，$P_2 = 0$，转子转速 n 接近同步转速 n_1，随着负载的增加，输出功率增大时，转速将略有降低，使转子绕组中的电动势及电流增加，以产生较大的电磁转矩与负载转矩相平衡。因此随着 P_2 的增加，电动机转速 n 稍有下降，但下降不多，一般异步电动机 s_N 为 0.01 ~ 0.06，即三相异步电动机的转速特性是一条稍向下倾斜的曲线，属于硬转速特性。

2. 转矩特性 $T_2 = f(P_2)$

由式（2-17）知，由于异步电动机由空载到满载时 n 变化不大（略有下降），所以 T_2 与 P_2 接近为正比关系，转矩特性曲线为一条过原点的直线，并略向上弯曲。

3. 定子电流特性 $I_1 = f(P_2)$

电动机空载时，$P_2 = 0$，定子电流 $I_1 = I_0$，随着负载的增加，转子电流增加，定子电流也随之增加，在正常的工作范围内 $I_1 = f(P_2)$ 近似为一条直线。

4. 功率因数特性 $\cos\varphi_1 = f(P_2)$

电动机空载时，定子电流 I_0 主要用于产生旋转磁场，为感性无功分量，功率因数很低，$\cos\varphi_1$ 约为 0.2。随着 P_2 的增加，转子电流及定子电流中的有功分量增加，使功率因数提高。接近额定负载时，功率因数最高。超过额定负载以后，电动机转速减小，即 s 增大使 $\cos\varphi_2$ 减小，可参看式（2-13），从而使定子的功率因数 $\cos\varphi_1$ 也略有下降。

5. 效率特性 $\eta = f(P_2)$

由式（2-14）知，电动机的功率损耗 $\sum P = P_{Cu1} + P_{Cu2} + P_{Fe} + P_t =$ 可变功率损耗 + 不变功率损耗。空载时 $P_2 = 0$，则 $\eta = 0$。当负载开始增加时，可变损耗仍很小，故效率 η 将随负载增加而迅速增加，当可变损耗等于不变损耗时，电动机效率最高（一般异步电动机在 $0.7 P_N \sim P_N$ 时效率最高）。当继续增加负载时，由于可变损耗增加很快，效率又开始下降。

异步电动机的功率因数和效率是反映异步电动机工作性能的两个极为重要的参数。由图 2-26 曲线可见，电动机工作在接近满载时，功率因数和效率都较高。因此选用电动机功率时应注意与负载相匹配，以保证运行性能良好。

（四）引导问题：什么是电力拖动系统？如何分析其运动状态？

1. 电力拖动系统简介

电力拖动系统通常由电源、电动机、控制设备、负载设备等部分组成，如图 2-27 所示。

电动机作为原动机，通过传动机构（或直接）带动负载设备按事先设计好的程序工作。控制设备由各种控制电机、自动化元件及工业控制计算机、可编程控制器等组成，用以控制电动机的运动状态。电源向电动机及控制设备提供电能。最常见的负载设备有电风扇、洗衣机、水泵、压缩机、各种生产机床、电梯等。

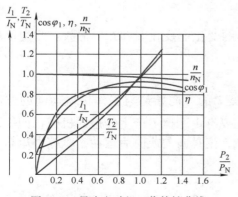

图 2-26 异步电动机工作特性曲线

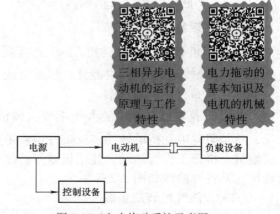

图 2-27 电力拖动系统示意图

2. 电力拖动系统的运动方程

当电动机拖动负载设备工作时，根据动力学原理，为方便工程分析及计算，通过等量转换，可得电力拖动系统的转动方程式（忽略空载转矩T_0）为

$$T - T_L = \frac{GD^2}{375} \frac{dn}{dt} \qquad (2-18)$$

式中，T为电动机的拖动转矩（电磁转矩）（N·m）；T_L为工作机械的阻转矩（负载转矩）（N·m）；GD^2为转动系统的飞轮矩（N·m²）；375 为常数。

一般来说，电动机转子及其他转动部分的飞轮矩可在相应的产品目录中查到。

式（2-18）也是机组的运行方程式，该机组处于静态（静止不动或匀速运动）还是动态（加速或减速），都可由运行方程式来判定。

首先必须规定各转矩的参考方向，先任意规定某一旋转方向（如顺时针方向）为参考方向，即n为规定方向，则拖动转矩T与规定方向相同时为正，相反时为负；负载转矩T_L与规定方向相同时为负，相反时为正。即T与n同向为正，T_L与n反向为正。

因此，当T为正时，表示T的作用方向与n的方向相同，T为拖动转矩；当T为负时，表示T的作用方向与n的方向相反，T为制动转矩。

当T_L为正时，表示T_L的作用方向与n的方向相反，T_L为制动转矩；当T_L为负时，表示T_L的作用方向与n的方向相同，T_L为拖动转矩。

【特别提示】　按式（2-18）可对电力拖动系统的运动状态进行分析：

1）$T = T_L$，则$dn/dt = 0$，电力拖动系统处于静止不动或匀速运动的稳定状态。

2）$T > T_L$，则$dn/dt > 0$，系统处于加速状态。

3）$T < T_L$，则$dn/dt < 0$，系统处于减速状态。

（五）引导问题：按照机械特性分类，常见的负载有几种？各有什么特点？

生产或工作机构在运行时所需的转矩T_L（或功率P_L）与转速n之间必须满足一定的关系，通常用负载的机械特性来描述。负载的机械特性是指负载转矩T_L与转速n之间的关系，即$n = f(T_L)$。不同工作机构的机械特性大体可分为以下 3 类。

1. 恒转矩负载的机械特性

恒转矩负载是指负载转矩T_L的大小不随转速n的变化而变化，即$T_L =$ 常数。此类负载又分为反抗性恒转矩负载和位能性恒转矩负载。

（1）反抗性恒转矩负载

其特点是负载转矩T_L的大小不变，但负载转矩T_L的方向始终与工作机械运动的方向相反，总是阻碍电动机的转动。反抗性恒转矩负载主要有由摩擦力产生转矩的机械，如传送带运输机、机床工作台运动、轧钢机械等，此类机械无论是向前或向后运动，摩擦力矩总是阻转矩，其特性曲线如图 2-28a 所示。

（2）位能性恒转矩负载

其特点是无论工作机械的运动方向是否变化，负载转矩的大小及方向始终保持不变。

这类负载转矩主要由重力作用产生。例如起重机在提升重物时，负载转矩为阻转矩，其方向与电动机旋转方向相反，当放下重物时，负载转矩为驱动转矩，其作用方向与电动机旋转方向相同，促使电动机旋转，其特性曲线如图2-28b所示。

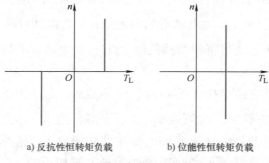

a) 反抗性恒转矩负载　　　　b) 位能性恒转矩负载

图2-28　恒转矩负载的机械特性曲线

2. 恒功率负载的机械特性

此类负载的特点是所需的转矩与转速成反比，而两者的乘积（即功率）近似不变，因此称其为恒功率负载。例如车床在切削加工时，粗加工时切削量大（T_L大），则转速低；精加工时切削量小（T_L小），则转速高。其特性曲线如图2-29所示。

3. 通风机型负载的机械特性

风机、水泵、油泵、螺旋桨等工作机械，其转矩T_L与转速的二次方成正比，即$T_L \propto n^2$，其特性曲线如图2-30所示。

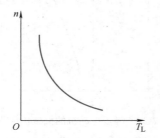

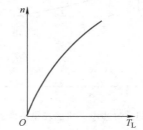

图2-29　恒功率负载的机械特性曲线　　　　图2-30　通风机型负载的机械特性曲线

〔六〕 引导问题：三相异步电动机具有怎样的机械特性？

对用来拖动其他机械的电动机而言，在使用中最关心的是电动机输出的转矩大小、转速高低、转矩与转速之间的相互关系等问题。

由于异步电动机的转矩是由载流导体在磁场中受电磁力的作用而产生的，因此转矩的大小与旋转磁场的磁通Φ_m、转子导体中的电流I_2及转子功率因数有关，即

$$T = C_m \Phi_m I_2 \cos\varphi_2 \tag{2-19}$$

式中，C_m为电动机的转矩常数。

式（2-19）在实际应用或分析时不太方便，为此可将式（2-8）中的Φ_m、式（2-12）中的I_2及式（2-13）中的$\cos\varphi_2$分别代入式（2-19）中，再经过整理后可得

$$T \approx \frac{CsR_2U_1^2}{f_1\left[R_2^2 + (sX_{20})^2\right]} \tag{2-20}$$

式中，T 为电磁转矩，在近似分析与计算中可将其看作电动机的输出转矩（N·m）；U_1 为电动机定子每相绕组上的电压（V）；s 为电动机的转差率；R_2 为电动机转子绕组每相的电阻（Ω）；X_{20} 为电动机静止不动时转子绕组每相的感抗值（Ω）；C 为电动机结构常数；f_1 为交流电源的频率（Hz）。

对某台电动机而言，它的结构常数 C 及转子参数 R_2、X_{20} 是固定不变的，因而当加在电动机定子绕组上的电压 U_1 不变、电源频率 f_1 也不变时，由式（2-20）可看出：异步电动机轴上输出的转矩 T 仅与电动机的转差率即电动机的转速有关。在实际应用中为了更形象化地表示出转矩与转差率（或转速）之间的相互关系，常用 T 与 s 间的关系曲线来描述，如图 2-31 所示，该曲线通常称为异步电动机的转矩特性曲线。

在电力拖动系统中，由于由电动机拖动的机械负载给出的是负载的机械特性，为了便于分析，通常直接表示出电动机转速与转矩之间的关系，因此常把图 2-31 顺时针转过 90°，并把转差率 s 变换成转速 n，变成图 2-32 所示的 n 与 T 之间的关系曲线，称其为异步电动机的机械特性曲线，它的形状与转矩特性曲线相同。

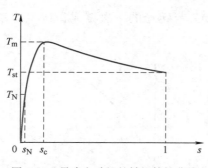

图 2-31　异步电动机的转矩特性曲线

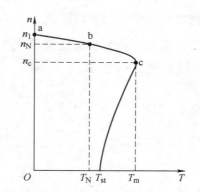

图 2-32　异步电动机的机械特性曲线

（七）引导问题：三相异步电动机具有怎样的运行特性？

1. 起动状态

在电动机起动的瞬间，即 $n = 0$（或 $s = 1$）时，电动机轴上产生的转矩称为起动转矩 T_{st}（又称堵转转矩）。如果起动转矩 T_{st} 大于电动机轴上所带的机械负载转矩，则电动机就能起动；反之，电动机则无法起动。

2. 同步转速状态

当电动机转速达到同步转速即 $n = n_1$（或 $s = 0$）时，转子电流 $I_2 = 0$，故转矩 $T = 0$。

3. 额定转速状态

当电动机在额定状态下运行时，对应的转速称为额定转速 n_N，此时的转差率称为额定转差率s_N，而电动机轴上产生的转矩则称为额定转矩T_N。

4. 临界转速状态

当转速为某一值n_c时，电动机产生的转矩最大，此转矩为最大转矩T_m，异步电动机的最大转矩T_m以及产生最大转矩时的转差率（称临界转差率）可用数学运算求得。将式（2-20）对s求导，并令其等于零，经过运算后，便可求得s_c为

$$s_c = \frac{R_2}{X_{20}} \tag{2-21}$$

式（2-21）说明，产生最大转矩时的临界转差率s_c（临界转速n_c）与电源电压U_1无关，但与转子电路的总电阻R_2成正比，所以改变转子电路电阻R_2的数值，即可改变产生最大转矩时的临界转差率（临界转速），如图2-33所示，图中$R_2'' > R_2' > R_2$。如果$R_2 = X_{20}$、$s_c = 1$，说明电动机在起动瞬间产生的转矩最大（即电动机的最大转矩产生在起动瞬间），所以绕线转子异步电动机可以在转子回路中串入适当的电阻，使起动时能获得最大转矩。

将式（2-21）代入式（2-20），整理后可得

$$T_m \approx \frac{CU_1^2}{2X_{20}f_1} \tag{2-22}$$

式（2-22）表明：

1）最大转矩T_m的大小与转子电路的电阻R_2无关，因此绕线转子异步电动机转子电路串电阻起动时，电动机产生的最大转矩不变，仅是产生最大转矩时对应的转速不同，如图2-33所示。

2）最大转矩T_m的大小与电源电压U_1的二次方成正比（但s_c与U_1无关），所以电源电压的波动对电动机的最大转矩影响很大，如图2-34所示。

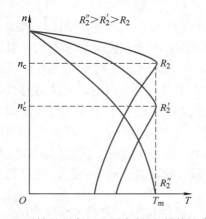

图2-33 转子电路电阻不同时的机械特性曲线

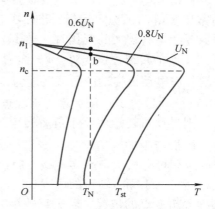

图2-34 不同电压的机械特性曲线

5. 起动转矩倍数

前面已经说过，电动机刚接入电网开始转动（$n=0$）的一瞬间，轴上产生的起动转矩必须大于电动机轴上所带的机械负载转矩，电动机才能起动。因此起动转矩T_{st}是衡量电动机起

动性能好坏的重要指标，通常用起动转矩倍数 λ_{st} 表示。

$$\lambda_{st} = \frac{T_{st}}{T_N} \tag{2-23}$$

式中，T_N 是电动机的额定转矩。国产 Y 系列及 Y2 系列三相异步电动机该值为 1.2 ~ 2.2（功率大、极数多的取小值）。

6. 过载能力 λ

电动机产生的最大转矩 T_m 与额定转矩 T_N 之比称为电动机的过载能力 λ，即

$$\lambda = \frac{T_m}{T_N} \tag{2-24}$$

一般三相异步电动机的 λ 为 2.0 ~ 2.3，它表明只要电动机在短时间内轴上带的负载不超过（2.0 ~ 2.3）T_N，电动机仍能继续运行。因此，λ 表明电动机具有的过载能力。

【特别提示】 由式（2-20）可得出：异步电动机的转矩 T（最大转矩 T_m 及起动转矩 T_{st}）与加在电动机上的电压 U_1 的二次方成正比。因此，电源电压的波动对电动机的运行影响很大。例如当电源电压为额定电压的 90%（即 0.9 U_1）时，电动机的转矩降为额定值的 81%。因此当电源电压过低时，电动机有可能拖不动负载而被迫停转，这一点在使用电动机时必须注意。当异步电动机采用降低电源电压起动时，虽然对降低电动机电流很有效，但带来的最大缺点是电动机的起动转矩也随之降低，因此只适用于轻载或空载的电动机。

（八）引导问题：三相异步电动机是怎样稳定运行的？

电动机在运行中拖动的负载转矩 T_L 必须小于电动机的最大转矩 T_m，电动机才有可能稳定运行，否则电动机将因拖不动负载而被迫停转。

通常异步电动机稳定运行在图 2-32 所示机械特性曲线的 abc 段上。从这段曲线可以看出，当负载转矩有较大的变化时，异步电动机的转速变化并不大，因此异步电动机具有硬的机械特性，这个转速范围（n_1 ~ n_c）称为异步电动机的稳定运行区。对于稳定运行区可作这样的理解：设电动机拖动的负载转矩为 T_L，则在图 2-35 中可见，T_L 与电动机机械特性相交的 a 点和 b 点都满足转矩平衡关系，但 a 点位于稳定运行区，是稳定工作点。假设负载转矩突然增大，则电动机转矩将小于负载转矩，电动机减速，转速由 n_a 降为 n_a'，随着电动机转速的下降，电动机产生的转矩增加，当增加到与负载转矩相等时，电动机在该转速下稳定运行。用同样的道理可分析当负载转矩减小时，电动机将在稍高的转速下稳定运行。这就是电动机的空载转速稍高于额定转速的原因。

同理分析 b 点的情况，若负载转矩突然增加，电动机将减速，使工作点移到 b' 点，但此时电动机产生的转矩更小，则机组将进一步减速，直至停转。因此 b 点为不稳定工作点，转速范围 n_c ~ 0 为不稳定运行区，异步电动机一般不能在该区域内正常稳定运行。但电风扇、通风机等风机型负载是特例。因为风机型负载的特点是阻力矩 T_L 随转速急剧增加，如图 2-36 曲线 2 所示，它与电动机的机械特性曲线相交于 e 点，并在 e 点稳定运行，当由于某种原因使电动机转速稍有增加时，则电动机的转矩增加较少，而负载阻力矩 T_L 增加较多，从而使电

动机减速。同理，当电动机转速下降时，电动机的电磁转矩比负载转矩 T_L 下降得少，于是电动机加速。因此在转速变化消失后，电动机仍能恢复到稳定工作点 e 处工作。

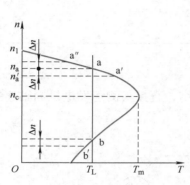

图2-35　电动机组运行稳定性

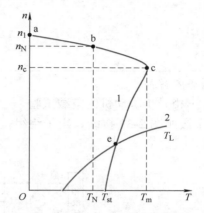

图2-36　风机型负载的稳定运行

四、任务实施

按任务单分组完成以下任务：

1）三相异步电动机的空载试验。

2）三相异步电动机的负载试验。

3）三相异步电动机机械特性曲线的测量。

五、任务单

任务二　认识三相异步电动机的工作特性及机械特性		组别：	教师签字
班级：	学号：	姓名：	
日期：			

任务要求：

1）按照正确步骤，完成三相异步电动机的空载试验、负载试验。

2）按照所学知识，根据所测数据，对三相异步电动机的参数、工作特性进行分析。

3）按照正确步骤，测量三相异步电动机的机械特性并绘制曲线。

4）记录试验过程中存在的问题，并进行合理分析，提出解决方法。

仪器、工具清单：

小组分工：

任务内容：

1. 三相异步电动机的空载试验

1）按照图 2-37 接线，定子绕组按照铭牌要求联结，直接与测速发电机同轴连接，不接负载。

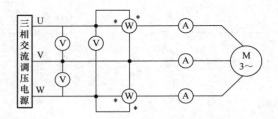

图 2-37　三相异步电动机空载试验接线图

2）调节交流调压器至电压最小位置，接通三相交流调压电源，逐渐升高电压，使电动机起动旋转，观察电动机旋转方向。若电动机反转，需在关闭电源后调整电源相序。

3）保持电动机在额定电压下空载运行数分钟，使机械损耗达到稳定后再进行试验。

4）调节电压，由 1.2 倍额定电压开始逐步降低电压，直至电流或功率显著增大为止。在此范围内读取空载电压、空载电流、空载功率。

5）测量空载试验数据时，在额定电压附近需多测几点，共取 7～9 组数据记录于表 2-3 中，并计算出对应的相电压 U_0、相电流 I_0、空载功率 P_0 以及功率因数 $\cos\varphi_0$，将结果填入表 2-3 中。

表 2-3　电动机空载数据记录

序号	电压				电流				功率			$\cos\varphi_0$
	U_{UV}	U_{VW}	U_{WU}	U_0	I_U	I_V	I_W	I_0	P_{UV}	P_{VW}	P_0	

6）根据测量数据，绘制空载特性曲线 $I_0=f(U_0)$、$P_0=f(U_0)$、$\cos\varphi_0=f(U_0)$。

2. 三相异步电动机的负载试验

1）按图 2-38 接线，M 为三相笼型异步电动机，定子绕组按照铭牌要求联结，直接与测速发电机同轴连接，MG 为校正过的直流电机，为负载电机，图中 R_f=1800Ω，R_L=1250Ω。

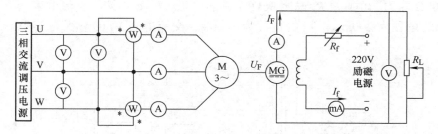

图 2-38　三相异步电动机负载试验接线图

2）调节调压器至电压最小位置，闭合三相交流调压电源，调节调压器使其输出电压逐渐升高至电动机的额定电压并保持不变。

3）闭合校正过的直流电机的励磁电源，调节励磁电流至校正值（50mA 或 100mA）并保持不变。

4）调节负载电阻 R_L，使三相异步电动机的定子电流逐渐上升，直至电流上升至额定电流的 1.25 倍。

5）逐渐减小负载至空载，在这个范围内读取三相异步电动机的定子电流、输入功率、转速、直流电机的负载电流 I_F 等数据。

6）共取 7～9 组数据记录于表 2-4 中，并计算相应的相电流 I_1、输入功率 P_1 填写至表 2-4 中。

表 2-4　$U_{UV}=U_{VW}=U_{WU}=U_N$　I_f=_____mA

序号	电流				功率			I_F	U_F	n
	I_U	I_V	I_W	I_1	P_{UV}	P_{VW}	P_1			

7）根据测量数据，绘制工作特性曲线 P_1、I_1、n、$\cos\varphi_1$、$\eta=f(P_2)$。

其中，$\cos\varphi_1=P_1/(3U_1I_1)$；$\eta=P_2/P_1×100\%$；$P_2=|I_FU_F-I_F^2R_{MG}|$，$R_{MG}$ 为直流电机的电枢电阻，由实验室提供。

3. 三相异步电动机机械特性曲线的测量

1）按照图 2-39 接线，M 为三相绕线转子异步电动机，MG 为校正过的直流电机。绕线转子电动机同轴连接校正过的直流电机作为负载电机，并与测速发电机同轴连接用于转速测量。将 S_1 拨向左边 1 端，将 S_2 拨向左边短接，S_3 拨向 2′端。R_1 选用 4000Ω 左右的电阻，R_2 选用 1800Ω 左右的电阻，R_S 选用 36Ω 左右的电阻，R_3 暂不接。直流电表 A_2、A_4 的量程为 5A，A_3 的量程为 200mA，V_2 的量程为 1000V，交流电表 V_1 的量程为 150V，A_1 量程为 2.5A。

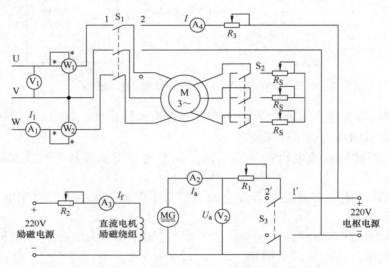

图 2-39 测量三相异步电动机机械特性曲线接线图

2）确定 S_1 置于左合状态，将开关 S_2 合向右端，R_S 调至最大。开关 S_3 拨向 2′端，电阻 R_1、R_2 调至最大。

3）检查控制屏下方直流电机电源的励磁电源开关及电枢电源开关都在断开位置。接通三相交流调压电源总开关，按下"开"按钮，旋转调压器旋钮使三相交流电压慢慢升高，观察电动机转向是否符合要求。若符合要求则使电压升高到 U=110V，并在以后试验中保持不变。接通励磁电源，调节 R_2 阻值，使 A_3 表为 100mA 并保持不变。

4）接通电枢电源，调节电枢电源的输出电压为最小位置。在开关 S_3 的 2′端检查 MG 电压极性，须与 1′的电枢电源极性相反。将 S_3 合向 1′端与电枢电源接通，测量此时 MG 的 U_a、I_a、n 及 A_1 表的 I_1 值，减小 R_1 阻值或调高电枢电源输出电压使电动机 M 转速 n 下降，直至 n=0。把转速表置于反向位置，把 R_1 电阻调至 630Ω，继续减小 R_1 阻值或调高电枢电压使电动机反向运转。直至 n=−1400r/min 为止，在该范围内测量 MG 的 U_a、I_a、n 及 A_1 表的 I_1 值。记录数据于表 2-5 中。

5）停机（先将 S_3 合至 2′端，先关断电枢电源，再关断励磁电源，调压器调至零位，按下"关"按钮）。

6）拆掉三相绕线转子异步电动机 M 定子和转子绕组接线端的所有插头，R_1 选用 180Ω 阻值并调至最大，R_2 选用 1800Ω 阻值并调至最大。直流电流表 A_3 的量程为 200mA，A_2 的量程为 5A，V_2 的量程为 1000V，开关 S_3 合向 1′端。

表 2-5　U=110V　R_s=36Ω　I_f=_____mA

n/ (r/min)	1800	1700	1600	1500	1400	1300	1200	1100	1000	900	800
U_a /V											
I_a /A											
I_1 /A											

n/ (r/min)	700	600	500	400	300	200	100	0	−100	−200	−300
U_a /V											
I_a /A											
I_1 /A											

n/ (r/min)	−400	−500	−600	−700	−800	−900	−1000	−1100	−1200	−1300	−1400
U_a /V											
I_a /A											
I_1 /A											

7）开启励磁电源，调节 R_2 阻值，使 A_3 表 I_f=100mA，检查 R_1 阻值，在最大位置时开启电枢电源，使 MG 起动运转，调高电枢电源输出电压并减小 R_1 阻值，使电动机转速约为 1700r/min，逐次减小电枢电源输出电压或增大 R_1 阻值，使电动机转速下降直至 n=100r/min，在其间测量 MG 的 U_{a0}、I_{a0} 及 n 值，记录数据于表 2-6 中。

表 2-6　I_f=100mA

n/ (r/min)	1700	1600	1500	1400	1300	1200	1100	1000	900
U_{a0}/V									
I_{a0}/A									

n/ (r/min)	800	700	600	500	400	300	200	100
U_{a0}/V								
I_{a0}/A								

8）根据试验数据绘制绕线转子异步电动机反转状态下的机械特性曲线。

计算公式：
$$T = \frac{9.55}{n}\left[P_0 - (U_a I_a - I_a^2 R_a) \right]$$

式中，T 为被测异步电动机 M 的输出转矩（N·m）；U_a 为 MG 的电枢端电压（V）；I_a 为 MG 的电枢电流（A）；R_a 为 MG 的电枢电阻（Ω），可由实验室提供；P_0 为对应某转速 n 时的某空载损耗（W），P_0=$U_{a0}I_{a0}$。

4.本实验存在的问题与解决方法

_____

_____

六、任务考核与评价

任务二 认识三相异步电动机的工作特性及机械特性		日期：		教师签字	
姓名：	班级：	学号：			

评分细则

序号	评分项	得分条件	配分	小组评价	教师评价
1	学习态度	1. 遵守规章制度 2. 积极主动，具有创新意识	10		
2	安全规范	1. 能进行设备和工具的安全检查 2. 能规范使用实验设备 3. 具有安全操作意识	10		
3	专业技术能力	1. 能正确连接电路 2. 能正确完成三相异步电动机的空载试验、负载试验、机械特性试验 3. 能正确理解试验测量方法，自主选择试验模块，正确执行试验步骤	50		
4	数据读取、处理能力	1. 能正确记录试验数据 2. 能正确计算电动机机械特性并绘制特性曲线 3. 能独立思考，辨别数据的正确性	15		
5	报告撰写能力	1. 能独立完成任务单的填写 2. 字迹清晰、文字通顺无抄袭 3. 曲线绘制清晰、规范，变量、单位标注完整 4. 能体现较强的问题分析能力	15		
总分			100		

任务三 三相异步电动机的起动控制

姓名： 　　班级： 　　日期： 　　参考课时：2 课时

一、任务描述

新能源电动汽车中、起重机、传送带输送机等设备中均需用到交流异步电动机作为驱动电动机，这些驱动电动机由于工作情况经常要起动，应根据它们的起动需求，选择合适的起动控制方式，因此本任务需要认识三相异步电动机常见的起动方式并能正确选择。

二、任务目标

※ **知识目标** 　1）了解三相异步电动机的起动过程和特点。

　　　　　　　2）掌握三相异步电动机的起动原理。

　　　　　　　3）掌握三相异步电动机起动方法的选择与使用。

※ **能力目标** 　1）能够根据负载需要，选择正确的起动控制方式。

　　　　　　　2）能够完成常见起动方法的接线、测量。

※ **素质目标** 　1）通过合作完成小组任务，发扬相互协作的精神。

2）通过实际案例学习，提升用所学知识分析解决实际问题的能力。

3）在任务操作中培养精益求精的工匠精神。

三、知识准备

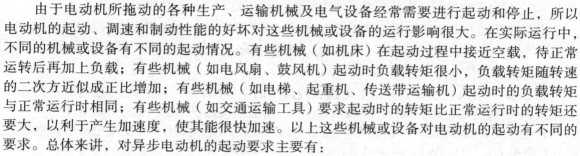

三相异步电动机的起动

（一）引导问题：为什么要对三相异步电动机的起动进行研究？

起动是指电动机通电后转速从零开始逐渐加速到正常运转的过程。

由于电动机所拖动的各种生产、运输机械及电气设备经常需要进行起动和停止，所以电动机的起动、调速和制动性能的好坏对这些机械或设备的运行影响很大。在实际运行中，不同的机械或设备有不同的起动情况。有些机械（如机床）在起动过程中接近空载，待正常运转后再加上负载；有些机械（如电风扇、鼓风机）起动时负载转矩很小，负载转矩随转速的二次方近似成正比增加；有些机械（如电梯、起重机、传送带运输机）起动时的负载转矩与正常运行时相同；有些机械（如交通运输工具）要求起动时的转矩比正常运行时的转矩还要大，以利于产生加速度，使其能很快加速。以上这些机械或设备对电动机的起动有不同的要求。总体来讲，对异步电动机的起动要求主要有：

1）电动机应有足够大的起动转矩。

2）在保证足够大的起动转矩前提下，电动机的起动电流应尽量小。

3）起动所需的控制设备应尽量简单，力求价格低廉，操作及维护方便。

4）起动过程的能量损耗应尽量小。

由任务二的分析知道，异步电动机在起动瞬间，定子绕组已接通电源，但转子因惯性转速从零开始增加，此时转差率 $s=1$，转子绕组中感应的电流很大，使定子绕组中流过的起动电流也很大，为额定电流的 5～7 倍，虽然起动电流很大，但由于起动时功率因数很低，因此电动机的起动转矩并不大（最大也只有额定转矩的 2 倍左右）。因此，异步电动机起动的主要问题是：起动电流大，而起动转矩并不大。

在正常情况下，异步电动机的起动时间很短（一般为几秒到十几秒），短时间的起动大电流一般不会对电动机造成损害（对于频繁起动的电动机，则需要注意起动电流对电动机工作寿命的影响），但它会在电网上造成较大的电压降从而使供电电压下降，影响同一电网上其他用电设备的正常工作，会造成正在起动的电动机起动转矩减小、起动时间延长甚至无法起动。

另一方面，由于异步电动机的起动转矩不大，因此用来拖动机械的异步电动机可先空载或轻载起动，待升速后再用机械离合器加上负载，但有的设备（如起重机械）则要求电动机能带负载起动，因此要求电动机有较大的起动转矩。为此专门设计制造了各种用途的三相异步电动机系列以满足不同的需要。

三相笼型异步电动机的起动方式有两类，即在额定电压下的直接起动和降低起动电压的降压起动，它们各有优缺点，可按具体情况正确选用。

（二）引导问题：在何种条件下，三相异步电动机能直接起动？

1. 直接起动的条件

直接起动是将电动机三相定子绕组直接接到额定电压的电网上来起动电动机，因此又称全压起动。一台异步电动机能否采用直接起动应由电网的容量（变压器的容量）、电网允许干扰的程度及电动机的形式、起动次数等因素决定。多大容量的电动机能够直接起动呢？

通常认为只需满足下述 3 个条件中的一条即可：

1）容量在 7.5kW 以下的三相异步电动机一般可采用直接起动。

2）用户由专用的变压器供电时，如电动机容量小于变压器容量的 20% 时，允许直接起动。对于不经常起动的电动机，该值可放宽到 30%。

3）也可用下面的经验公式来粗略估计电动机是否可以直接起动。

$$\frac{I_{st}}{I_N} < \frac{3}{4} + \frac{变压器容量}{4 \times 电动机功率}$$

式中，I_{st}/I_N 为电动机起动电流倍数，可在三相异步电动机技术条件中查得。

直接起动的优点是所需设备简单、起动时间短，缺点是对电动机及电网有一定的冲击。在实际使用中的三相异步电动机，只要允许采用直接起动，应优先考虑使用直接起动。

2. 直接起动控制电路分析

图 2-40 所示为三相笼型异步电动机直接起动的主电路。三相交流电经过电源开关 QS、熔断器 FU、接触器主触点 KM、热继电器 FR 引至电动机定子绕组。运行分析如下：

直接起动：闭合电源开关 QS 和接触器 KM，接触器主触点闭合，交流电源引入电动机的三相绕组 U1、V1、W1，电动机直接起动。

停止运行：断开接触器 KM，接触器主触点断开，电动机因断电而停止运行。

〔三〕 引导问题：三相笼型异步电动机有哪几种降压起动方法？各有什么特点？

降压起动是指起动时降低加在电动机定子绕组上的电压，起动结束后加额定电压运行的起动方式。降压起动虽然能起到降低电动机起动电流的目的，但由于电动机的转矩与电压的二次方成正比，因此降压起动时电动机的转矩减小较多，所以降压起动一般适用于电动机空载或轻载起动，常用的降压起动有丫－△降压起动、定子绕组串电阻（或电抗器）降压起动和自耦变压器降压起动。

1. 丫－△降压起动

起动时，先把定子三相绕组作星形联结，待电动机转速升高到一定值后再改接成三角形。这种降压起动方法只能用于正常运行时作三角形联结的电动机。星形联结、三角形联结如图 2-41 所示。

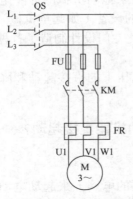

图 2-40　直接起动的主电路

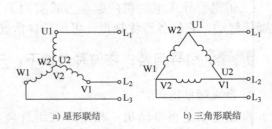

a) 星形联结　　　b) 三角形联结

图 2-41　星形、三角形联结示意图

采用丫－△降压起动时，起动电流为直接采用三角形联结时起动电流的 1/3，所以对降低起动电流很有效，但起动转矩也只有用三角形联结直接起动时的 1/3，即起动转矩降低很多，故只能用于轻载或空载起动的设备。此法的最大优点是所需设备较少、价格低，因而获得较为广泛的应用。由于此法只能用于正常运行时为三角形联结的电动机上，因此我国生产的 Y 系列三相笼型异步电动机，只要功率在 4kW 及以上，正常运行时都采用三角形联结。

　　图 2-42 所示为三相笼型异步电动机 $\curlyvee-\triangle$ 降压起动主电路。起动时，闭合电源开关 QS 接通接触器 KM_1 和 KM_3，使电动机定子三相绕组的末端 U2、V2、W2 接至公共点，三相电源 L_1、L_2、L_3 经 QS 向电动机定子三相绕组的首端 U1、V1、W1 供电，电动机接成星形联结起动，这时加在每相定子绕相上的电压为电源线电压 U_1 的 $1/\sqrt{3}$，因此起动电流较小。当起动过程结束时，断开 KM_3，接通 KM_2，使定子三相绕组为三角形联结，这时加在每相定子绕组上的电压为线电压 U_1，电动机正常运行，起动过程结束。值得注意的是，KM_2 和 KM_3 同时闭合将会导致相间短路，在控制电路设计时要避免这种情况。

　　2. 定子绕组串电阻（或电抗器）降压起动

　　将电阻（或电抗器）串接在电动机定子绕组中，通过其分压作用来降低通入定子绕组的电压，待起动后，再通过手动或自动的方法将电阻（或电抗器）短接，使电动机在额定电压下运行，图 2-43 所示为自动降压起动主电路。

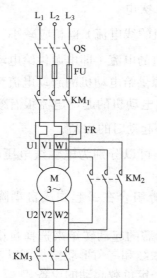

图 2-42　$\curlyvee-\triangle$ 降压起动主电路

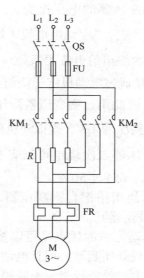

图 2-43　定子绕组串电阻自动降压起动主电路

　　由于串电阻起动时，电阻上有能量损耗而发热，所以常用铸铁电阻片，有时为了减小能量损耗，也可用电抗器代替。

　　串电阻降压起动具有起动平稳、工作可靠、起动时功率因数高等优点。另外，改变串入的电阻值即可改变起动时加在电动机上的电压，从而调节电动机的起动转矩，不像 $\curlyvee-\triangle$ 降压起动只能获得一种起动电压值。但由于其所需设备比 $\curlyvee-\triangle$ 降压起动多，投资相应较大，同时电阻上有功率损耗，不宜频繁起动，因此在这两种降压起动方法中，优先选用 $\curlyvee-\triangle$ 降压起动。

　　起动过程分析如下：闭合电源开关 QS，接通 KM_1，电动机定子绕组串电阻 R 实现降压起动。起动过程结束后断开 KM_1，接通 KM_2，电动机转入全压运行。当断开 KM_2 时，电动机因断电而停止运行。电路中熔断器 FU 起短路保护，热继电器 FR 起过载保护。

3. 自耦变压器（补偿器）降压起动

自耦变压器降压起动是利用自耦变压器来降低起动时加在三相定子绕组上的电压以限制起动电流，起动时，变压器的一次侧接电源电压，二次侧接电动机的定子绕组，经一段延时后，电动机转速达到一定值时，将自耦变压器从电路中切除，将电源电压加到定子绕组，使电动机进入全压运行，如图 2-44 所示。前面两种降压起动方法的主要缺点是电源供给电动机的起动电流减小的同时，电动机的起动转矩下降较多，因此只能用于轻载或空载起动，而自耦变压器降压起动的主要特点是在相同的起动电流下，电动机的起动转矩较高。

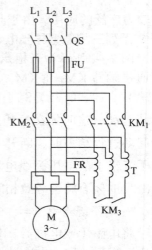

图 2-44　自耦变压器降压起动主电路

起动过程分析如下：闭合 QS，接通接触器 KM_1、KM_3，将自耦变压器 T 一次侧接入电源，二次侧接电动机定子绕组，电动机降压起动；当起动过程结束时，断开 KM_1、KM_3，接通 KM_2，电动机全压运行。电路中用熔断器 FU 起短路保护，热继电器 FR 起过载保护。

设自耦变压器的电压比为 K，一次电压为 U_1，则二次电压为 $U_2 = U_1/K$，二次绕组电流（即通过电动机定子绕组的线电流）也相应减小。又因为变压器一、二次绕组的电流关系是 $I_1 = I_2/K$，可见一次绕组的电流（即电源供给电动机的起动电流）比直接流过电动机定子绕组的电流小，即此时电源供给电动机的起动电流为直接起动时的 $1/K^2$，因此用自耦变压器降压起动对限制电源供给电动机的起动电流很有效。由于起动电压降低到 U_1 的 $1/K$，则电动机的起动转矩降低到直接起动时的 $1/K^2$。

自耦变压器二次绕组可以有 2 或 3 组抽头，其电压可以分别为电源线电压 U_1 的 80%、65% 或 80%、65%、50%。

在实际使用中把自耦变压器、接触器、操作手柄等组合在一起构成自耦降压起动器（又称起动补偿器）。

这种起动方法的优点是可以按允许的起动电流和所需的起动转矩来选择自耦变压器的不同抽头实现降压起动，而且电动机定子绕组采用星形联结和三角形联结都可以使用。缺点是设备体积大、投资较贵，不能频繁起动，主要用于带一定负载起动的设备。

4. 延边三角形降压起动

延边三角形降压起动和丫–△降压起动的原理基本相同。在起动时将电动机的定子绕组连接成延边三角形，以减少起动电流，待起动结束后再将定子绕组接成三角形转入全压运行。这种方法适用于定子绕组采用特别设计的电动机，其绕组共有 9 个接线柱，如图 2-45a 所示，各相绕组的接线柱分别为 1、7、4 与 2、8、5 和 3、6、9。其中 1、2、3 为各绕组首端，4、5、6 为各绕组的尾端，7、8、9 为各绕组的中间抽头。图 2-45b 为定子绕组延边三角形的接法示意图，在起动时将电动机的一部分定子绕组接成丫联结，另一部分接成△联结，从图形上看，像是将一个三角形的三条边延长，因此称为"延边三角形"。可见电动机在起动时，每相绕组（14、25 或 36）所承受的电压比电网的线电压低，起动电流也随之减小。绕组上相电压的大小取决于电动机绕组抽头的比例，通常可取 250～300V。由此可见，用延边三角形降压起动时，各相绕组的电压较星形联结起动时高，起动转矩也相应提高，起动完毕后，电动机按三角形联结正常运行。延边三角形降压起动时所需设备也较简单，但电动机多3个抽头，在制造时比较麻烦，因此不是特殊需要，一般很少使用。

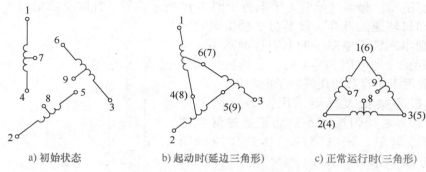

a) 初始状态　　　　　b) 起动时(延边三角形)　　　　c) 正常运行时(三角形)

图 2-45　延边三角形定子绕组接线

图 2-46 所示为三相笼型异步电动机延边三角形降压起动主电路。起动过程分析如下：闭合 QS，接通 KM₁、KM₃，74、85、96 接成一个三角形，三角形的 3 个顶点再分别经过 17、28、39 三个绕组延伸接到电源上，从而构成一个延边三角形；当起动过程结束时，接通 KM₂，断开 KM₃，14、25、36 直接构成三角形联结接到三相电源上，电动机全压运行，起动过程结束。电路中熔断器 FU 起短路保护，热继电器 FR 起过载保护作用。

（四）引导问题：能否通过结构改变笼型电动机结构提高电动机起动转矩？

由前面的分析知道笼型异步电动机采用降压起动虽能限制起动电流，但起动转矩下降很多，因此只适用于轻载起动。如果要求有较大的起动转矩，又要限制起动电流，则可用增大起动时转子电阻的方法，但转子电阻大，会使电动机正常运行时效率降低。为此可通过改变转子的结构，设计特殊笼型异步电动机，以达到起动时转子电阻增大、而在运行时转子电阻自行变小的要求，如双笼型异步电动机和深槽式异步电动机，其转子槽型如图 2-17 所示。其工作原理是利用电动机起动时，转子绕组的电流频率高，由于趋肤效应使转子导体电阻增加，从而使起动转矩增大；而在正常运行时，转子绕组的电流频率很小，使转子电阻自动变小，改善笼型异步电动机的起动性能。与普通笼型异步电动机相比，它们的转子结构较复杂，机械强度较弱，且转子漏电抗较大，功率因数稍低，只在特殊场合下采用。

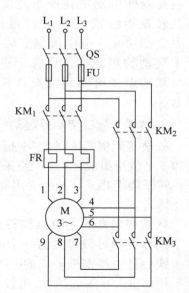

图 2-46　延边三角形降压起动控制电路

（五）引导问题：绕线转子异步电动机有哪几种起动方法？各有什么特点？

绕线转子异步电动机与笼型异步电动机的主要区别是绕线转子异步电动机的转子采用三相对称绕组，且均采用星形联结，起动时通常在转子绕组中串可变电阻起动，也有部分绕线转子异步电动机用频敏变阻器起动。

1. 转子串电阻起动

如图 2-47 所示，在绕线转子异步电动机的转子电路中串入一组可以均匀调节的变阻器，称其为起动变阻器。起动开始时，手柄置于图 2-47 所示位置，此时全部电阻串在转子回路中，随着电动机转速的升高，逐渐将手柄按顺时针方向转动，则串入转子电路中的电阻逐渐减小，当电阻被全部切除（即电阻为零）时，电动机起动结束。此法一般用于小容量的绕线转子电动机。

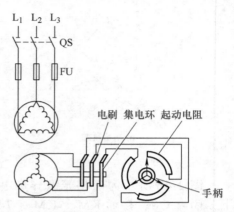

图 2-47　绕线转子异步电动机转子串电阻起动示意图

当电动机容量稍大时则采用图 2-48 所示电路，此时电阻不是均匀地减小，而是通过触点的开合逐级切除电阻。该电路的具体动作原理简述如下：起动时 KM_1、KM_2、KM_3 均断开，闭合 QS 后，绕线转子异步电动机开始起动，此时电阻器的全部电阻都串入转子电路内，正确选取电阻量程，使转子回路的总电阻 $R_2 \approx X_{20}$，则由式（2-21）知，此时临界转差率 $s_c \approx 1$，电动机对应的机械特性曲线如图 2-49 中曲线 1 所示。此时电动机的起动转矩接近最大转矩，电动机开始起动，随着转速升高，转矩相应下降（对应线段 ab），到达 b 点对应的转速时，接通 KM_1，闭合转子电阻减小，对应曲线 2，由于在此瞬间电动机转速不能突变，所以电动机产生的转矩由 T_2 升为 T_1，然后电动机转速及转矩沿线段 cd 变化，到 d 点时，接通 KM_2，过渡到曲线 3。最后接通 KM_3，转子电阻全部切除，电动机稳定运行于曲线 4 的 h 点，起动过程结束。电动机在整个起动过程中起动转矩较大，适合于重载起动，主要用于桥式起重机、卷扬机、龙门吊车等机械。其缺点是所需起动设备较多，起动级数较少，起动时有一部分能量消耗在起动电阻上。

2. 转子串频敏变阻器起动

频敏变阻器是一种结构独特的无触点元件，其构造与三相电抗器相似，即由 3 个铁心柱和 3 个绕组组成，3 个绕组采用星形联结，并通过电刷和集电环与绕线转子异步电动机的三相转子绕组相连。频敏变阻器的等效电阻和等效电抗都随转子电流频率而变，反应灵敏，因此得名。

频敏变阻器的主要结构特点是铁心用 6～12mm 厚的钢板制成，并有一定的空气隙，一个铁心线圈可以等效为一个电阻 R_m 和电抗 X_m 的串联电路，R_m 主要反映铁心内的损耗，由于铁心是由厚钢板叠成的，因而当绕组中通过交流电后，在铁心中产生的涡流损耗和磁滞损耗都很大，等效的 R_m 也较大。涡流损耗与频率的二次方成正比。绕线转子电动机串频敏变阻器起动电路如图 2-50 所示，电动机刚起动时转速很低，所以转子电流频率 f_2 很大（接近 f_1），铁心中的损耗很大，即 R_m 很大，因此限制了起动电流、增大了起动转矩。随着电动机转速增加，转子电流频率下降（$f_2 = sf_1$），于是 R_m 减小，使起动电流及转矩保持一定数值。因此，频敏变阻器实际上是利用转子频率 f_2 的平滑变化来达到使转子回路总电阻平滑减小的目的。起动结束后，转子绕组短接，把频敏变阻器从电路中切除。绕线转子电动机转子串频敏变阻器起动的机械特性曲线如图 2-51 所示。

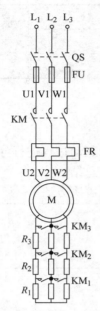

图 2-48　三相绕线转子异步电动机转子串
电阻起动主电路

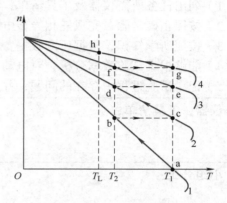

图 2-49　绕线转子异步电动机转子串电阻
起动机械特性曲线

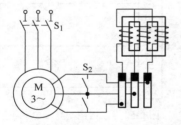

图 2-50　绕线转子电动机转子串频敏变阻器起动电路

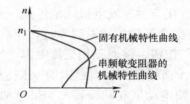

图 2-51　绕线转子电动机转子串频敏变阻器
起动机械特性曲线

　　用该法起动的主要优点是结构简单、成本较低、使用寿命长、维护方便，能使电动机平滑起动（无级起动），基本上可获得恒转矩的起动特性。主要不足之处是由于有电感 L 的存在，使功率因数较低，起动转矩并不大。因此当绕线转子电动机轻载起动时，采用频敏变阻器法起动优点较明显，重载起动一般采用串电阻起动。

四、任务实施

　　按任务单分组完成以下任务：

1）三相笼型异步电动机直接起动试验。

2）三相笼型异步电动机星形 – 三角形（丫 – △）降压起动试验。

3）三相笼型异步电动机的自耦变压器降压起动试验。

4）三相绕线转子异步电动机转子绕组串入可变电阻器起动试验。

五、任务单

任务三　三相异步电动机的起动控制		组别：	教师签字
班级：	学号：	姓名：	
日期：			

任务要求：

1）列出任务所需仪器及工具清单，记录小组分工。

2）按照正确步骤，完成三相异步电动机的起动试验。

3）按照所学知识，根据所测数据，对三相异步电动机的起动过程进行分析。

4）能够根据试验数据分析，对电动机起动方法进行比较总结。

5）记录试验过程中存在的问题，并进行合理分析，提出解决方法。

仪器、工具清单：

小组分工：

任务内容：

1.三相笼型异步电动机直接起动试验

1）按图 2-52 接线。电动机绕组为△联结。异步电动机直接与测速发电机同轴连接，不连接负载电机。

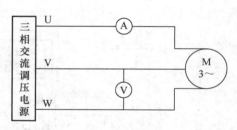

图 2-52　三相笼型异步电动机直接起动试验接线图

2）把交流调压器退到零位，开启电源总开关，按下"开"按钮，接通三相交流电源。

3）调节调压器，使输出电压达电动机额定电压 220V，使电动机起动旋转（如果电动机旋转方向不符合要求需调整相序时，必须按下"关"按钮，切断三相交流电源）。

4）再按下"关"按钮，断开三相交流电源，待电动机停止旋转后，按下"开"按钮，接通三相交流电源，使电动机全压起动，观察电动机起动瞬间电流值（按指针式电流表偏转的最大位置所对应的读数值定性计量）。

5）安装测功模块：断开电源开关，将调压器退到零位，电动机轴伸端装上圆盘（直径为 10cm）和弹簧秤。

6）闭合开关，调节调压器，使电动机电流为 2～3 倍额定电流，读取电压 U_K、电流 I_K，弹簧秤弹力 F，将值填入表 2-7 中，试验时通电时间不应超过 10s，以免绕组过热。对应于额定电压时的起动电流 I_{st} 和起动转矩 T_{st} 按下式计算：

$$T_K = F\frac{D}{2} \qquad I_{st} = \frac{U_N}{U_K}I_K \qquad T_{st} = \frac{I_{st}^2}{I_K^2}T_K$$

式中，I_K 为起动试验时的电流值（A）；T_K 为起动试验时的转矩值（N·m）。

表 2-7 直接起动数据记录

测量值			计算值		
U_K/V	I_K/A	F/N	$T_K/(N \cdot m)$	I_{st}/A	$T_{st}/(N \cdot m)$

2. 三相笼型异步电动机星形 – 三角形（丫 – △）降压起动

1）按图 2-53 接线。线接好后把调压器调到零位。

2）三刀双掷开关 S 合向右侧（丫联结）。闭合电源开关，逐渐调节调压器使电压升至电动机额定电压，断开电源开关，待电动机停转。

3）闭合电源开关，观察起动瞬间电流，然后把 S 合向左侧（△联结），使电动机起动运行。正常运行后断开电源开关，待电动机停转。观察起动瞬间电流表、电压表的值并记录为 $I_{丫st}$、$U_丫$。

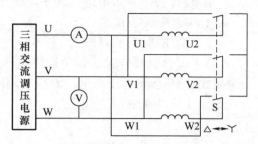

图 2-53 丫 – △起动原理图

表 2-8 丫 – △起动数据记录

星形起动		三角形起动	
$U_丫/V$	$I_{丫st}/A$	$U_△/V$	$I_{△st}/A$

4）将三刀双掷开关合向左侧（△联结），合上电源，电动机直接起动，观察起动瞬间电流表、电压表的值并记录为 $I_{△st}$、$U_△$。对两种起动方法的起动瞬间电流和起动电压，计算它们之间的数学关系。

3. 三相笼型异步电动机自耦变压器降压起动

1）按图 2-54 接线。电动机绕组为△联结。

2）调压器调到零位，开关 S 合向左侧。

3）闭合电源开关，调节调压器使输出电压达电动机额定电压，断开电源开关，待电动机停转。

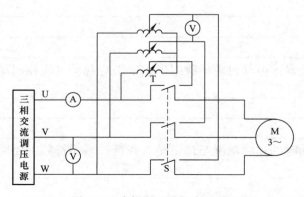

图 2-54 自耦变压器起动原理图

4）开关 S 合向右侧，闭合电源开关，使电动机由自耦变压器降压起动（自耦变压器抽头输出电压分别为电源电压的 40%、60% 和 80%），经一定时间再把 S 合向左侧，使电动机按额定电压正常运行，整个起动过程结束。观察起动瞬间电流、电压以作定性的比较。

4.绕线转子异步电动机转子绕组串入可变电阻器起动

1）按图 2-55 接线。

2）调压器调到零位。

3）闭合电源开关，调节输出电压（观察电动机转向，应符合要求），保持定子电压为额定值，转子绕组分别串入大小不同的电阻时，测量定子起动电流及稳定运行时的转速，并记录于表 2-9 中。

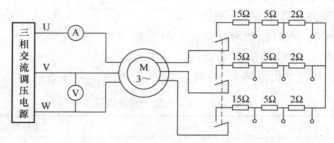

图 2-55　转子绕组串电阻调速原理图

表 2-9　转子绕组串电阻起动数据记录

转子绕组串电阻值 /Ω	起动电流 I_{st}	电动机转速 n
0		
2		
7		
22		

5.总结与思考

1）比较异步电动机不同起动方法的优缺点。

_____

_____

2）分析绕线转子异步电动机转子绕组串入电阻对起动电流和起动转矩的影响。

_____

_____

3）实训体会起动时的实际情况与理论是否相符，不相符的主要因素是什么？

_____

_____

_____

六、任务考核与评价

任务三　三相异步电动机的起动控制		日期：		教师签字	
姓名：	班级：	学号：			

评分细则

序号	评分项	得分条件	配分	小组评价	教师评价
1	学习态度	1. 遵守规章制度，遵守课堂纪律 2. 积极主动，具有创新意识	10		
2	安全规范	1. 能进行设备和工具的安全检查 2. 能规范使用实验设备 3. 具有安全操作意识	10		
3	专业技术能力	1. 能正确连接电路 2. 能正确完成三相异步电动机起动试验 3. 能理解试验方法，正确选择合适的电压表、电流表量程	50		
4	数据读取、处理能力	1. 能正确记录试验数据 2. 能对记录的试验数据进行对比分析 3. 能够根据电动机机械特性曲线对测量数据进行分析 4. 能独立思考，辨别数据的正确性	15		
5	报告撰写能力	1. 能独立完成任务单的填写 2. 字迹清晰、文字通顺无抄袭 3. 在问题分析中能体现独立思考的能力	15		
总分			100		

任务四　三相异步电动机的调速控制

姓名：　　　班级：　　　日期：　　　参考课时：2课时

一、任务描述

　　某工厂需要为自动化设备配置传送带主轴电动机，要求电动机调速范围宽广，调速方法简单、可靠、性价比高，同时要求调速时不能影响电动机的带载能力，因此需要技术人员掌握电动机调速的相关知识。本任务要求掌握三相异步电动机调速控制方法，熟悉各类型三相异步电动机的调速原理，明确各种调速方法的优缺点，能够对调速方法进行选择，同时能够在试验台完成相关的调速控制试验。

二、任务目标

※　**知识目标**　1）能够复述三相异步电动机调速的概念。

　　　　　　　　2）能够说出三相异步电动机调速的方法。

3）能够说出各种调速方法的基本原理及特点。

　　4）能够画出电动机在调速时的机械特性曲线。

※　**能力目标**　1）能够规范使用设备，进行设备安全检查。

　　2）能正确使用仪器仪表对调速过程参数进行测量。

　　3）能按照正确顺序进行调速试验，并正确读取参数。

　　4）能够根据调速要求选择电动机种类。

※　**素质目标**　1）在任务实施中树立正确的团结协作理念，培养协作精神。

　　2）在团队分工中培养岗位责任心，在任务操作中培养精益求精的工匠精神。

　　3）通过实际案例学习，提升用所学知识分析解决实际问题的能力。

三、知识准备

三相异步电动机的调速

（一） 引导问题：**电动机的调速方法有哪些？调速有哪些性能指标？**

1. 电动机的调速方法

为了满足实际应用需要，异步电动机需要进行调速，即人为改变异步电动机的转速。

由异步电动机的转差率公式（2-2）可得

$$n = n_1(1-s) = \frac{60 f_1}{p}(1-s) \tag{2-25}$$

因此，异步电动机的调速有以下 3 种方法：

1）改变定子绕组的磁极对数 p——变极调速。

2）改变供电电网的频率 f_1——变频调速。

3）改变电动机的转差率 s，具体方法有改变电源电压调速和绕线转子电动机的转子串电阻调速等。

2. 调速的性能指标

为电力拖动系统选择调速方法，必须做好技术和经济比较，调速的性能指标主要有两类：即技术指标与经济指标。

（1）调速的技术指标

1）调速范围 D。电动机在额定负载转矩下可能达到的最高转速 n_{max} 与最低转速 n_{min} 之比称为调速范围，用 D 表示，即 $D = n_{max}/n_{min}$。如果电力拖动系统仅由电气方法调速，则 D 也是生产机械的调速范围。如果拖动系统用机械电气配合的调速方案时，则生产机械的调速范围应为机械调速范围与电气调速范围的乘积。

从调速性能来讲，调速范围较大为好。由调速范围表达式可见：要扩大调速范围，必须设法尽可能地提高 n_{max} 与降低 n_{min}。电动机的 n_{max} 受其机械强度、换向等方面的限制，一般在额定转速以上，转速提高范围不太大。降低 n_{min} 受低速运行时的相对稳定性限制。

2）静差率 δ。电动机在一条机械特性曲线上运行时，理想空载到额定负载的转速降与理想空载转速 n_0 的百分比称为该特性的静差率，用 δ 表示，即

$$\delta = \frac{\Delta n_N}{n_0} \times 100\% = \frac{n_0 - n_N}{n_0} \times 100\%$$

可见，静差率实际上是转速变化率，反映了负载转矩变化时电动机转速变化的程度。显然，电动机的机械特性越硬，则静差率越小，负载转矩变化时转速变化越小，相对稳定性就越高。

从调速性能来讲，静差率较小为好。一般生产机械对机械特性相对稳定性的程度是有要求的。调速时，为保持一定的稳定程度，总是要求静差率小于某一允许值。不同的生产机械，其允许的静差率是不同的，例如普通车床可允许 $\delta \leqslant 30\%$，有些设备上允许 $\delta \leqslant 50\%$，而精度高的造纸机械则要求 $\delta \leqslant 0.1\%$。

静差率和机械特性的硬度有关系，但又有不同之处。两条互相平行的机械特性曲线，硬度相同，但静差率不同。如图2-56中曲线1与3平行，虽然 $\Delta n_{N1} = \Delta n_{N3}$，但是 $n_0' < n_0$，则 $\delta_1 < \delta_3$，即同样硬度的机械特性，n_0 越低，静差率越大。另一方面，理想空载转速 n_0 相同，如图2-56中曲线1与2，由于曲线2较软，$\delta_1 < \delta_2$。

静差率和调速范围是相互联系又相互制约的指标。一般情况下低速特性的静差率总是较大，系统可能达到的 n_{min} 取决于低速特性的静差率，即调速范围将受低速特性静差率的制约。

一般设计调速方案前，D 已由生产机械的要求确定，这时可算出允许的转速降，调速范围 D 与低速静差率 δ 间的关系可改写为

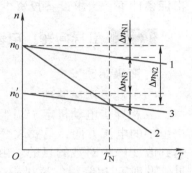

图2-56　机械特性与静差率的关系

$$\Delta n_N = \frac{n_{max}\delta}{D(1-\delta)}$$

3）平滑性。在一定的调速范围内，调速的级数越多则认为调速的平滑性越好。平滑的程度用平滑系数来衡量，它是相邻两级的转速或线速度之比，即

$$\psi = \frac{v_i}{v_{i-1}} = \frac{n_i}{n_{i-1}}$$

平滑系数越接近1，则平滑性越好。平滑系数为1时称为无级调速，即转速或线速度连续可调，此时调速的平滑性最好。

电动机的调速方法不同，可能得到的级数多少与平滑性的程度也不同。

调速时的容许输出（或调速时的功率与转矩）是指电动机在得到充分利用的情况下，即电动机在保持额定电流的条件下，在调速过程中电动机所能输出的功率和转矩。采用不同的调速方法时，容许输出的功率与转矩随转速变化的规律是不同的。容许输出的最大转矩与转速无关的调速方法称为恒转矩调速，容许输出的最大功率与转速无关调速的方法称为恒功率调速。

电动机稳定运行时实际输出的功率与转矩是由负载需要决定的。在任务二中曾讨论过负载特性：在转速变化时，负载转矩不随之变化的负载称为恒转矩负载，而负载功率不随之变化的负载称为恒功率负载。调速过程中，不同的负载需要的功率不同，转矩也是不同的，这就要求调速方法与负载类型相互匹配，否则电动机得不到充分利用。例如

恒功率负载用恒转矩调速方法，为使电动机不过载运行，应保证低速时电动机的转矩满足要求，则高速时电动机的转矩得不到充分利用。同理，恒转矩负载用恒功率调速方法，应保证高速时电动机的转矩满足要求，则低速时电动机的转矩得不到充分利用。总之，在选择调速方法时，应该使调速方法适应负载的要求，使电动机既能得到充分利用，又能长期运行。

（2）调速的经济指标

调速的经济指标取决于调速系统的设备投资、运行中的能量损耗及维修费等。各种调速方法的经济指标极为不同，例如，他励直流电动机电枢串电阻的调速方法经济指标较低，因电枢电流较大，串接电阻的体积大，所需投资多，运行时产生大量损耗，效率低。而弱磁调速方法相对来说经济得多，这是因为励磁电路的功率仅为电枢电路功率的 $1\% \sim 5\%$。

实际工作中，经济与技术指标往往互相制约。在确定调速方案时，在满足一定的技术指标条件下，力求设备投资少，电能损耗小，维护简单方便。

（二）引导问题：电动机调速的原理是什么？各有什么特点？

1. 变极调速

（1）变极调速原理

三相异步电动机定子绕组形成的磁极对数取决于定子绕组中的电流方向，只要改变定子绕组的接线方式，就能达到改变磁极对数的目的。由图 2-57a 所示的接线方式可见，此时 U 相绕组的磁极数为 $2p=4$。若改变绕组的连接方法，使一半绕组中的电流方向改变，成为图 2-57b 的形式，则此时 U 相绕组的磁极数变为 $2p=2$。由此可以得出：当每相定子绕组中有一半绕组内的电流方向改变时，即达到了变极调速的目的。

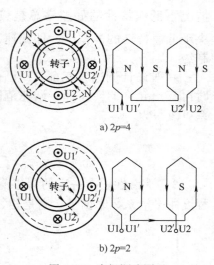

a) $2p=4$

b) $2p=2$

图 2-57　变极调速原理

采用改变定子绕组磁极数的方法来调速的异步电动机称为多速异步电动机。下面简单介绍多速异步电动机的变极原理，图 2-58 所示为△－丫丫联结双速异步电动机定子绕组接线图。如果没有 U2、V2、W2 三个抽头，即为一台三角形联结的三相异步电动机定子绕组接线图，当将 U1、V1、W1 接三相电源时，每相绕组的两组线圈为正向串联连接，电流方向如图中虚线箭头所示，对应图 2-57a，因此磁极数 $2p=4$；如果把 U1、V1、W1 接在一起，将 U2、V2、W2 接到电源上，就成了双星形（丫丫）联结，每相绕组中有一半反接，电流如图中实线箭头所示，这时的磁极数 $2p=2$，即实现了变极调速。

三相变极多速异步电动机有双速、三速、四速等多种，定子绕组常用的接线方法除△－丫丫外，也有部分采用丫－丫丫联结，如图 2-59 所示。△－丫丫联结的双速电动机，变极调速前后电动机的输出功率基本不变，所以适用于近恒功率情况下的调速，较多用于金属切削机床。丫－丫丫联结的双速电动机，变极调速前后的输出转矩基本不变，所以适用于负载转矩基本恒定的恒转矩调速，如起重机、运输带等机械。

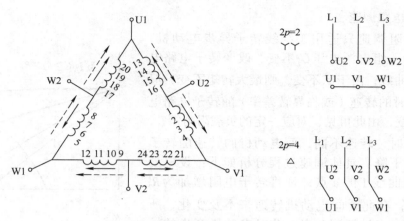

图 2-58 △−丫丫联结双速异步电动机定子绕组接线图

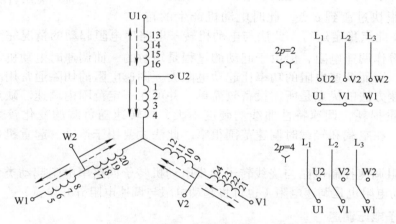

图 2-59 丫−丫丫联结双速异步电动机定子绕组接线图

变极调速的优点是所需设备简单，其缺点是电动机绕组引出抽头较多，调速级数少。

为了避免转子绕组变极困难，绕线转子异步电动机不采用变极调速，即变极调速只用于笼型异步电动机。

【特别提示】 由于定子绕组磁极数改变后，绕组相序发生了变化，因此变极前后要保持电动机转向不变，应将三相电源中任意两相线对调。

（2）变极调速主电路

图 2-60 所示为双速电动机主电路，具体工作过程分析如下：闭合 QS，接通 KM_1，三相电源通过 QS、KM_1 引至三相定子绕组的 U1、V1、W1 端，三相定子绕组为三角形（△）联结，磁极数 $2p=4$，电动机表现为低速。接通 KM_2、KM_3，断开 KM_1，三相电源通过 QS、KM_2 引至三相定子绕组的 U2、V2、W2 端，三相定子绕组成双星形（丫丫）联结，磁极数 $2p=2$，电动机表现为高速。

为了避免出现相间短路故障，电动机只能处于低速或高速运行状态。

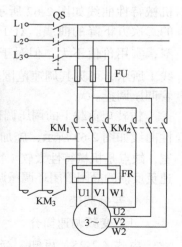

图 2-60 双速电动机主电路

2.转子串电阻调速

转子串电阻调速只适用于绕线转子异步电动机。图 2-61 所示为一组电源电压 U_1 不变、改变转子电路电阻的机械特性曲线；由于 U_1 不变，则最大转矩不变，但产生最大转矩时的转速（或临界转差率）随转子电路电阻的变化而改变，由此可见，对应一定的负载阻力矩 T_L，转子电阻不同时，转速不同，而电动机的转速随转子电阻的增加而下降。具体调速过程分析如下：设电动机原来运行于曲线 1 的 a 点，现将转子电阻增加为 R_2' （对应曲线 2），在此瞬间电动机转速来不及变化，所以工作点将由 a 点过渡到 b 点，此时电动机产生的转矩小于负载阻力矩 T_L，电动机减速（转矩则相应增大），工作点由 b 点很快过渡到 c 点，此时电动机产生的转

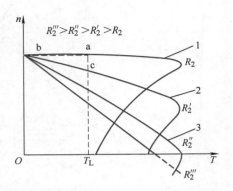

图 2-61　绕线转子异步电动机转子串电阻调速的 $n = f(T)$ 曲线

矩等于 T_L，即在此点稳定运行。此法与电动机转子电路串电阻起动的情况完全相同，因此起动电阻又可看作调速电阻，但由于起动的过程是短暂的，而调速时电动机可以长期在某一转速下运行，因而调速电阻的功率比起动电阻大。调速电阻的切除通常用凸轮控制器来控制。这种调速方法的优点是所需设备较简单，并可在一定范围内调速。缺点是调速电阻上有一定的能量损耗，调速特性曲线的硬度不大，即转速随负载的变化较大，且电阻越大，特性越软。在空载和轻载时调速范围很窄。此法主要用于运输、起重机械中的绕线转子异步电动机。

转子串电阻调速控制电路与绕线转子异步电动机转子回路串电阻起动类似，只是其所串电阻既是起动电阻也是调速电阻（也可将起动电阻与调速电阻分开设置）。

3.改变定子电压调速

此法用于笼型异步电动机。当加在笼型异步电动机定子绕组上的电压发生改变时，其机械特性曲线如图 2-62 所示，这是一组临界转速（临界转差率）不变，而最大转矩随电压的二次方下降的曲线。对于恒转矩负载，如图 2-62 中虚线 2 所示，不难看出其调速范围很窄，实用价值不大。但对于通风机型负载，其负载转矩 T_L 随转速的变化关系如图 2-62 中虚线 1 所示，可见其调速范围较宽。因此，目前大多数的电风扇都采用串电抗器调速或用晶闸管调压调速。

恒转矩负载下的调压调速，一般用于转子电阻较大的高转差率笼型异步电动机，其机械特性曲线如图 2-63 所示，施加不同的定子电压时，工作点分别为 a、a′、a″，可见其调速范围较宽，缺点是机械特性太软（特别是电压低时），因此转速变化大，为了克服此缺点，可以用带转速负反馈的晶闸管闭环调压调速系统，以提高机械特性的硬度，满足生产工艺要求。

4.变频调速

（1）变频调速简介

由式（2-25）可知，当异步电动机的磁极对数 p 不变时，电动机的转速 n 与电源频率 f_1 成正比，如果能连续地改变电源的频率，就可以连续平滑地调节异步电动机的转速，这就是变频调速的原理。

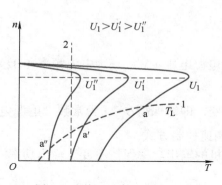

图 2-62 笼型异步电动机改变
定子电压调速（通风机负载）

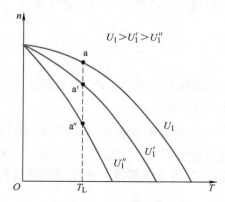

图 2-63 转子电阻较大的笼型异步电动机
调压调速（恒转矩负载）

通过前面的分析知道，笼型异步电动机用变极调速（多速异步电动机）时调速级数很少，不能平滑调速，且异步电动机定子绕组还需增加中间抽头；采用改变电源电压调速时调速特性较差，低速时损耗也较大，很不理想。变频调速以其优异的调速和起动、制动性能，高效率、高功率因数和节能效果，广泛的适用范围及其他许多优点而被国内外公认为最有发展前途的调速方式。长期以来，人们一直在致力于异步电动机变频调速的研制与开发。在我国，变频调速技术的应用已发展到了新阶段。石油、石化、机械、冶金等行业都经过了单系统试用、大量使用和整套装置系统使用 3 个发展阶段。如中国石化集团茂名石化分公司和九江石油化工总厂现已发展到饮用常减压和催裂化变频装置，取得了节能、增产的显著效果；长春第一汽车制造厂 18 个专业厂的输送机械、空压机等设备应用了 162 台变频器，保证了新车的制造迅速达到了生产指标。很多用户实践的结果证明，节电率一般在 10%~30%，有的高达 40%，更重要的是生产中一些技术难点也得到解决。例如包钢 1150 轧机采用变频装置后，年平均事故时间达到工作时间的 0.1% 以下，大幅度提高了产品质量和产量，且年节约电费约 50 万元。而变频器的发展历程也经历了从早期的简单控制到智能化、网络化的发展过程，当今的变频器不仅可以实现对电动机的精确控制，还可以实现远程监控、故障诊断、数据分析等功能，为工业生产带来了更多的便利和效益。

（2）变频调速的控制方式

1）电源电压与频率的配合。前已叙述，只要连续调节交流电源频率 f_1，就能平滑地调节交流电动机的转速。但是，单一地调节电源频率，将导致电动机运行性能的恶化，其原因可由电压平衡方程式 $U_1 \approx E_1 = 4.44 f_1 K_1 N_1 \Phi_m$ 来分析，若电源电压 U_1 不变，则当频率 f_1 减小时，主磁通 Φ_m 将增加，这将导致电动机磁路过饱和，使励磁电流增大，功率因数降低，铁心损耗增加；反之，若频率 f_1 增加，则 Φ_m 将减小，电动机的电磁转矩及最大转矩下降［参看式（2-19）、式（2-22）］，过载能力 λ 减小，电动机容量得不到充分利用。因此，为了使交流电动机能保持较好的运行性能，要求在调节 f_1 的同时改变定子电压 U_1，以维持最大磁通 Φ_m 不变或保持电动机的过载能力 λ 不变。

2）变频调速的控制方式。根据电动机所拖动的负载性质不同，常用的异步电动机变频调速主要有两种控制方式，即恒转矩变频调速和恒功率变频调速。

① 恒转矩变频调速：在变频调速过程中，电动机的输出转矩保持不变。通过进一步的数学分析可得异步电动机的额定转矩为

$$T_N = C\frac{U_1^2}{\lambda f_1^2} \qquad (2\text{-}26)$$

式中，C 为电动机系数；λ 为电动机过载能力；U_1 为电源电压（V）；f_1 为电源频率（Hz）；T_N 为额定转矩（N·m）。

要保持调速前及调速后电动机的输出转矩 T_N 不变，即需保持 U_1/f_1 为常数，电源电压与频率成正比例调节，这是目前使用最广的一种变频调速控制方式。

② 恒功率变频调速：在变频调速过程中，电动机的输出功率保持不变。输出功率

$$P_2 = \frac{T_2 n}{9550} = \frac{T_2}{9550}\frac{60 f_1}{p}(1-s) = C'\frac{U_1^2}{f_1^2}f_1 = C'\frac{U_1^2}{f_1} \qquad (2\text{-}27)$$

要保持调速前后电动机的输出功率不变，即需保持 U^2/f 或 $U/\sqrt{f}$ 为常数。

在交通运输机械中（如电动机车、城市轨道交通工具、无轨电车等）希望能实现恒功率调速，即在电动机转速低时，输出的转矩大，能产生足够大的牵引力使机械、车辆加速，在电动机转速高时，输出的转矩可以较小（只需克服运行中的阻力）。

5. 电磁调速三相异步电动机（滑差电动机）

电动机和负载之间一般均用联轴器硬性连接，前面介绍的调速方法都是调节电动机本身的转速，但由于异步电动机的调速比较困难，能不能不调节电动机的转速，而在联轴器上想办法从而调节被电动机所拖动的负载的转速呢？据此人们设计生产了一类能在一定范围内平滑、宽广调速的电动机，称为电磁调速三相异步电动机。它主要由一台单速或多速三相笼型异步电动机和电磁转差离合器组成。通过控制装置可在较广范围内进行无级调速。其调速比通常有 10∶1、3∶1、2∶1 等。电磁调速异步电动机结构简单、运行可靠、维修方便，适用于纺织、化工、造纸、塑料、水泥、食品等工业，作为恒转矩和风机类等设备的动力。

电磁调速异步电动机的基本结构形式分组合式和整体式两大类，一般为组合式，功率很小时可用整体式，图 2-64 所示为国产组合式结构的 YCT 系列电磁调速三相异步电动机，它把三相异步电动机和离合器的机座组合装配成一个整体。

离合器由两个同心而又相互独立旋转的部件组成：一个称为磁极（内转子），有凸极式、爪式和感应子式 3 种结构；另一个称为电枢（外转子），有绕线式、笼型、实心钢体和铝合金杯形等结构。使用较多的是结构较简单的由爪形磁极（爪极）、圆筒形实心钢体电枢组成的离合器，其工作原理如图 2-65 所示。磁极用铁磁材料做成爪形，磁极的励磁绕组由外部电源经集电环通入直流励磁电流进行励磁。爪极与电枢间有气隙隔开。若干个爪极与输出轴之间为硬连接，作为离合器的从动部分。电枢为用铁磁材料做成的圆筒形实心钢体结构，直接固定在三相异步电动机轴伸上，由电动机拖动，是离合器的主动部分。当作为原动机的三相异步电动机拖动电枢转动时，如果没有向磁极的励磁绕组通电，磁极与输出轴是不会转动的。当经过集电环向磁极励磁绕组通入直流励磁电流后，磁极即有磁性，磁通经磁极→气隙→电枢→气隙→磁极而闭合，短路的电枢切割磁通而产生感应电动势，并形成涡流，涡流方向用右手定则判定，如图 2-66 所示。涡流又与磁通作用产生转矩，其方向可用左手定则判定，在该转矩的作用下，磁极跟随电枢转动。由图 2-66 可知两者的旋转方向是一致的，

磁极通过输出轴拖动负载转动。参照异步电动机的工作原理可知，磁极的转速n_2必定小于电枢的转速n_1，否则当电枢和磁极之间没有相对转速差时，电枢中就不会有涡流产生，也就没有转矩来带动磁极旋转，因此取名为"电磁转差离合器"。电磁转差离合器与三相异步电动机旋转原理的不同之处在于三相异步电动机是靠定子通入三相交流电产生旋转磁场的，而转差离合器的磁场由直流电产生，由于电枢的旋转使磁极的磁场起到了与旋转磁场相同的作用。改变电磁转差离合器励磁绕组中的励磁电流，就可调节离合器的输出转矩和转速。励磁电流越大，输出转矩就越大，在一定的负载转矩下，输出的转速也越高。

图 2-64　YCT 系列电磁调速三相异步电动机

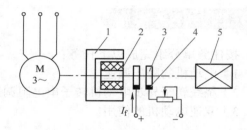

图 2-65　电磁转差离合器调速

1—电枢　2—磁极　3—集电环　4—电刷　5—负载

转差离合器的主要缺点是它的机械特性较软，所以输出的转速随负载的变化而变化较大。特别是在低转速输出时，其特性更软，这种特性往往满足不了一些生产机械转速较为恒定的要求，为此电磁调速异步电动机中一般配有能根据负载变化而自动调节励磁电流的控制装置，主要由测速发电机和速度负反馈系统构成，当负载向上波动使转速降低时，自动增加励磁电流，从而保持转速的相对稳定。

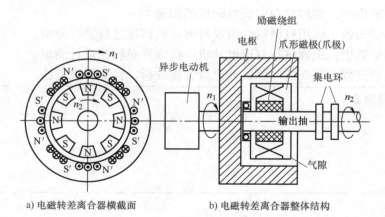

a) 电磁转差离合器横截面　　　　b) 电磁转差离合器整体结构

图 2-66　电磁转差离合示意图

6. 三相异步电动机调速方案比较

三相异步电动机调速方案比较见表 2-10。

表 2-10　三相异步电动机调速方案比较

调速方法	变极调速	变频调速	转子串电阻 （绕线转子）	改变定子电压 （高转差笼型）	电磁调速异步电动机
调速方向	上调、下调	上调、下调	下调	下调	下调
调速范围	不广	宽广	不广	较广	较广
调速平滑性	差	好	差	好	好
调速稳定性	好	好	差	较好	较好
适合的负载类型	恒转矩 恒功率	恒转矩 恒功率	恒转矩	恒转矩 通风机型	恒转矩 通风机型
电能损耗	小	小	低速时大	低速时大	低速时大
设备投资	少	多	较少	较多	较少

➡ 四、任务实施

按任务单分组完成以下任务：

1）电动机的降压调速。

2）绕线转子异步电动机转子串电阻调速。

3）双速电动机的使用。

➡ 五、任务单

任务四　三相异步电动机的调速控制		组别：	教师签字
班级：	学号：	姓名：	
日期：			

任务要求：

1）按照正确步骤，在试验台完成电动机的调速。

2）按照所学知识，运用机械特性曲线对电动机调速过程进行分析。

3）按照所学知识，正确进行双速电动机的接线并对转速进行测量。

4）记录试验过程中存在的问题，并进行合理分析，提出解决方法。

仪器、工具清单：

小组分工：

任务内容:

1. 三相异步电动机的降压调速

1）按照图 2-67 正确连接笼型三相异步电动机。

2）闭合 QS 后，利用自耦调压器对电动机进行降压调速。

3）首先将线电压调至额定值，然后开始降低电压，直至电压调到某一个值时，再往下调节电动机将不能稳定工作。在表 2-11 中填写调节过程中电压和对应的转速，并进行分析。

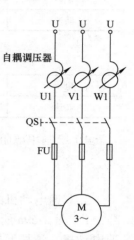

图 2-67　三相笼型异步电动机调速原理图

表 2-11　空载降压调速记录表

电压 /V					
转速 /（r/min）					

4）将一台直流测功机作为负载，测量电动机带载降压调速时电压及对应的转速，记录于表 2-12 中。

表 2-12　带载降压调速记录表

电压 /V					
转速 /（r/min）					

5）绘制降压调速时的机械特性曲线。

2. 三相绕线转子异步电动机的串电阻调速

1）按照图 2-68 正确连接三相绕线转子异步电动机。

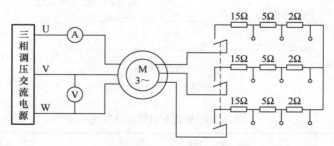

图 2-68　三相绕线转子异步电动机调速原理图

2）合上电源开关，合上绕线转子电动机电阻箱开关，选择不同的电阻档位，测量在不同转子电阻时，电动机的稳定转速并记录于表 2-13 中。

3）将一台直流测功机作为负载，测量电动机带转子串不同电阻时对应的转速，记录于表 2-14 中。

表 2-13　空载串电阻调速记录表

电阻	0Ω	2Ω	5Ω	15Ω
转速				

表 2-14　带负载的串电阻调速记录表

电压	0Ω	2Ω	5Ω	15Ω
转速				

4）绘制串电阻调速时的机械特性曲线。

3. 双速电动机的调速

1）图 2-69a 所示为单绕组双速风机的接线原理图，实验室的电动机为带控制箱的双速电动机，请按照图 2-69b 对实验室双速电动机进行接线，并测量双速电动机转速，记录于表 2-15 中。

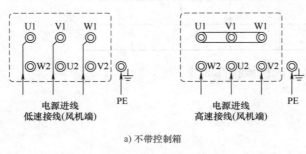

a) 不带控制箱

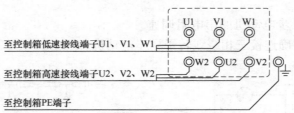

b) 带控制箱

图 2-69　单绕组双速风机接线原理图

表 2-15　双速电机调速记录表

接线端	U1、V1、W1	U2、V2、W2
转速		

2）绘制变极调速时的机械特性曲线。

六、任务考核与评价

任务四　三相异步电动机的调速控制		日期：		教师签字
姓名：	班级：	学号：		

评分细则

序号	评分项	得分条件	配分	小组评价	教师评价
1	学习态度	1. 遵守规章制度 2. 积极主动，具有创新意识	10		
2	安全规范	1. 能进行设备和工具的安全检查 2. 能规范使用实验设备 3. 具有安全操作意识	10		
3	专业技术能力	1. 能正确连接电路 2. 能正确完成三相异步电动机的调速 3. 能正确完成双速电动机的连接 4. 能正确进行电压及转速的测量	50		
4	数据读取、处理 能力	1. 能正确记录试验数据 2. 能正确绘制机械特性曲线 3. 能独立思考，分析不同情况下的调速范围	15		
5	报告撰写能力	1. 能独立完成任务单的填写 2. 字迹清晰、文字通顺 3. 无抄袭 4. 能体现较强的问题分析能力	15		
		总分	100		

任务五　三相异步电动机的制动控制

姓名：　　　　班级：　　　　日期：　　　　参考课时：2 课时

一、任务描述

　　某工厂需要为自动化设备配置传送带主轴电动机，要求电动机制动时精度高、能耗低。同时设备成本较低。因此，技术人员必须掌握电动机制动的相关知识。本任务要求掌握三相异步电动机的制动控制方法，能够熟悉各类型电动机的制动方案选择，明确各种制动方法的优缺点，能够完成指定的制动任务。

二、任务目标

※ **知识目标**　1）能够复述三相异步电动机制动的概念与方法。

　　　　　　　2）能够说出各种制动方法的基本原理及特性。

　　　　　　　3）能够画出电动机在制动时的机械特性曲线。

※ **能力目标** 1）能够规范使用设备，进行设备安全检查。
　　　　　　　2）能正确连接制动控制电路。
　　　　　　　3）能够根据制动要求选择电动机。
※ **素质目标** 1）在任务实施中树立正确的团结协作理念，培养协作精神。
　　　　　　　2）在任务操作中培养精益求精的工匠精神。
　　　　　　　3）在团队分工中培养岗位责任心。

三相异步电
动机的制动

三、知识准备

〔一〕 引导问题：什么是电动机的制动？电动机的机械制动具有什么特点？

1. 电动机的制动分类

三相异步电动机除了运行于电动机状态外，还时常运行于制动状态。电动机的制动是指在电动机的轴上加一个与其旋转方向相反的转矩，使电动机减速或停转。对位能性负载（起重机下放重物），制动运行可获得稳定的下降速度。

根据制动转矩产生的方法不同，制动可分为机械制动和电气制动两类。机械制动通常是靠摩擦方法产生制动转矩，如电磁抱闸制动。而电气制动是使电动机所产生的电磁转矩与电动机的旋转方向相反来实现的。三相异步电动机的电气制动有反接制动、能耗制动和再生制动3种。

2. 三相异步电动机的机械制动

机械制动最常用的装置是电磁抱闸，主要由制动电磁铁和块式制动器两大部分组成。制动电磁铁包括铁心、电磁线圈和衔铁，块式制动器则包括闸轮、闸瓦、杠杆和弹簧等，如图2-70所示。断电制动型电磁抱闸的基本原理是：制动电磁铁的电磁线圈（有单相和三相）与三相异步电动机的定子绕组并联，块式制动器的转轴与电动机的转轴相连。当电动机通电运行时，制动电磁铁的电磁线圈也通电，产生电磁力通过杠杆将闸瓦拉开，使电动机的转轴可自由转动。停机时，制动电磁铁的电磁线圈与电动机同步断电，电磁吸力消失，在弹簧的作用下闸瓦将电动机的转轴紧紧抱住，因此称为电磁"抱闸"。

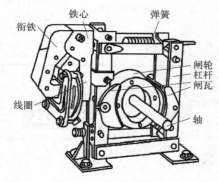

图2-70　电磁抱闸装置

起重机械（如桥式起重机、提升机、电梯等）经常使用断电制动型电磁抱闸，制动器在平时紧抱制动轮，当起重机工作时松开，在停机时保证定位准确，并避免重物自行下坠而造成事故。

〔二〕 引导问题：电动机的3种电气制动各有什么特点？

1. 三相异步电动机的反接制动

（1）电源反接制动

电动机在停机后因机械惯性仍继续旋转，此时如果改变三相电源的相序，电动机的旋转磁场随即反向，产生的电磁转矩与电动机的旋转方向相反，为制动转矩，使电动机很快停下来，这就是反接制动。在异步电动机的几种电气制动方法中，反接制动简单易行，制动转矩大、效果好。问题是，在开始制动的瞬间，转差率 $s>1$，电动机的转子电流比起动时大，为限制电流的冲击常在定子绕组中串入限流电阻 R。此外，在电动机转速降至零附近时，若不及时切断电源，电动机就会反向起动而达不到制动的目的。

图 2-71 所示为三相笼型异步电动机电源反接制动主电路。制动时断开 KM₁，接通 KM₂，通过电阻 R 引入反向电源，电动机转速下降，当转速下降至速度继电器 KS 的动作值以下时，断开 KM₂，电动机脱离电源，制动过程结束。电阻 R 为反接制动串接电阻，限制反接电流。速度继电器 KS 与电动机 M 同轴运转，FU、FR 为短路和过载保护。请读者自行考虑双向运行反接制动控制电路。

电源反接制动时的机械特性曲线如图 2-72 所示。制动前电动机在 b 点工作，反接制动时，对应的机械特性曲线为 2，因惯性原因，制动瞬间电动机转速不变，所以工作点由 b 点移至 b′点，并很快减速，到达 a 点时，$n=0$，切断电源，电动机停止。

反接制动在制动时仍需从电源吸收电能，故经济性能差，但能很快使电动机停转或保持一定转速旋转，所以制动性能较好。

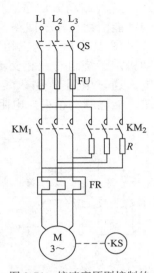

图 2-71 按速度原则控制的单向运行电源反接制动主电路

（2）倒拉反接制动

若电动机拖动的是位能性恒转矩负载（如起重机械），在提升时电动机工作在图 2-73 机械特性曲线 1 的 a 点，将转子回路串入电阻使机械特性曲线变为 2，则电动机的工作点由 a 点过渡到 b 点，电动机转速下降，但依然在提升重物，为电动机工作状态。

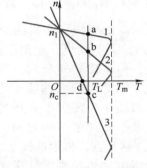

图 2-72 电源反接制动机械特性曲线　　图 2-73 倒拉反转制动的机械特性曲线

若转子串入的电阻足够大，使机械特性曲线变为 3，则在电动机转速下降到零时电动机产生的拖动转矩（对应于图 2-73 中 d 点的转矩）仍小于位能负载转矩 T_L，此时在负载转矩 T_L 的拖动下电动机反转，直到 c 点，电动机产生的电磁转矩与 T_L 相平衡，则机组稳速反向转动，即起重机将重物以一个平稳的低速缓慢下放。此时电动机电磁转矩对转子的转动起制动作用，但转子仍反转，因此称其为倒拉反接制动运行状态。改变串入转子的电阻值，可调节工作点 c，即调节机组的转速。

2. 三相异步电动机的能耗制动

三相异步电动机的能耗制动控制是在断开电动机三相电源的同时接通直流电源，此时直流电流流入定子的两相绕组，产生恒定磁场，如图 2-74 所示。转子由于惯性仍继续沿原方向以转速 n 旋转，切割定子磁场产生感应电动势和电流，载流导体在磁场中受电磁力作用，其方向与电动机转动方向相反，因而起到制动作用。制动转矩的大小与直流电流的大小有关。直流电流一般为电动机额定电流的 0.5 ～ 1 倍。

这种制动方法是利用转子转动时的惯性切割恒定磁场的磁通而产生制动转矩，把转子的动能消耗在转子回路的电阻上，所以称其为能耗制动。

图 2-75 所示为三相笼型异步电动机能耗制动主电路。制动时接通 KM₂，断开 KM₁，电动机定子绕组与三相交流电源断开，交流电经 KM₂ 引至变压器一次侧，经桥式整流为直流电，通过电阻 R_p 引入定子绕组，实现能耗制动。当制动结束，断开 KM₂，电动机脱离电源，能耗制动结束。电阻 R_p 为能耗制动串接电阻，限制制动电流。

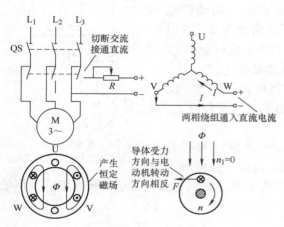

图 2-74　异步电动机的能耗制动

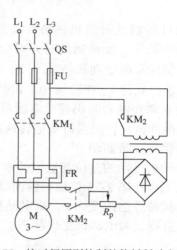

图 2-75　按时间原则控制的能耗制动主电路

能耗制动时的机械特性曲线如图 2-76 所示。电动机正常运行时，工作在固有机械特性曲线 1 的 a 点，当电动机开始制动的瞬间，由于惯性转速来不及变化，但电磁转矩反向，因而能耗制动时的机械特性曲线位于第二象限，曲线 2 为转子未串电阻时的机械特性，而曲线 3 为转子串入适当电阻时的机械特性曲线。由图可见，若转子不串电阻，则制动刚开始时，工作点由 a 点移到 b 点，再沿曲线 2 转速下降到零。如果是绕线转子异步电动机，则在转子中串入适当电阻，制动时工作点由 a 点移到 b′点，再沿曲线 3 转速下降到零，可见此时加大了制动转矩，降低了制动电流，改善了制动效果。

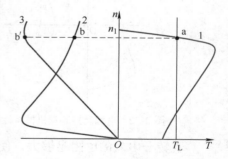

图 2-76　能耗制动的机械特性曲线

能耗制动的优点是制动力较强、制动平稳、对电网影响小，缺点是需要一套直流电源装置，而且制动转矩随电动机转速的减小而减小，不易制停。因此若生产机械要求快速停车，应采用电源反接制动。

3. 三相异步电动机的再生制动（回馈制动）

若异步电动机在电动状态下运行时，出于某种原因，电动机的转速 n 超过了旋转磁场的同步转速 n_1（此时 s<0），则转子导体切割旋转磁场的方向与电动机运行状态时相反，从而使转子电流及所产生的电磁转矩改变方向，成为与转子转向相反的制动转矩，电动机即在制动状态下运行，这种制动称为再生制动。此时电动机变成一台与电网并联的发电动机，将机械

能转变成电能反送回电网，因此又称为回馈制动。在生产实践中，出现异步电动机转速超过旋转磁场的同步转速现象一般有两种情况：一种是出现在位能性负载下放时，例如起重机在下放重物时或电动机车车辆在下坡运行时，此时重物作用于电动机上的外加转矩与电动机的电磁转矩方向相同，使电动机转速n很快超过旋转磁场的同步转速n_1；另一种出现在电动机变极调速（或变频调速）过程中，例如三相变极多速异步电动机，当$2p=2$时，电动机转速约2900r/min，当$2p=4$时，旋转磁场同步转速降为1500r/min，就出现了电动机转速大于旋转磁场同步转速的情况。

【特别提示】 再生制动可向电网回输电能，所以经济性能好，但只有在特定的状态（$n>n_1$）时才能实现制动，因而只能限制电动机转速，不能制停。

四、任务实施

按任务单分组完成以下任务：
1）三相异步电动机的能耗制动。
2）三相异步电动机的倒拉反接制动。

五、任务单

任务五　三相异步电动机的制动控制		组别：	教师签字
班级：	学号：	姓名：	
日期：			

任务要求：
1）列出任务所需仪器及工具清单，记录小组分工。
2）按照正确步骤，在试验台完成接线，并进行检查。
3）按照所学知识，对试验数据进行记录分析。
4）记录试验过程中存在的问题，并进行合理分析，提出解决方法。

仪器、工具清单：

小组分工：

任务内容：

1. 三相异步电动机的能耗制动

1）按照图 2-77 连接电动机能耗制动电路。

2）闭合 QS，接通 KM₁，慢慢调节电源输出电压至电动机额定电压，让电动机运行一段时间，然后断开 KM₁。记录电动机转速完全停止所用的时间。

3）闭合 QS，接通 KM₁，慢慢调节电源输出电压至电动机额定电压，让电动机运行一段时间，然后断开 KM₁ 的同时接通 KM₂。记录电动机转速完全停止所用的时间。将数据记录到表 2-16 中。

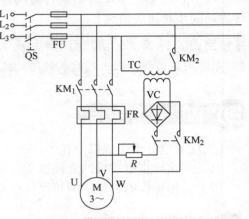

表 2-16　能耗制动试验

制动方法	自由停车	能耗制动
时间		

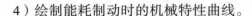

图 2-77　能耗制动原理图

4）绘制能耗制动时的机械特性曲线。

2. 三相异步电动机的倒拉反接制动

1）按照图 2-78 接线，M 为三相绕线转子异步电动机。绕线转子电动机同轴连接位能性负载，并与测速发电机同轴连接用于转速测量。R_s 选用 1800Ω 左右的可调电阻，交流电表 V_1 的量程为 300V，A_1 量程为 2.5A。

2）将 S_2 合向右侧，将 R_s 调至最小值。闭合 S_1，慢慢调节电源输出电压至电动机额定电压。

3）慢慢增大 R_s 的值，直至电动机反转，记录数据至表 2-17 中。

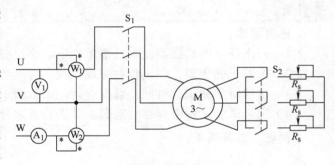

图 2-78　倒拉反接制动原理图

表 2-17　倒拉反接制动

R_s/Ω						
$n/$（r/min）						

4）请绘制倒拉反接制动机械特性曲线，并将测试点标注在机械特性曲线上。

六、任务考核与评价

任务五	三相异步电动机的制动控制		日期：	教师签字	
姓名：		班级：	学号：		

评分细则

序号	评分项	得分条件	配分	小组评价	教师评价
1	学习态度	1. 遵守规章制度，遵守课堂纪律 2. 积极主动，具有创新意识	10		
2	安全规范	1. 能进行设备和工具的安全检查 2. 能规范使用实验设备 3. 具有安全操作意识	10		
3	专业技术能力	1. 能正确连接电路 2. 能正确完成制动电路数据的测量 3. 能正确分析能耗制动和倒拉反接制动的机械特性	50		
4	数据读取、处理能力	1. 能正确记录试验数据 2. 能对试验数据进行分析 3. 能独立思考，完成机械特性的绘制	15		
5	报告撰写能力	1. 能独立完成任务单的填写 2. 字迹清晰、文字通顺 3. 无抄袭 4. 能体现较强的问题分析能力	15		
总分			100		

任务六 三速锚机的控制方案设计

姓名：　　　　　班级：　　　　　日期：　　　　　参考课时：2 课时

一、任务描述

　　船舶锚机一种重要的船用电动机，船舶电子电气员必须掌握其应用方法。船舶锚机应用场景特殊，有特殊的起动、调速、制动特点，船舶锚机的控制方案设计也需要掌握电动机的起动、调速、制动的特点。因此，本任务要求掌握三相异步电动机控制方法，能够熟悉各类型电动机的控制方案选择，明确各种控制方法的优缺点。

二、任务目标

※ **知识目标**　1）掌握三相异步电动机的起动、调速、控制方法。
　　　　　　　　2）能够说出船用锚机的控制需求。
　　　　　　　　3）掌握船用锚机的控制方案设计方法。
※ **能力目标**　能够根据不同的控制需求设计电动机控制方案，选择电动机类型。

※ **素质目标**　1）在任务实施中培养严谨的逻辑分析能力。
　　　　　　　　2）提高撰写任务报告的能力。

三、知识准备

引导问题：什么是船舶锚机？船舶锚机具有怎样的控制要求？

1.船舶锚机简介

船舶驶达港口，常因等候泊位和引水以及接受检疫、避风或过驳等而需在港外停泊，为能克服停泊时作用在船体上的水流力、风力和船舶纵倾、横倾时所产生的惯性力，以保持船位不变，就需在船上设置锚设备。锚设备还可帮助安全离靠码头，或使船舶紧急制动。

锚设备的主要组成部分有锚、锚链、锚链筒、掣链器、弃链器、锚链轮、锚链管、锚链舱等，如图 2-79 所示。通常主锚位于船道的两侧舷，因为船抛锚停泊时，船体所受的风力、水流作用力最小。

船舶锚机是船舶上的一种大甲板机械，用来收、放锚和锚链。船舶锚机通常安装在船舶首尾部主甲板上，供舰船起、抛锚系缆使用。船舶锚机通常和绞车配合使用，如图 2-80 所示。

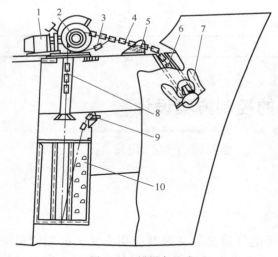

图 2-79　锚设备组成

图 2-80　船舶锚机

1—电动机　2—绞盘　3—掣链钩　4—锚链　5—掣链器
6—锚链筒　7—锚　8—锚链管　9—弃链器　10—锚链舱

根据锚机所用动力的不同，目前所用的锚机主要是电动锚机和液压锚机，按链轮轴轴线布置的不同可分为卧式锚机和立式锚机。

卧式锚机的链轮轴和卷筒轴中心线平行于甲板，整套锚机设备装设在甲板上，操作管理比较方便。但是设备占用甲板面积大，并容易遭受风浪侵蚀。一般商船较多采用卧式锚机，图 2-81 所示为卧式液压锚机的组成示意图。

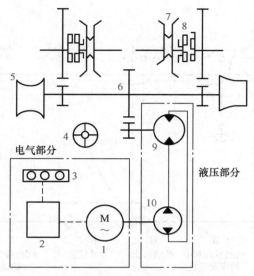

图 2-81　卧式液压锚机的组成示意图

1—电动机　2—电源箱　3—控制按钮　4—操纵手轮　5—卷筒　6—传动齿轮
7—锚链轮　8—离合器　9—油电动机　10—油泵

立式锚机的链轮轴和卷筒轴中心线垂直于甲板，原动机和传动机构都放在甲板下面，仅链轮和卷筒伸出在甲板上，由立轴导动。图 2-82 所示为立式电动锚机的组成示意图。

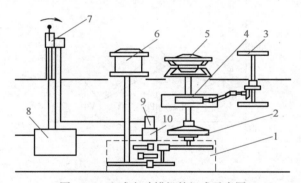

图 2-82　立式电动锚机的组成示意图

1—齿轮箱　2—离合器　3—制动手轮　4—锚链轮制动器　5—锚链轮　6—绞缆筒　7—制动手柄
8—控制箱　9—电力制动器　10—电动机

2. 船舶锚机的控制要求

锚机的运行工况一般可以分为 3 种：正常起锚、应急起锚和抛锚。

（1）正常起锚

正常起锚一般可以分为图 2-83 所示的 5 个阶段：

第Ⅰ阶段：收起躺在水底的锚链，电动机轴上负载转矩不变，且较小。

第Ⅱ阶段：随着悬链形状的改变，轴上负载转矩逐渐增大，直到锚破土。

第Ⅲ阶段：负载转矩达到最大，"出土"后突然减小。

第Ⅳ阶段：收锚出水，随着锚链长度减小，负载转矩逐渐减小。

第Ⅴ阶段：收锚入孔，是将锚拉入并紧固于锚链孔中，负载转矩再次增大，但不多。

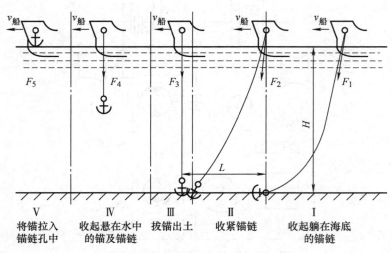

图 2-83　正常起锚过程

正常起锚时阻力矩曲线如图 2-84 中曲线 a 所示。

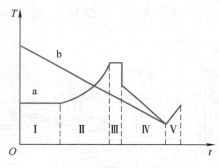

图 2-84　起锚阻力矩曲线

> **注意：** 拔锚不出土时电动机将堵转，此时要求电动机能够承受堵转转矩。为了减小对电动机的冲击，通常可以通过主机推进器推动船舶前进，依靠船舶前进的动力拔锚出土。

（2）应急起锚

抛锚深度如果大于锚链全长，则锚将抛不到海底，锚机电动机应将悬于水中的锚及锚链（全长一般约为 200m）收起，称为应急起锚状态。此时电动机的工作状态很繁重。应急起锚时阻力矩曲线如图 2-84 中曲线 b 所示。

（3）抛锚

水不深时，直接松开制动器，锚自由下落，靠锚和锚链自重进行抛锚；海水较深时，则锚自由下落的速度较大，为了较好地控制下落速度、防止起锚困难和损坏设备，应该采取电气制动的方法，使锚下落的速度恒定。

锚机控制主要是起锚和抛锚，抛锚相对比较简单，只要电动机反转和速度可调即可；起锚比较复杂，受力不断变化，在海中的船锚每个过程因为受力转矩不同，环境改变差异大，电动机的转速也需要相应的变化。在正常起锚的第Ⅰ阶段，负载较小且恒定不变，因此需要以较快的速度收起锚链；在第Ⅱ阶段，电动机负载转矩增大，需要适当降低转速，防止电动机负载功率过大；在第Ⅲ阶段，电动机需要承受一段时间的堵转；在第Ⅳ阶段，负载转矩随着锚链收短而不断减小，可适当提高转速，加快起锚过程；在第Ⅴ阶段，锚与锚链孔之间的摩擦使电动机负载力矩有所增大，应当适当降低电动机转速。

四、任务实施

按任务单分组完成以下任务：
完成三速锚机的控制方案设计。

五、任务单

任务六　三速锚机的控制方案设计		组别：	教师签字
班级：	学号：	姓名：	
日期：			

任务要求：

1）按照教师指导，正确进行锚机状态分析。

2）按照所学知识，对三速锚机的控制方案设计进行分析、选择。

3）记录试验过程中存在的问题，并进行合理分析，提出解决方法。

仪器、工具清单：

小组分工：

任务内容：
三速锚机的起动、调速、制动需求分析及控制方案设计
1）根据所学知识，分析锚机的起动需求及方案选择。
① 锚机起动需求分析：

② 锚机起动控制方法选择：

③ 锚机起动过程机械特性分析：

2）根据所学知识，分析锚机的调速需求及方案选择。
① 锚机调速需求分析：

② 锚机调速控制方法选择：

③ 锚机调速过程机械特性分析：

3）根据所学知识，分析锚机的制动需求及方案选择。
① 锚机制动需求分析：

② 锚机起动制动方法选择：

③ 锚机制动过程机械特性分析：

六、任务考核与评价

任务六　三速锚机的控制方案设计		日期：		教师签字	
姓名：	班级：	学号：			

评分细则					
序号	评分项	得分条件	配分	小组评价	教师评价
1	学习态度	1. 遵守规章制度，遵守课堂纪律 2. 积极主动，具有创新意识	10		
2	安全规范	1. 能进行设备和工具的安全检查 2. 能规范使用实验设备 3. 具有安全操作意识	10		
3	专业技术能力	1. 能正确分析锚机的工作过程 2. 能正确完成锚机工作需求的分析 3. 能正确选择锚机的起动、调速、制动控制方法	50		
4	数据读取、处理能力	1. 能正确绘制锚机的负载机械特性曲线 2. 能正确地对锚机起动、调速、制动控制的运动状态进行分析 3. 能独立思考，完成各过程机械特性的绘制	15		
5	报告撰写能力	1. 能独立完成任务单的填写 2. 字迹清晰、文字通顺 3. 无抄袭 4. 能体现较强的问题分析能力	15		
总分			100		

任务七　三相异步电动机的日常维护及故障分析

姓名：　　　　班级：　　　　日期：　　　　参考课时：4课时

一、任务描述

　　某维修店接受了一大批电动机的维修任务，要求维修人员熟悉三相异步电动机的常见故障，并能够对三相异步电动机进行巡检。因此，本任务要求认识三相异步电动机的常见故障，能够对三相异步电动机进行巡检和维修。

二、任务目标

※　**知识目标**　1）熟悉三相异步电动机在投入运行前应做的准备工作。

　　　　　　　　2）熟悉三相异步电动机运行中的监视工作，掌握监视工作的主要内容。

　　　　　　　　3）了解三相异步电动机的定期检修工作，掌握电动机检修的周期和项目。

4）熟悉三相异步电动机的常见故障，掌握简单故障的排除方法。

※ **能力目标** 1）能够根据不同的故障现象判断故障类型。

2）能够完成三相异步电动机的巡检。

※ **素质目标** 1）在任务实施中培养实践练习能力。

2）提高撰写报告的能力。

三、知识准备

（一）引导问题：三相异步电动机如何进行巡检和维护？

1. 电动机在投入运行前应做的准备工作

1）新的或长期不用的电动机，使用前都应该检查电动机绕组间和绕组对地的绝缘电阻。对绕线转子电动机，除了检查定子绝缘电阻外，还应检查转子绕组和集电环之间的绝缘电阻。每 1kV 工作电压对应的绝缘电阻不得小于 1MΩ。通常对 500V 以下电动机用 500V 兆欧表测量，对 500～3000V 电动机用 1000V 兆欧表测量，对 3000V 以上电动机用 2500V 兆欧表测量。一般三相 380V 电动机的绝缘电阻应大于 0.5MΩ。

2）检查电路实际与铭牌所示电压、频率、接法等是否相符。

3）检查电动机内部有无杂物。用干燥的压缩空气（不大于 2.026×10^5 Pa）或用吹风机或吹灰器等吹净内部，但不能碰坏绕组。

4）检查电动机的转轴能否自由旋转。对于滑动轴承，转子的轴向游动量每边约 2～3mm。

5）检查轴承是否有油。一般高速电动机应采用高速机油，低速电动机应采用机械油注入轴承内，并达到规定的油位。

6）检查电动机接地装置是否可靠。

7）绕线转子电动机还应检查集电环上的电刷表面是否全部贴紧集电环，导线是否有相碰，电刷提升机构是否灵活，电刷的压力是否正常（一般电动机工作面上的压力约为 15～25kPa）。

8）对不可逆的电动机，需要检查运转方向是否与该电动机运转指示箭头方向一致。

9）对新安装的电动机，需要检查地脚螺栓和螺母是否拧紧以及机械方面是否牢固。检查电动机机座与电源线钢管接地情况。

经过上述准备工作及检查后可起动电动机，电动机起动后应空转一段时间，在这段时间内应注意轴承温升，并且应该注意是否有不正常噪声、振动、局部发热等现象，如有不正常现象，须消除后才能投入运行。

2. 电动机运行中的巡检

三相异步电动机投入运行后，应坚持每天进行巡检，听电动机的声音，测电动机的温度，闻电动机的味道，询问值班员运行情况，查看运行电流，以便了解其工作状态，并及时发现异常现象，给予合理的处理，将故障消灭在萌芽之中。在运行监视中，现场维修人员通过听、看、嗅、摸等方式，凭工作经验可大致判断出电动机的运行状态。例如，当电动机运行发出声音是有规律的清脆声（俗称"机器音乐"）时，说明电动机运行在轻载或正常工作状态；如果发出很沉闷的声音，说明电动机处在重载运行状态；如果电动机运行时有焦糊、刺鼻异味，说明电动机温升过高，应尽快停止运行。

电动机运行中的巡检主要包括运行监视和运行处置。

（1）运行监视

电动机发生故障时，一般会引起继电器等保护装置动作，如果保护装置失灵，势必导致电动机严重损伤。因此，在电动机日常维护时，如果能经常监视电动机的运行情况，就能及时发现异常情况，从而采取必要措施，检查并排除故障。

1）监视电源电压的变动情况。为了监视电源电压，在电动机电源上最好装一只电压表。通常，电源电压的波动值不应超过额定电压的10%，任意两相电压之差不应超过额定电压的5%。

2）监视电动机的运行电流。在正常情况下，电动机的运行电流不应超过铭牌上标出的额定电流。同时，还应注意三相电流是否平衡。通常，任意两相间的电流之差不应大于额定电流的10%。对于容量较大的电动机，应装设电流表监测；对于容量较小的电动机，应随时用钳形电流表测量。

3）监视电动机的温升。电动机的温升不应超过其铭牌上标明的允许温升限度，一般电动机正常运行时的温度应不超过80℃，且不再持续上升。电动机温升可用温度计测量。最简单的方法是用手背触及电动机外壳，如果电动机烫手，则表明电动机过热，此时可在外壳上洒几滴水，如果水急剧气化，并有"噁噁"声，则表明电动机明显过热。

> **注意：** 在无温度测量仪表时，可用手感法粗略判断电动机的外壳温度。注意用手触摸电动机外壳前，应确认电动机外壳是否已经可靠接地，并用试电笔验电确认电动机外壳不带电。用手指内侧摸电动机外壳，根据能停留的时间长短和承受能力来粗略判定其温度。因每个人对热的敏感程度不同（这与手上皮肤的状态和感觉器官的能力有关），所以无法给出通用数据。但以下内容有一定的参考价值，用手感法估计电动机外壳温度参考见表2-18。

表2-18　手感法估计电动机外壳温度参考表

电动机外壳温度/℃	感觉	具体程度
30	稍冷	比人体温稍低
40	稍暖和	比人体温稍高
45	暖和	手掌触及时感到很暖和
50	稍热	手掌可以长久触及，触及较长时间后，手掌变红
55	热	手掌可以停留5～7s
60	较热	手掌可以停留3～4s
65	非常热	手掌可以停留2～3s，即使放开手后，热量还留在手掌中一会儿
70	非常热	手指可以停留约3s
75	特别热	手指可以停留约1.5～2s，若用手掌，则触及后即放开，手掌还感到烫
80	极热	热得手掌不能触碰，用手指勉强可以停留1～1.5s；乙烯塑料膜收缩
85～90	极热	手刚触及便因条件反射瞬间缩回

4）监视电动机运行中的声音、振动和气味。对运行中的电动机，应经常检查其外壳有无裂纹，螺钉是否有脱落或松动，电动机有无异响或振动等。监视时，要特别注意电动机有无冒烟和异味出现，若嗅到焦煳味或看到冒烟，必须立即停机检查处理，如图 2-85 所示。

5）监视轴承工作情况。对轴承部位，要注意它的温度和响度。若温度升高、响声异常，则可能是轴承缺油或磨损。用联轴器传动的电动机，若中心校正不好，会在运行中发出响声，并伴随着振动。

6）监视传动装置工作情况。机械振动会使联轴器的螺栓胶垫迅速磨损，这时应重新校正中心线。用带传动的电动机，应注意传动带不应过松而导致打滑，但也不能过紧而使电动机轴承过热。

图 2-85　电动机运行中冒烟

（2）运行处置

现场维修人员在发生以下严重故障情况时，应立即断电停机处理：

1）人身触电事故。

2）电动机冒烟。

3）电动机剧烈振动。

4）电动机轴承剧烈发热。

5）电动机转速迅速下降，温度迅速升高。

3. 电动机的定期检修

电动机的定期检修是消除故障隐患，防止故障发生或扩大的重要措施。定期检修分为定期小修和定期大修。

（1）定期小修的期限和项目

定期小修一般不拆解电动机，只对电动机进行清理和检查，小修周期为 6 ～ 12 个月。定期小修的主要项目如下：

1）对电动机外壳、风扇罩处的灰尘、油污及其他杂物等进行清除。检查、清扫电动机的通风道及冷却装置，以保证良好的通风散热，避免对电动机部件的腐蚀。

2）检查电动机的绕组绝缘情况，检查接地线是否可靠。

3）检查电动机与基础架构及配套设备之间的安装连接部位，检查电动机与负载传动装置是否良好。

4）检查电动机端盖、底脚紧固螺钉和带轮顶丝是否紧固，发现有松动的地方应及时拧紧。

5）拆下轴承盖，检查润滑脂是否干涸、变质，并及时加油或更换洁净的润滑脂，处理完毕后，应注意上好轴承盖及紧固螺栓。

6）检查电动机的起动和保护装置是否完好。

（2）定期大修的期限和项目

电动机的定期大修应结合负载机械的大修进行，大修周期一般为 2 ～ 3 年。定期大修时，需把电动机全部拆开，进行以下项目的检查和修理。

1）定子的清扫及检修。

①用压力为 0.2 ～ 0.3MPa 的压缩空气吹净通风道和绕组端部的灰尘或杂质，并用棉布

蘸汽油擦净绕组端部的油垢，但必须注意防火，如果油垢较厚，可用木板或绝缘板制成的刮片清除。

②检查外壳、底脚，应无开焊、裂纹和损伤变形。

③检查铁心各部位应紧固完整，没有过热变色、锈斑、磨损、变形、折断和松动等异常现象。铁心的松紧可用小刀片或螺钉旋具插试，若有松弛现象，应在松弛处打入绝缘材料的楔子。若发现铁心有局部过热烧成的蓝色痕迹，应进行处理。

④检查槽楔是否有松动、断裂、变形等现象，用小木槌轻轻敲击，应无空振声。如果松动的槽楔超过全长的1/3，须退出槽楔，加绝缘垫后重新打紧。

⑤检查定子绕组端部绝缘有无损坏、过热、漆膜脱落现象，端部绑线、垫块等有无松动。若漆膜有脱落、膨胀、变焦和裂纹等，应刷漆修补，脱落严重时应在彻底清除后重新喷涂绝缘漆，甚至更换绕组，若端部绑线松弛或断裂，应重新绑扎牢固。

⑥检查定子绕组引线及端子盒，引线绝缘应完好无损，否则应重包绝缘，引线焊接应无虚焊、开焊，引线应无断股，引线接头应紧固无松动。

⑦测量定子绕组的绝缘电阻，判断绕组绝缘是否受潮或有无短路。若绕组有短路、接地（碰壳）故障，应进行修理；若绝缘受潮，应根据具体情况和现场条件选用适当的干燥方法进行干燥处理。

2）转子的清扫及检修。

①用压力为0.2～0.3MPa的干净压缩空气吹扫转子各部位的积灰，用棉布蘸汽油擦除油垢，再用干净的棉布擦净。

②检查转子铁心，应紧密，无锈蚀、损伤和过热变色等现象。

③检查转子绕组，对笼型转子，导条及短路环应紧固可靠，没有断裂和松动，如发现有开焊、断条等现象，应进行修理；对绕线转子，除检查与定子绕组相同的项目外，还要检查转子两端钢轧带应紧固可靠，无松动、移位、断裂、过热和开焊等现象。

④检查绕线转子的集电环和电刷装置，检查并清扫电刷架、集电环引线，调整电刷压力，打磨集电环，还要检查举刷装置，其动作应灵活可靠。

⑤检查风扇叶片应紧固，铆钉齐全丰满，用木槌轻敲叶片，响声应清脆，风扇上的平衡块应紧固无移位。

⑥检查转轴滑动面应清洁光滑，无碰伤、锈斑及椭圆变形。

3）轴承的清扫及检修。

①清除轴承内的旧润滑油，用汽油或煤油清洗后，再用干净的棉布擦拭干净，清洗后不得将刷毛或布丝遗留在轴承内。

②对清洗后的轴承仔细检查，轴承内外圈应光滑，无伤痕、裂纹和锈迹，用手拨转应转动灵活，无卡涩、制动、摇摆及轴向窜动等缺陷，否则应进行修理或更换。

③测量轴承间隙，滑动轴承的间隙可用塞尺测量，滚动轴承的间隙可用铅丝测量，若测得的轴承间隙超过规定值，应进行修理或更换新轴承。

④检查轴承盖、轴承、放油门及轴头等接合部位，密封应严实，无漏油现象。

（二）引导问题：三相异步电动机有哪些常见故障？如何排除？

1.电源接通后电动机不起动的可能原因及排除方法

1）定子绕组接线错误。检查接线，纠正错误。

2）定子绕组断路、短路或接地，绕线转子异步电动机转子绕组断路。找出故障点，排除故障。

3）负载过重或传动机构被卡住。检查传动机构及负载。

4）绕线转子异步电动机转子回路断线（电刷与集电环接触不良、变阻器断路、引线接触不良等）。找出断路点，并加以修复。

5）电源电压过低。检查原因并排除。

2. 电动机温升过高或冒烟的可能原因及排除方法

1）负载过重或起动过于频繁。减轻负载，减少起动次数。

2）三相异步电动机断相运行。检查原因，排除故障。

3）定子绕组接线错误。检查定子绕组接线，加以纠正。

4）定子绕组接地或匝间、相间短路。查出接地或短路部位，加以修复。

5）笼型异步电动机转子断条。铸铝转子必须更换，铜条转子可修理或更换导条。

6）绕线转子异步电动机转子绕组断相运行。找出故障点，加以修复。

7）定子、转子相擦。检查轴承、转子是否变形，进行修理或更换。

8）通风不良。检查通风道是否畅通，对不可反转的电动机，检查其转向。

3. 电动机振动的可能原因及排除方法

1）转子不平衡。校正平衡。

2）带轮不平稳或轴弯曲。检查并校正。

3）电动机与负载轴线不对。检查、调整机组的轴线。

4）电动机安装不良。检查安装情况及地脚螺栓。

5）负载突然过重。减轻负载。

4. 运行时有异常声音的可能原因及排除方法

1）定子、转子相擦。检查轴承、转子是否变形，进行修理或更换。

2）轴承损坏或润滑不良。更换轴承，清洗轴承。

3）电动机两相运行。查出故障点并加以修复。

4）风扇叶碰机壳等。检查并消除故障。

5. 电动机带负载时转速过低的可能原因及排除方法

1）电源电压过低。检查电源电压并排除故障。

2）负载过大。核对负载。

3）笼型异步电动机转子断条。铸铝转子必须更换转子，铜条转子可修理或更换。

4）绕线转子异步电动机转子绕组一相接触不良或断开。检查电刷压力、电刷与集电环接触情况及转子绕组。

6. 电动机外壳带电的可能原因

1）接地不良或接地电阻太大。按规定接好地线，消除接地不良处。

2）绕组受潮。进行烘干处理。

3）绝缘有损坏，有脏物或引出线碰壳。修理，并进行浸漆处理，消除脏物，重接引出线。

四、任务实施

按任务单分组完成以下任务：

1）三相异步电动机的巡检和维护。

2）三相异步电动机的故障检测。

五、任务单

任务七　三相异步电动机的日常维护及故障分析		组别：	教师签字
班级：	学号：	姓名：	
日期：			

任务要求：

1）按照所学知识，完成三相异步电动机的日常检查和日常运行监控。

2）在教师的指导下，完成三相异步电动机的故障检测。

3）记录试验过程中存在的问题，并进行合理分析，提出解决方法。

仪器、工具清单：

小组分工：

任务内容：

1. 三相异步电动机的巡检和维护

（1）三相异步电动机的日常检查

操作步骤 1：外观检查。

操作要求：清洁电动机壳体，检查机座、底脚有无裂痕，铭牌有无脱落等。

操作步骤 2：绝缘检查。

操作要求：用兆欧表检查三相异步电动机的相间及对地绝缘。记录电动机铭牌参数及绝缘测量结果，并填写记录表 2-19；给出电动机能否准许上电运行的结论。

表 2-19 三相异步电动机测量数据记录表

型号	额定功率	额定电压	额定电流	额定转速	额定频率	接法
厂名	UV 间结缘	UW 间绝缘	VW 间绝缘	对地绝缘	绝缘等级	外观情况
检查结论						

（2）三相异步电动机的日常运行监控

操作步骤 1："听"监视。

操作要求：用螺钉旋具顶在电动机外轴承盖上侦听电动机运转声音，判定负载轻重、是否扫膛、轴承是否异响。

操作步骤 2："看"监视。

操作要求：观察电动机壳体，判定振动幅度是否过大、是否有冒烟现象。

操作步骤 3："嗅"监视。

操作要求：闻周围空气中是否有绕组过热时散发的焦煳气味，判定绕组是否工作异常。

操作步骤 4："摸"监视。

操作要求：用手指内侧触摸电动机外壳，根据手指能停留的时间长短和承受能力来粗略判定其温度。

操作步骤 5："测"监视。

操作要求：测量实际工作电压、电流及转速，定量分析电动机工作状态，并填写记录表 2-20。

2. 三相异步电动机的故障检测

1）打开电动机虚拟仿真软件，进入三相异步电动机故障检测界面，如图 2-86 所示。

表 2-20 三相异步电动机运行记录表

项目	功率	实际电压	实际电流	实际转速	接法	外观情况
空载						
满载						

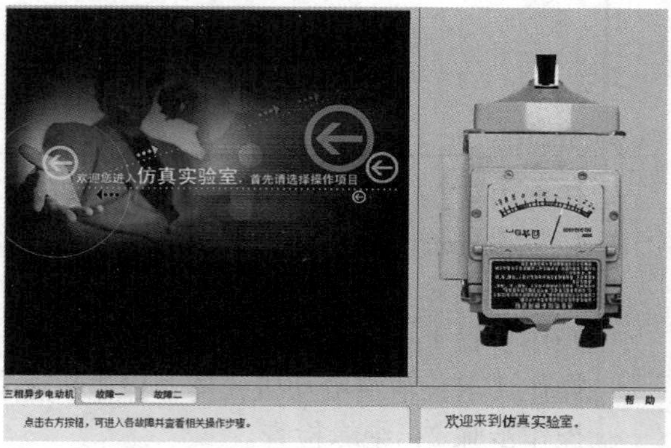

图 2-86 电动机虚拟仿真软件界面

2）根据教师要求及软件提示，找到电动机的两个故障点，并填写表 2-21。

表 2-21　三相异步电动机故障分析记录

故障	故障描述	检测方法
故障 1		
故障 2		

六、任务考核与评价

任务七　三相异步电动机的日常维护及故障分析		日期：	指导教师
姓名：	班级：	学号：	

评分细则

序号	评分项	得分条件	配分	小组评价	教师评价
1	学习态度	1. 遵守规章制度，遵守课堂纪律 2. 积极主动，具有创新意识	10		
2	安全规范	1. 能进行设备和工具的安全检查 2. 能规范使用实验设备 3. 具有安全操作意识	10		
3	专业技术能力	1. 能在规定的时间内完成三相异步电动机的运行监视、运行处置、定期检修 2. 能在软件中完成电动机的故障诊断	50		
4	数据读取、处理能力	1. 能正确记录日常检查、运行监视的数据 2. 能正确地对日常检查、运行监控中的数据进行分析 3. 能够根据分析结果做出正确的运行处置 4. 能独立思考，分析电动机故障现象及检查方法	15		
5	报告撰写能力	1. 能独立完成任务单的填写 2. 能完整描述电动机故障现象及检测方法 3. 无抄袭 4. 能体现较强的问题分析能力	15		
总分			100		

单相异步电动机的应用与维护

单相异步电动机是利用单相交流电源供电、其转速随负载变化而稍有变化的一种小容量交流电机。由于它结构简单、成本低廉、运行可靠、维修方便，并可以直接在单相220V交流电源上使用，因此被广泛用于办公场所、家用电器等方面，在工、农业生产及其他领域中，单相异步电动机的应用也越来越广泛，如台扇、吊扇、洗衣机、电冰箱、吸尘器、电钻、小型鼓风机、小型机床、医疗器械等均需要单相异步电动机驱动。单相异步电动机的不足之处是它与同容量的三相异步电动机相比，体积较大、运行性能较差、效率较低，因此一般只制成小型和微型系列，容量一般在750W以下，千瓦级的较少见。

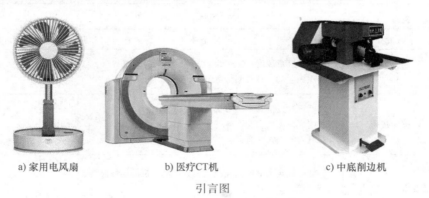

a) 家用电风扇   b) 医疗CT机   c) 中底削边机

引言图

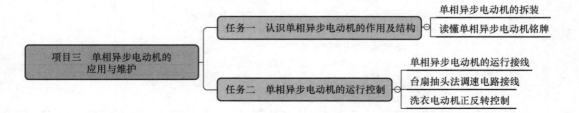

项目概述 >>

本项目学习单相异步电动机的认识、应用、维护等内容，要求认识单相异步电机的作用及结构，能够读懂单相异步电动机的铭牌，熟悉单相异步电动机的运行原理及控制方法。

任务一 认识单相异步电动机的作用及结构

姓名：　　　　班级：　　　　日期：　　　　参考课时：2课时

⮕》 一、任务描述

某工厂有一批老旧的单相异步电动机，部分已不能正常使用，需要对其进行检查，因此本任务要求掌握电动机的拆装，读懂电动机的铭牌。

⮕》 二、任务目标

※ **知识目标**　1）能够了解三相异步电动机的基本概念及应用场景。

　　　　　　　2）能够说出单相异步电动机的结构、基本工作原理、作用。

※ **能力目标**　1）能够规范使用设备，进行设备安全检查。

　　　　　　　2）能正确完成单相异步电动机的拆装。

　　　　　　　3）能正确解读电动机铭牌信息。

　　　　　　　4）能独立完成实验报告的撰写。

※ **素质目标**　1）在任务实施中树立正确的团结协作理念，培养协作精神。

　　　　　　　2）在任务操作中培养灵活创新、精益求精的工匠精神。

　　　　　　　3）在实际操作中培养用理论指导实践的工作习惯。

⮕》 三、知识准备

引导问题：单相异步电动机具有怎样的结构和工作原理？其铭牌如何解读？

1. 单相异步电动机的结构

单相异步电动机的结构和三相异步电动机相仿，一般来讲，也由定子和转子两大部分组成。

（1）定子

定子部分由定子铁心、定子绕组、机座、端盖等部分组成，其主要作用是通入交流电，产生旋转磁场。

1）定子铁心　定子铁心大多用 0.35mm 硅钢片冲槽后叠压而成，槽型一般为半闭口槽，槽内嵌放定子绕组。定子铁心的作用是作为磁通的通路。

2）定子绕组　单相异步电动机定子绕组一般采用两相绕组的形式，即工作绕组（称为主绕组）和起动绕组（又称为辅助绕组）。工作、起动绕组的轴线在空间相差 90° 电角度，两相绕组的槽数和绕组匝数可以相同，也可以不同，视不同种类的电动机而定。定子绕组的作用是通入交流电，在定、转子及空气隙中形成旋转磁场。

单相异步电动机中常用的定子绕组类型主要有单层同心式绕组、单层链式绕组、正弦绕组，这些绕组均属于分布绕组。而单相罩极式电动机的定子绕组多采用集中绕组。

定子绕组一般均由高强度聚酯漆包线在绕线模上绕好后，再嵌入定子铁心槽内，并需进行浸漆、烘干等绝缘处理。

3）机座与端盖　机座一般用铸铁、铸铝或钢板制成，其作用是固定定子铁心，并借助两端端盖与转子连成一个整体，使转轴上输出机械能。单相异步电动机机座通常有开启式、防护式和封闭式等结构。开启式结构和防护式结构的定子铁心和绕组外露，由周围空气直接通风冷却，多用于与整机装成一体的场合，如图 3-1 所示电容运行台扇电动机等。封闭式结构则是整个电机均采用密闭方式，电机内部与外界完全隔离，以防止外界水滴、灰尘等浸入，电机内部散发的热量由机座散出，有时为了加强散热，可再加风扇冷却。

由于单相异步电动机体积、尺寸都较小，且往往与被拖动机械组成一体，因而其机械部分的结构可与三相异步电动机有较大的区别，例如有的单相异步电动机不要机座，而直接将定子铁心固定在前、后端盖中间，如图 3-1 所示的电容运行台扇电动机，也有的采用立式结构，采用转子在外圆、定子在内圆的外转子结构形式，如图 3-2 所示的电容运行吊扇电动机。

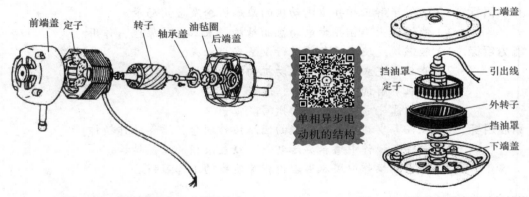

图 3-1　电容运行台扇电动机结构　　　　　图 3-2　电容运行吊扇电动机结构

（2）转子

转子部分由转子铁心、转子绕组、转轴等组成，其作用是导体切割旋转磁场，产生电磁转矩，拖动机械负载工作。

1）转子铁心　转子铁心也用 0.35mm 硅钢片冲槽后叠压而成，槽内置放转子绕组，最后将铁心及绕组整体压入转轴。

2）转子绕组　单相异步电动机的转子绕组均采用笼型结构，一般用铝或铝合金压力铸造而成。

3）转轴　转轴用碳钢或合金钢加工而成，轴上压装转子铁心，两端压上轴承，常用的有滚动轴承和含油滑动轴承。

2. 单相异步电动机的铭牌

1）型号：型号表示该产品的种类、技术指标、防护结构形式及使用环境等，型号意义如图 3-3 所示。

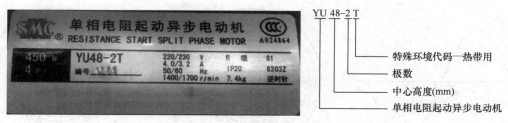

图 3-3 单相异步电动机型号含义

我国目前常用的单相异步电动机代号有 YU、YC、YY、YL、YJ，分别代表电动机类型为单相电阻起动异步电动机、单相电容起动异步电动机、单相电容运转异步电动机、单相双值电容异步电动机、单相罩极异步电动机。针对不同的控制要求及控制对象，还有其他代号，例如在电动机代号后加一个 X，代表电动机为高效率电动机，加一个 R，代表是制冷机用耐氟电动机。

2）额定电压：指电动机在额定状态下运行时加在定子绕组上的电压，单位为 V。根据国家标准 GB/T 5171.1—2014《小功率电动机：第 1 部分 通用技术条件》规定电源电压与额定值的偏差不超过 ±5% 时，电动机应能连续运行。电动机使用的电压一般均为标准电压，我国单相异步电动机的标准电压有 12V、24V、36V、42V 和 220V。

3）额定频率：指加在电动机上的交流电源的频率，单位为 Hz。由单相异步电动机的工作原理可知，电动机的转速与交流电源的频率直接相关，频率高，电动机转速也高。因此，电动机应接在规定频率的交流电源上使用。

4）额定功率：指单相异步电动机额定状态下运行时轴上输出的机械功率，单位为 W。铭牌上的功率是指电动机在额定电压、额定频率和额定转速下运行时输出的功率，即额定功率。

我国常用的单相异步电动机的标准额定功率为：6W、10W、16W、25W、40W、60W、90W、120W、180W、250W、370W、550W 及 750W。

5）额定电流：额定电压、额定功率和额定转速下运行的电动机流过定子绕组的电流，单位为 A。电动机在长期运行时的电流不允许超过该电流值。

6）额定转速：电动机在额定状态下运行时的转速，单位为 r/min。每台电动机在额定运行时的实际转速与铭牌规定的额定转速有一定的偏差。

7）工作方式：工作方式指电动机的工作制是连续或短时或周期工作制。

3. 单相异步电动机的工作原理

（1）单相绕组的脉动磁场

首先来分析在单相定子绕组中通入单相交流电后产生磁场的情况。

单相异步电动机的工作原理

如图 3-4 所示，假设在单相交流电的正半周时，电流从单相定子绕组的左半侧流入，从右半侧流出，则由电流产生的磁场如图 3-4b 所示，该磁场的大小随电流变化而变化，方向保持不变。当电流为零时，磁场也为零。当电流变为负半周时，产生的磁场方向也随之发生变化，如图 3-4c 所示。由此可见，向单相异步电动机定子绕组通入单相交流电后，产生的磁场大小及方向在不断地变化，但磁场的轴线（图中纵轴）却固定不变，这种磁场称为脉动磁场。

由于磁场只是脉动而不旋转，因此单相异步电动机的转子如果静止不动，则在脉动磁场的作用下，转子导体因与磁场之间没有相对运动，不产生感应电势和电流，也就不存在电磁力的作用，因此转子仍然静止不动，即单相异步电动机没有起动转矩，不能自行起动。

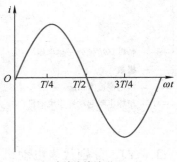
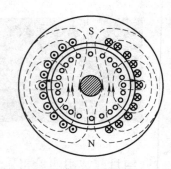

a) 交流电流波形　　　　　b) 电流正半周产生的磁场　　　　　c) 电流负半周产生的磁场

图 3-4　单相脉动磁场的产生

这是单相异步电动机的一个主要缺点。如果用外力拨动一下电动机的转子，则转子导体切割定子脉动磁场，从而有电动势和电流产生，并将在磁场中受到力的作用，与三相异步电动机转动原理一样，转子将顺着拨动的方向转动起来。因此，要使单相异步电动机具有实际使用价值，就必须解决电动机的起动问题。

（2）两相绕组的旋转磁场

如图 3-5a 所示，在单相异步电动机定子上放置在空间相差 90° 的两相定子绕组 U1U2 和 Z1Z2，向这两相定子绕组中通入在时间上相差约 90° 电角度的两相交流电流 i_Z 和 i_U，用与图 2-4 中分析旋转磁场产生的方法进行分析，可知此时产生的也是旋转磁场，如图 3-5b 所示。由此可以得出结论：向在空间相差 90° 的两相定子绕组中通入在时间上相差一定角度的两相交流电，则其合成磁场也是沿定子和转子空气隙旋转的旋转磁场。

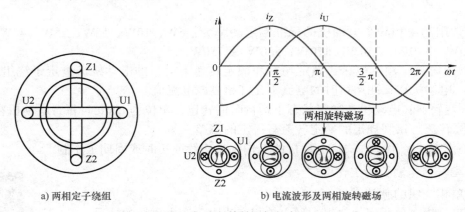

a) 两相定子绕组　　　　　b) 电流波形及两相旋转磁场

图 3-5　两相旋转磁场的产生

由上述分析可知：要解决单相异步电动机的起动问题，实质上是解决气隙中旋转磁场的产生问题。根据起动方法的不同，单相异步电动机一般可分为电容分相式、电阻分相式和罩极式，任务二将分别进行学习。

四、任务实施

按任务单分组完成以下任务：

1）单相异步电动机的拆装。

2）单相异步电动机铭牌的解读。

五、任务单

任务一　认识单相异步电动机的结构及作用	组别：	教师签字
班级：　　　　学号：	姓名：	
日期：		

任务要求：

1）按照所学知识，完成单相异步电动机的拆装。

2）在教师的指导下，完成单相异步电动机铭牌的解读。

仪器、工具清单：

小组分工：

任务内容：

1. 单相异步电动机的拆装

1）打开计算机中的电工技能与实训软件，选择单相异步电动机，单击单相异步电动机的结构，观察单相异步电动机的拆装顺序。

2）单击虚拟操作界面，如图 3-6 所示，按照转子→定子→前端盖→螺钉的顺序进行安装操作。

2. 解读单相异步电动机的铭牌

对图 3-7 和图 3-8 所示两个单相异步电动机铭牌分别进行解读，并记录解读结果。

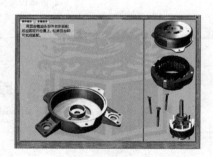

图 3-6　单相异步电动机虚拟操作界面

图 3-7　单相异步电动机铭牌实例（一）

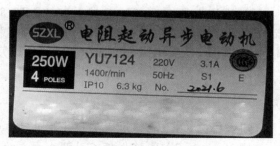

图 3-8　单相异步电动机铭牌实例（二）

六、任务考核与评价

任务一	认识单相异步电动机的作用及结构		日期：		教师签字
姓名：		班级：		学号：	

评分细则

序号	评分项	得分条件	配分	小组评价	教师评价
1	学习态度	1. 遵守规章制度，遵守课堂纪律 2. 积极主动，具有创新意识	10		
2	安全规范	1. 能进行设备和工具的安全检查 2. 能规范使用实验设备 3. 具有安全操作意识	10		
3	专业技术能力	1. 能在规定的时间内完成单相异步电动机的虚拟拆装操作，并能够说出安装步骤 2. 能够正确认识单相异步电动机铭牌信息的物理含义	50		
4	数据读取、处理能力	1. 能正确解读单相异步电动机铭牌信息并记录 2. 能独立思考，分析单相异步电动机铭牌解读中遇到的问题	15		
5	报告撰写能力	1. 能独立完成任务单的填写 2. 能按照铭牌信息完整描述单相异步电动机特点 3. 无抄袭 4. 能体现较强的问题分析能力	15		
		总分	100		

任务二　单相异步电动机的运行控制

姓名：　　　　班级：　　　　日期：　　　　参考课时：2 课时

一、任务描述

　　某维修电器店最近接受某大厦的电器维修任务，主要对电风扇、洗衣机等进行维修，除了了解单相异步电动机的工作原理，还要求维修人员熟悉电风扇、洗衣机的控制。因此本任务主要要求掌握电风扇的调速控制方法以及洗衣机的正反转控制。

二、任务目标

※ **知识目标**　1）能够说出单相异步电动机的调速方法。

　　　　　　　2）能够分析不同调速方法的优缺点。

　　　　　　　3）能够说出单相异步电动机调速电路的接线要点。

※ **能力目标**　1）能够对单相异步电动机的接线端进行判别。

　　　　　　　2）能够根据理论设计洗衣机的正反转电路。

※ **素质目标**　1）树立安全第一的工作意识，将安全理念深植心中。

　　　　　　　2）培养遵守规范的实验习惯，保证项目实施的正确性。

　　　　　　　3）培养灵活创新、坚持不懈、精益求精的工匠精神。

单相异步电
动机的分类

三、知识准备

〔一〕引导问题：电容分相单相异步电动机工作原理是什么？它能分成几类？

1. 工作原理

电容分相单相异步电动机原理如图 3-9 所示。在电动机定子铁心上嵌放有两套绕组，即工作绕组 U1U2（又称主绕组）和起动绕组 Z1Z2（又称副绕组）。它们的结构相同或基本相同，它们在空间的布置位置互差 90° 电角度。在起动绕组中串入电容 C 后再与工作绕组并联接在单相交流电源上，适当选择 C 的电容量，使流过工作绕组中的电流 I_U 与流过起动绕组中的电流 I_Z 在时间上相差约 90° 电角度，就满足了图 3-5 旋转磁场产生的条件，在定子转

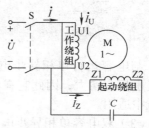

图 3-9　电容分相单相异步电动机原理

子及气隙间产生一个旋转磁场。单相异步电动机的笼型结构转子在该旋转磁场的作用下获得起动转矩而旋转。

2. 分类

电容分相单相异步电动机可根据起动绕组是否参与正常运行而分成 3 类，即电容运行单相异步电动机、电容起动单相异步电动机和双电容单相异步电动机。

（1）电容运行单相异步电动机

电容运行单相异步电动机是指起动绕组及电容始终参与工作的电动机，其电路如图 3-9 所示。

电容运行单相异步电动机结构简单、维护方便，只要任意改变起动绕组（或工作绕组）首端和末端与电源的接线，即可改变旋转磁场的转向，从而实现电动机反转。电容运行单相异步电动机常用于吊扇、台扇、电冰箱、洗衣机、空调、通风机、录音机、复印机、电子仪表仪器及医疗器械等各种空载或轻载起动的机械，其结构如图 3-1 和图 3-2 所示。

电容运行单相异步电动机是应用最普遍的单相异步电动机。

（2）电容起动单相异步电动机

这类电动机的起动绕组和电容只在电动机起动时起作用，当电动机起动即将结束时，将起动绕组和电容从电路中切除。

【特别提示】　起动绕组的切除可以通过在电路中串联离心开关 S 来实现，图 3-10 所示为电容起动单相异步电动机原理，而图 3-11 所示为离心开关结构示意图。该离心开关由旋转部分和静止部分组成，旋转部分安装于电动机转轴上，与电动机一起旋转。而静止部分安装在端盖或机座上，由两个相互绝缘的半圆形铜环（与机座及端盖也绝缘）组成，其中一个半圆环接电源，另一个半圆环接起动绕组。电动机静止时，安装在旋转部分上的 3 个指形铜

触片在拉力弹簧的作用下，分别压在两个半圆形铜环的侧面，由于 3 个指形铜触片本身是连通的，就使起动绕组与电源接通，电动机开始起动。当电动机转速达到一定数值后，安装于旋转部分的指形铜触片由于离心力的作用而向外张开，使铜触片与半圆形铜环分离，即将起动绕组从电源上切除，电动机起动结束，投入正常运行。

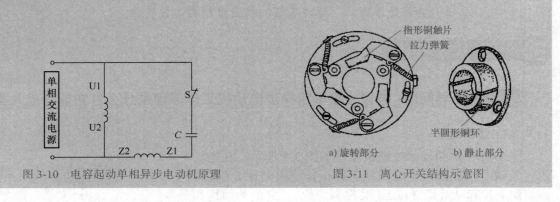

图 3-10 电容起动单相异步电动机原理   图 3-11 离心开关结构示意图

与电容运行单相异步电动机相比较，电容起动单相异步电动机的起动转矩较大，起动电流也相应增大，因此它在小型空气压缩机、电冰箱、磨粉机、医疗机械、水泵等满载起动机械中适用。

（3）双电容单相异步电动机

为了综合电容运行单相异步电动机和电容起动单相异步电动机各自的优点，后来又出现了一种电容起动电容运行单相异步电动机，简称双电容单相异步电动机，即在起动绕组上接有两个电容 C_1 及 C_2，如图 3-12 所示，其中电容 C_1 仅在起动时接入，电容 C_2 则在全过程中接入。这类电动机主要用于要求起动转矩大、功率因数较高的设备，如电冰箱、空调、水泵、小型机车等。

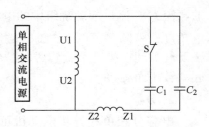

图 3-12 双电容单相异步电动机原理

（二）引导问题：电阻分相单相异步电动机工作原理是什么？

将图 3-10 中的电容 C 换成电阻 R，就构成电阻分相单相异步电动机，如图 3-13 所示。电阻分相单相异步电动机的定子铁心上嵌放两套绕组，即工作绕组 U1U2 和起动绕组 Z1Z2。在电动机运行过程中，工作绕组一直接在电路中。一般工作绕组占定子总槽数的 2/3，起动绕组占定子总槽数的 1/3。起动绕组只在起动过程中接入电路，待电动机转速达到额定转速的 70% ~ 80% 时，离心开关 S 将起动绕组从电源上断开，电动机进入正常运行。为了增加起动时流过工作绕组和起动绕组之间电流的相位差（希望为 90° 电角度），通常可在起动绕组回路中串联电阻 R 或增加起动绕组本身的电阻（起动绕组用细导线绕制）。由于起动绕组导线细，所以流过起动绕组导线的电流比工作绕组中的电流大，因此起动绕组只能短时工作，起动完毕必须立即从电源上切除，如果长时间仍未切断，就有可能被烧损，导致整台电动机损坏。

电阻分相单相异步电动机具有构造简单、价格低廉、使用方便等优点，主要用于小型机床、鼓风机、电冰箱压缩机、医疗器械等设备。

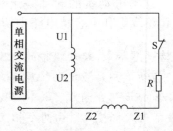

图 3-13 电阻分相单相异步电动机原理

〔三〕 引导问题：单相罩极电动机的工作原理是什么？有什么特点？

单相罩极电动机是结构最简单的一种单相异步电动机，它的定子铁心部分通常由0.5mm厚的硅钢片叠压而成，按磁极形式的不同可分为凸极式和隐极式两种。其中凸极式结构最为常见，凸极式按励磁绕组布置的位置不同又可分为集中励磁和单独励磁两种。由于励磁绕组均放置在定子铁心内，所以也称为定子绕组。图3-14a所示为集中励磁罩极电动机结构，其励磁绕组只有一个，因此集中励磁罩极电动机均为两极电机。图3-14b所示为单独励磁罩极电动机结构。

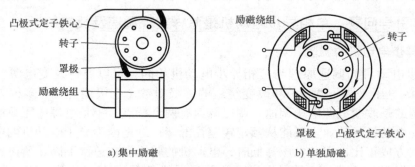

a) 集中励磁　　　　　　　　　b) 单独励磁

图3-14　凸极式单相罩极电动机结构

在单相罩极电动机每个磁极面的1/4～1/3处开有小槽，在小槽的部分极面套有铜制的短路环，就好像把这部分磁极罩起来，所以称其为罩极电动机。励磁绕组用具有绝缘层的铜线绕成，套装在磁极上，转子则采用笼型结构。

给单相罩极电动机励磁绕组通入单相交流电时，在励磁绕组与短路铜环的共同作用下，磁极之间形成一个连续移动的磁场，类似旋转磁场，从而使笼型转子受力而旋转。旋转磁场的形成可用图3-15来说明。

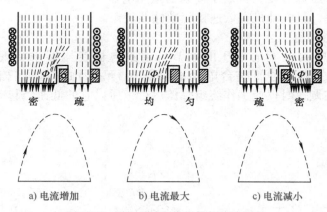

a) 电流增加　　　　b) 电流最大　　　　c) 电流减小

图3-15　罩极电动机中磁场的移动原理

1）当流过励磁绕组中的电流由零开始增大时，由电流产生的磁通也随之增大，但在被铜环罩住的一部分磁极中，根据楞次定律，变化的磁通将在铜环中产生感应电动势和电流，力图阻止原磁通的增加，从而使被罩磁极中的磁通较疏，未罩磁极中的磁通较密，如图3-15a所示。

2）当电流达到最大值时，电流的变化率近似为零，这时铜环中基本上没有感应电流产生，因而磁极中的磁通均匀分布，如图3-15b所示。

3）当励磁绕组中的电流由最大值下降时，铜环中又有感应电流产生，以阻止被罩部分磁极中磁通的减小，因而此时被罩部分的磁通分布较密，而未罩部分的磁通分布较疏，如图 3-15c 所示。

4）综上分析可以看出单相罩极电动机磁极的磁通分布在空间是移动的，由磁极的未罩部分向被罩部分移动，使笼型结构的转子获得起动转矩而旋转。

5）单相罩极电动机的主要优点是结构简单、制造方便、成本低、运行噪声小、维护方便，缺点是起动性能及运行性能较差，效率和功率因数都较低，主要用于小功率空载起动的场合，如在台扇、仪用电风扇、换气扇、录音机、电动工具及办公自动化设备上采用。

（四）引导问题：单相异步电动机是怎样实现调速及反转的？

1. 单相异步电动机的调速

单相异步电动机的调速原理与三相异步电动机相同，可以通过改变电源频率（变频调速）、改变电源电压（调压调速）和改变绕组的磁极对数（变极调速）等多种方法实现，目前使用最普遍的是改变电源电压调速。调压调速有两个特点，一是电源电压只能从额定电压往下调，因此电动机的转速也只能从额定转速往低调；二是因为异步电动机的电磁转矩与电源电压的二次方成正比，因此电压降低时，电动机的转矩和转速都下降，所以这种调速方法只适用于转矩随转速下降而下降的负载（称为通风机负载），如电风扇、鼓风机等。常用的调压调速又分为串电抗器调速、自耦变压器调速、串电容调速、绕组抽头法调速、晶闸管调速、PTC 元件调速等，下面分别予以介绍。

（1）串电抗器调速

电抗器为一个带抽头的铁心电感线圈，串联在单相电动机电路中起降压作用，通过调节抽头使电压降不同，从而使电动机获得不同的转速，如图 3-16 所示。当开关 S 在 1 档时电动机转速最高，在 5 档时转速最低。开关 S 有旋钮开关和琴键开关两种，这种调速方法接线方便、结构简单、维修方便，常用于简易的家用电器（如台扇、吊扇）中。缺点是电抗器本身消耗一定的功率，且电动机在低速档起动性能较差。

（2）自耦变压器调速

加在单相异步电动机上的电压的调节可通过自耦变压器来实现，如图 3-17 所示。图 3-17a 所示电路在调速时使整台电动机降压运行，因此在低速档时起动性能较差。图 3-17b 所示电路在调速时仅使工作绕组降压运行，所以它的低速档起动性能较好，但接线较复杂。

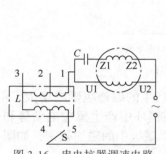

图 3-16　串电抗器调速电路

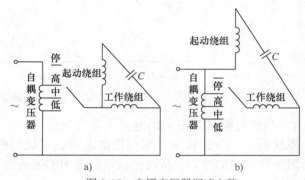

图 3-17　自耦变压器调速电路

（3）串电容调速

将不同容量的电容器串入单相异步电动机电路中，也可调节电动机的转速，由于电容器容抗与电容量成反比，故电容量越大，容抗就越小，相应的电压降也小，电动机转速就越高；反之，电容量越小，容抗越大，电动机转速就越低。图3-18所示为具有3档速度的串电容调速电路，图中电阻R_1及R_2为泄放电阻，在断电时将电容器中的电能泄放。

由于电容器具有两端电压不能突变这一特点，因此在电动机起动瞬间，调速电容器两端电压为零，即电动机上的电压为电源电压，因此电动机起动性能好。正常运行时电容器上无功率损耗，所以效率较高。

（4）绕组抽头法调速

这种调速方法是在单相异步电动机定子铁心上再嵌放一个调速绕组（又称中间绕组），它与工作绕组及起动绕组连接后引出几个抽头，如图3-19所示。中间绕组起调节电动机转速的作用，从而省去了调速电抗器铁心，降低了产品成本，减少了电抗器上的能耗，其缺点是使电动机嵌线比较困难，引出线头较多，接线也较复杂。

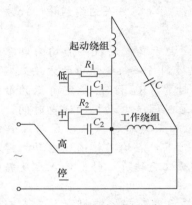

图3-18 串电容调速电路

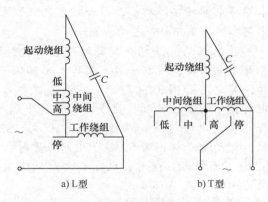

a）L型　　b）T型

图3-19 电容电动机的绕组抽头法调速电路

用于电容电动机上的绕组抽头调速方法主要可分成L型和T型两类，分别如图3-19a及b所示。其中L型接法调速时在低速档中间绕组只与工作绕组串联，起动绕组直接加电源电压，因此低速档时起动性能较好，目前使用较多。T型接法低速档起动性能较差，且流过中间绕组的电流较大。

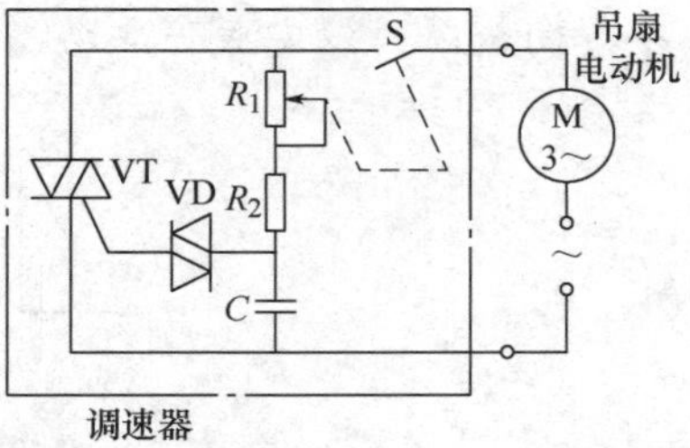

（5）晶闸管调速

前面介绍的各种调速电路都是有级调速，目前采用晶闸管调压的无级调速已越来越多，如图3-20所示。整个电路只用了双向晶闸管、双向二极管、带电源开关的电位器、电阻和电容5个元件，电路结构简单，调速效果好。

图3-20 吊扇晶闸管调速电路

（6）PTC元件调速

在需要有微风档的电风扇中，常采用PTC元件调速电路。所谓微风，是指电风扇转速在500r/min以下送出的风，如果采用一般的调速方法，电风扇电动机在这样低的转速下往往难以起动，较为简单的方法就是利用PTC元件的特性来解决这一问题。图3-21所示为PTC元件的工作特性曲线，当温度t较低时，PTC元件本身的电阻值很小，当高于一定温度后（图中A点以上，A点温度称居里温度）呈高阻状态，这种特性正好满足微风档的调速要求。图3-22所示为电风扇微风档的PTC元件调速电路，在电风扇起动过程中，电流流过PTC元件，电流的热效应使PTC元件温度逐步升高，当达到居里温度时，PTC元件的电阻值迅速增大，使电风扇电动机上的电压迅速下降，进入微风档运行。

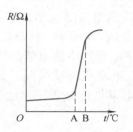

图 3-21 PTC 元件的工作特性曲线

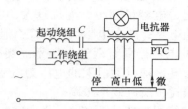

图 3-22 电风扇微风档的 PTC 元件调速电路

2. 单相异步电动机的反转

【特别提示】 单相异步电动机的转向与旋转磁场的转向相同，因此要使单相异步电动机反转就必须改变旋转磁场的转向，其方法有两种：一种是把工作绕组（或起动绕组）的首端和末端与电源的接线对调，另一种是把电容器从一组绕组改接到另一组绕组中（此法只适用于电容运行单相异步电动机）。

洗衣机的洗涤桶在工作时经常需改变旋转方向，由于其电动机一般均为电容运行单相异步电动机，所以一般采用将电容器从一组绕组改接到另一组绕组中的方法来实现正反转，其电路如图 3-23 所示。实线方框内为机械式定时器，S1 和 S2 是定时器的触点，由定时器中的凸轮控制接通或断开，其中触点 S1 的接通时间是电动机的通电时间，即洗涤与漂洗的定时时间。在该时间内，触点 S2 与上面的触点接通时，电容 C 与工作绕组串联，电动机正转；当 S2 位于中间位置时，与上触点、下触点均不接通，电动机停转；当 S2 与下面触点接通时，电容 C 与起动绕组串联，电动机反转。正转、停止、反转的时间约为 30s、5s、30s。

洗衣机的选择按键用来选择洗涤方式，一般有标准洗和强洗两种方式。上面叙述的内容属于标准洗方式。需强洗时，按下强洗键（此时标准键自动断开），电动机始终朝一个方向旋转，以完成强洗功能。

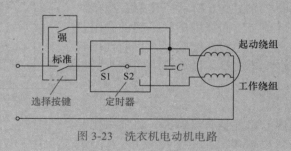

图 3-23 洗衣机电动机电路

（五）引导问题：单相异步电动机有哪些常见故障？如何排除？

由于电网的供电质量、使用不当等原因，单相电动机故障主要表现为电动机严重发热、转动无力、起动困难、烧坏熔丝等。单相电容起动异步电动机常见故障及原因主要有：

1. 电源正常，通电后电动机不能起动

①电动机引线断路；②工作绕组或起动绕组开路；③离心开关触点无法闭合；④电容器开路；⑤负载过重或传动机构被卡住；⑥轴承卡住、转子与定子碰擦；⑦电源电压过低。

2. 空载能起动或借助外力能起动，但起动慢且转向不定

①起动绕组开路；②离心开关触点接触不良；③起动电容开路或损坏。

3. 电动机起动后很快发热甚至烧毁绕组

①工作绕组匝间短路或接地；②工作、起动绕组之间短路；③起动后离心开关触点断不开；④工作、起动绕组相互接错；⑤定子与转子摩擦。

4. 电动机转速低，运转无力

①工作绕组匝间轻微短路；②运转电容开路或电容量降低；③轴承太紧；④电源电压低。

5. 烧坏熔丝

①绕组严重短路或接地；②引出线接地或相碰；③电容击穿短路。

6. 电动机运转时噪声太大

①绕组漏电；②离心开关损坏；③轴承损坏或间隙太大；④电动机内进入异物；⑤定子、转子相擦；⑥轴承损坏或润滑不良；⑦电动机两相运行；⑧风扇叶碰机壳等。

7. 电动机振动

①转子不平衡；②带轮不平稳或轴弯曲；③电动机与负载轴线不对；④电动机安装不良；⑤负载突然过重。

8. 电动机外壳带电

①接地不良或接地电阻太大；②绕组受潮；③绝缘有损坏，有脏物或引出线碰壳。

（六）拓展阅读　三相电动机改装成单相电动机的简单方法

由于三相异步电动机制造简单、价格便宜、规格齐全，已成为工农业生产中的主要动力，但必须采用三相供电系统，而许多农副产品加工机械需用单相电源来驱动，尤其在农村乡镇、偏远山区等缺乏三相电源的地方无法使用。单相供电系统虽敷设方便，但单相电动机造价高、功率因数低，且目前国内生产的单相电动机规格不多，容量一般在1kW以下。若将三相异步电动机改接成单相电源供电方式，将给缺乏三相电源的农村乡镇带来很大的方便，而且由三相异步电动机改接而成的单相电动机比普通单相电动机具有较好的起动特性、运行特性和较高的功率因数，因此三相异步电动机的单相运行具有一定的实用价值。

将三相异步电动机改接成单相电动机后，由于单相电动机没有起动转矩，接通电源后不能自行起动，因此需要在一相绕组中串接电容器来起动，其接线如图3-24所示，将其中两相绕组反向串联与另一串入电容器的绕组并联后接至同一单相电源。图3-24b所示为从电动机出线盒引出的实际接线图。

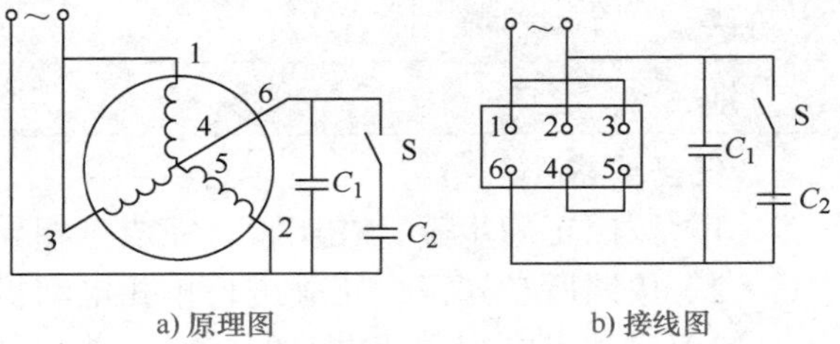

a) 原理图　　b) 接线图

图 3-24　三相异步电动机改单相电动机接线

不同容量的电动机需要配置不同的电容值，且起动和运行时也需要不同的电容值。电容器的电容量必须选择适当。电容量小，转矩小；电容量大，虽有较大的起动转矩，但绕组电流增加，容易发热。

图3-24中采用两个电容并联，C_1 为工作电容，C_2 为起动电容，起动后当转子转速接近额定转速时，利用离心开关 S 切除起动电容 C_2。通常工作电容可按下式来估算：

$$C_1 = \frac{1950 I_N}{U_N \cos\varphi}$$

式中，I_N、U_N、$\cos\varphi$ 为电动机铭牌上的额定值（前两者单位分别为 A、V）；C_1 为工作电容（μF）。

一般三相异步电动机的额定电压为 380V，改接成单相运行后电源电压为 220V，因而电动机起动转矩较小。为增大起动转矩，可在工作电容 C_1 上再并联一个起动电容 C_2。一般在电动机容量 0.6kW 以下时可以不接 C_2，而把工作电容 C_1 适当加大，按电动机功率每增加 0.1kW 增大约 6.5μF。在电动机容量大于 0.6kW 时，C_2 可根据起动时负载的大小按 $C_2 = (1 \sim 4) C_1$ 来选择。

三相异步电动机改接成单相运行后具有以下特点：

1）改装成单相电容电动机后有较好的起动特性和运行特性，由于接有电容器 C_1 运行，功率因数较高。

2）电动机的输出功率一般只有原动机的 60% ～ 70%，因此应注意改接后电动机所承担的负载大小。

3）由于单相电源的容量一般较小，主要适用于小容量电动机，使用时必须注意供电系统的容量。

4）若需要改变电动机的运行方向，只需调换串接电容一相绕组的两个接线端，即图 3-24 中的 3、6 端。

四、任务实施

按任务单分组完成以下任务：
1）单相异步电动机的运行接线。
2）单相异步电动机调速电路接线。
3）洗衣机正反转调速控制。

五、任务单

任务二　单相异步电动机的运行控制		组别：	教师签字
班级：	学号：	姓名：	
日期：			

任务要求：

1）按照正确步骤，在实验台完成三相异步电动机用单相电源驱动的任务。

2）按照所学知识，正确进行单相电动机的接线，使其能正确运行。

3）完成串电容调速电路的接线，并记录电容、电阻与转速的关系。

4）讨论 T 型调速电路的接线端判别方法，并记录。

5）分组完成洗衣机正反转电路的设计，并在实验台完成电路的搭建。

仪器、工具清单：

小组分工：

任务内容:

1. 单相异步电动机的运行接线

1）将三相异步电动机改造成能够用单相电源驱动，设计三相异步电动机的接线方式，并绘制其接线图，在实验台验证。

2）按照图 3-25 完成单相异步电动机的接线，使其能正常运行。

2. 单相异步电动机调速电路接线

1）按图 3-26 进行串电容调速电路的接线，选择不同电容值，记录对应的电动机转速于表 3-1。

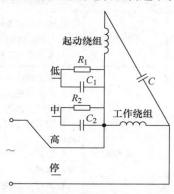

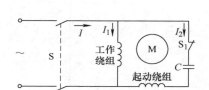

图 3-25　单相异步电动机的起动接线

图 3-26　单相异步电动机串电容调速

表 3-1　串电容调速记录表

电容值		
转速		

2）分析串电容调速时电动机的机械特性变化，并绘制机械特性曲线。

3）T 型绕组抽头法接线台扇电动机接线端判别

若台扇电动机采用 T 型绕组抽头法调速，其内部不可见，只能对其外露的 1 ～ 5 五个接线端进行测量及测试，如图 3-27 所示，请设计测量及测试步骤。

3. 洗衣机正反转电路的设计

设计洗衣机电路，具有以下功能:

1）正反转洗衣。

2）强洗档脱水。

3）在洗衣功能下，具有轻柔洗和正常洗两种功能。

请画出洗衣机电路的主电路图，并在实验台进行接线验证。

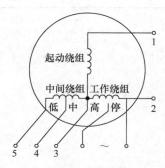

图 3-27　T 型绕组抽头法调速

六、任务考核与评价

任务二 单相异步电动机的运行控制		日期：		教师签字	
姓名：	班级：	学号：			

评分细则

序号	评分项	得分条件	配分	小组评价	教师评价
1	学习态度	1. 遵守规章制度 2. 积极主动，具有创新意识	10		
2	安全规范	1. 能进行设备和工具的安全检查 2. 能规范使用实验设备 3. 具有安全操作意识	10		
3	专业技术能力	1. 能正确连接电路 2. 能正确完成三相异步电动机单相电源运行的改造 3. 能正确完成单相异步电动机的起动运行 4. 能正确完成串电容调速电路的连接及调速 5. 能对 T 型绕组抽头法台扇调速电动机的接线端判别 6. 能正确完成洗衣机电路的设计及实施	50		
4	数据读取、处理能力	1. 能正确记录接线端判别方法 2. 能正确记录调速过程参数 3. 能独立思考，完成单相异步电动机的机械特性分析	15		
5	报告撰写能力	1. 能独立完成任务单的填写 2. 字迹清晰、文字通顺 3. 无抄袭 4. 能体现较强的问题分析能力	15		
	总分		100		

项目四

同步电机的应用

同步电机分为同步发电机和同步电动机，我国电力系统一般采用同步发电机发电，向外输出电能。与异步电动机不同，同步电机有可逆性，即接通三相电源时同步电机便成为电动机，这时是电动机运行状态，若通过原动机（水轮机、汽轮机）拖动转子，同步电机可发出三相交流电，这时是发电机运行状态。

三峡水电站是世界上规模最大的水电站，也是中国有史以来建设的最大型工程项目之一。2002 年 11 月 7 日，世界上最大的水轮发电机组转子在三峡工地成功吊装，标志着三峡首台机组大件安装基本完成，从此进入总装阶段。三峡水电站最后一台水电机组于 2012 年 7 月 4 日投产，这意味着装机容量达到 2250 万 kW 的三峡水电站全面建成投产。2018 年 12 月 21 日，三峡工程在充分发挥防洪、航运、水资源利用等巨大综合效益前提下，三峡水电站累计生产 1000 亿 kW·h 绿色电能。

引言图　三峡水电站

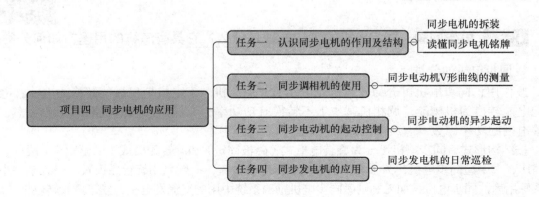

项目概述 >>

本项目学习同步电机的工作原理、应用、控制等内容，主要认识同步电机的作用及结构，能够读懂同步电机的铭牌，熟悉同步电机的工作原理及控制方法，并熟悉作为发电机的同步电机的日常巡检。

任务一 认识同步电机的作用及结构

姓名：　　　　　班级：　　　　　日期：　　　　　参考课时：2 课时

一、任务描述

某楼房开发商为了降低电梯在运行中的噪声振动，减小电梯曳引机的体积，采购了直接驱动永磁同步曳引机作为楼房电梯驱动。在电梯安装中，相关员工需要掌握同步电机的结构，完成电机的拆装，读懂电机的铭牌。

二、任务目标

※ **知识目标**　1）能够复述同步电机的工作原理。
　　　　　　　　2）能够复述同步电机的结构。
　　　　　　　　3）能够说出同步电机与异步电机的区别。

※ **能力目标**　1）能够规范使用设备，进行设备安全检查。
　　　　　　　　2）能够正确完成同步电机的拆装。
　　　　　　　　3）能够读懂同步电机的铭牌。
　　　　　　　　4）能独立完成实验报告的撰写。

※ **素质目标**　1）培养理论联系实践的思维习惯。
　　　　　　　　2）培养遵守规则、安全第一的工作习惯。
　　　　　　　　3）培养灵活创新、精益求精的工作态度。

同步电机的
工作原理、
用途及分类

三、知识准备

（一）引导问题：同步电机的工作原理是什么？它具有怎样的用途？如何分类？

1. 同步电机的分类

按作用，同步电机可分为发电机、电动机、调相机。发电机把机械能转换为电能；电动机把电能转换为机械能；调相机基本上不转换有功功率，专门用来调节电网的无功功率，以改善电网的功率因数。

按结构形式，同步电机可分为旋转电枢式（磁极固定）和旋转磁极式（电枢固定）两种。对于高压、大中型同步电机，为了易于引出或引入电枢电流，一般采用旋转磁极式。只有某些小型或特殊用途的同步电机，如无刷励磁同步电机励磁系统中用的交流发电机，才采用旋转电枢式。

旋转磁极式同步电机按照转子形状又可分为隐极式和凸极式。隐极式转子是圆柱形，励磁绕组为分布绕组，转子除小型电机用叠片式结构外，一般为整体式，气隙均匀，常用于高速同步电机。凸极式转子有显露的磁极，励磁绕组为集中绕组，转子的磁轭和磁极一般不是整体的，气隙也不均匀，极弧底下气隙较小，极间部分气隙较大，常用于低速同步电机。

按照励磁方式，同步电机可分为励磁式和永磁式。励磁式同步电机根据励磁电源的不同，可分为直流励磁与交流励磁两种，而根据励磁电源的来源不同，又可分为自励式与他励式。对于微型同步电机，由于功率较小，其转子可以不用励磁，即为反应式结构，按照转子材料的磁化性质，可分为反应式和磁滞式。

按原动机类别，同步发电机可分为汽轮发电机、水轮发电机、柴油发电机、燃汽轮发电机和风力发电机等。汽轮发电机由于转速高，转子各部分受到的离心力很大、机械强度要求高，故一般采用隐极式；水轮发电机转速低、极数多，所以采用结构和制造比较简单的凸极式。同步电动机、柴油发电机和调相机一般也做成凸极式。

除此之外，同步电机还可以按照定子绕组相数分为三相和单相，按通风方式分为开启式、防护式、封闭式。

2. 同步电机的工作原理

三相同步电动机的定子和三相异步电动机的定子结构是相同的，在定子铁心中装有对称三相交流绕组。转子也称为磁极，有凸极式和隐极式两种结构形式，隐极式用于高速（$n > 1500 \text{r/min}$）场合，而凸极式用于低速场合。同步电动机通常做成凸极式，在转子铁心中绕有励磁绕组，通过电刷、集电环引入直流电。凸极式同步电动机基本结构如图 4-1 所示。

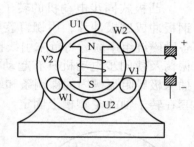

图 4-1　凸极式同步电动机基本结构

在同步电动机三相定子绕组内通入对称三相交流电时，对称的三相绕组中产生一个旋转磁场，当转子的励磁绕组已加上励磁电流时，转子就像一个"磁铁"，旋转磁场带动这个"磁铁"按旋转磁场转速旋转，这时转子转速 n 等于旋转磁场的同步转速 n_1，即

$$n = n_1 = \frac{60 f_1}{p} \tag{4-1}$$

以上是同步电动机的基本工作原理。由于同步电动机转子的转矩是旋转磁场与转子磁场不同极性间的吸引力所产生的，所以转子的转速始终等于旋转磁场转速，不因负载改变而改变。

同步电机是可逆的，当用原动机拖动已经励磁的转子旋转时，转子的磁场切割对称三相定子绕组，产生三相电动势，这就是同步发电机工作原理。当原动机的转速为 n_1 时，三相电动势的频率 $f_1 = p n_1 / 60$。

3. 同步电机的用途

同步发电机广泛用于水力发电、火力发电及核能发电等。

同步电动机的功率因数可以调节，在运行中可以改善电网功率因数。同时，它还具有效率高、过载能力大及运行稳定的优点，一些大功率生产机械，如矿山、矿井的送风机、水泵、煤粉燃料炉用的球磨机以及大型的空气压缩机，其功率达数百千瓦甚至数兆瓦，同时又没有调速要求，采用同步电动机更为恰当。

此外，同步电动机还可以作同步调相机运行，即电机转轴不带任何机械负载，只从电网吸收电容性无功功率。因电网大部分是电感性负载，接入同步调相机可以提高电网的功率因数，增加发电厂发电机的出力。

【二】 引导问题：同步电机具有怎样的结构？其铭牌如何解读？

同步电机的
结构和铭牌

1. 同步电机的基本结构

同步电机的结构与异步电动机相仿，主要由定子和转子两大部分组成，在定子与转子之间存在气隙，但气隙比异步电动机宽。

（1）定子（电枢）

定子由定子铁心、定子绕组、机座、端盖、挡风装置等部件组成。铁心由厚 0.5mm 彼此绝缘的硅钢片叠成，整个铁心固定在机座内，铁心的内圆槽内放置三相对称绕组即定子绕组。

对于大型同步电动机（如蓄能电站的同步电动机），由于定子直径太大，运输不方便，通常分成几瓣制造，再运到电站拼装成一个整体。

（2）转子

转子有隐极式和凸极式两种，图 4-2 所示为励磁式同步电动机结构示意图。

凸极式同步电动机的转子主要由磁极、励磁绕组和转轴组成，磁极由厚 1 ～ 1.5mm 的钢板冲成磁极冲片，用铆钉装成一体，磁极上套装励磁绕组，励磁绕组多数由扁铜线绕成，各励磁绕组串联后将首末引线接到集电环上，通过电刷装置与励磁电源相接。为了抑制小值振荡及使同步电动机具有起动能力，磁极上还装有起动绕组（或称阻尼绕组），起动绕组用插入极靴阻尼槽内的裸铜条和端部环焊接而成，如图 4-3 所示。凸极式磁极铁心的 T 尾结构套在转子轴的 T 型槽上固定。

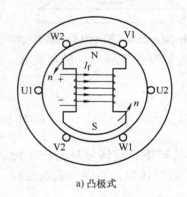
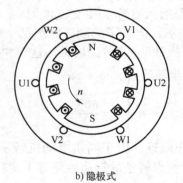

a) 凸极式　　　　　　　　　　　b) 隐极式

图 4-2　励磁式同步电动机结构示意图

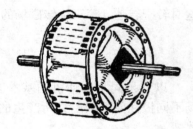

图 4-3　凸极式同步电动机转子外形

凸极式同步电动机分为卧式和立式结构，低速大容量的同步电动机多数采用立式，如大容量的蓄能电站及大型水泵用的同步电动机。此外，绝大多数的凸极式同步电动机采用卧式结构。

凸极式同步电动机的定子和转子之间存在气隙，气隙不均匀，极弧底下气隙较小，极间部分气隙较大，使气隙中的磁力线沿定子圆周按正弦分布，转子（磁极）转动时，在定子绕组中便可获得正弦电动势。

隐极式同步电动机转子做成圆柱形，气隙是均匀的，它没有显露出来的磁极，但在转子本体圆周上几乎有 1/3 是没有槽的，构成"大齿"，励磁磁通主要由此通过，相当于磁极，其余部分是"小齿"，在小齿之间的槽里放置励磁绕组。目前，汽轮发电机大都采用这种结构形式。

转子铁心既是电机磁路的主要部件，又由于高速旋转产生巨大的离心力而承受着很大的机械应力，因而隐极式同步电动机一般用整块高机械强度和很好导磁性能的合金钢锻成，与转轴锻成一个整体。

2.同步电机的铭牌

1）额定容量 S_N（kV·A）或额定功率 P_N（kW）指电机输出功率的保证值。对同步发电机来说，通过额定容量 S_N 可确定额定电流，通过额定功率 P_N 可确定与之配套的原动机（水轮机，汽轮机等）的容量，同时表示发电机输出的电功率。对同步电动机来说，额定功率用 P_N（kW）表示，是指轴上输出的机械功率 P_2，对同步调相机来说通常用 S_N（kV·A）表示它发出无功功率的允许值，即它在过励时的最大视在功率。

2）额定电压 U_N（V），电机在额定运行时定子的线电压。

3）额定电流 I_N（A），电机在额定运行时定子的线电流。

4）额定频率 f_N，我国为 50Hz。

5）额定转速 n_N（r/min）。

6）额定功率因数 $\cos\varphi_N$。

7）额定励磁电压 U_{fN} 和额定励磁电流 I_{fN}。

8）额定温升。

我国生产的汽轮发电机有 QFQ、QFN、QFS 等系列，QF 表示汽轮发电机，第三个字母表示冷却方式，Q 表示氢外冷，N 表示氢内冷，S 表示双水内冷。我国生产的大型水轮发电机为 SF 系列，S 表示水轮，F 表示发电机。举例来说：QFSN-600-2 表示容量为 600MW 的二极水氢内冷汽轮发电机，SFW2100-42/3500 表示卧式水轮发电机，功率为 2.1MW，极数为 42，定子铁心外径为 350cm。此外同步电动机系列有 T、TL、TD 等，T 表示同步电动机，后面的字母指出其主要用途，如 TD 表示多速同步电动机，TL 表示立式同步电动机。同步调相机为 TT 系列。

四、任务实施

按任务单分组完成以下任务：
1）同步电机的拆装。
2）读懂同步电机的铭牌。

五、任务单

任务一　认识同步电机的作用及结构		组别：	教师签字
班级：	学号：	姓名：	
日期：			

任务要求：

1）按照所学知识，完成同步电机的拆装及测量。

2）在教师的指导下，完成同步电机铭牌的解读。

3）记录实验过程中存在的问题，并进行合理分析，提出解决方法。

仪器、工具清单：

小组分工：

_____

任务内容：

1. 同步发电机的拆装及测量

1）对发电机的外表进行清洁，检查吊耳好坏。

2）将发电机的三相电压输出线 U、V、W 从接线桩头上拆下，做好记号，将励磁线 L1L2、S1S2（绕组抽头接至单相桥式整流，提供励磁电压）从桩头上拆下，做好记号，测量励磁绕组和定子绕组的绝缘，做好记录。

3）拆除发电机的地脚螺栓，将发电机与飞轮连接螺栓拆除，做好记号，将发电机移至机舱空旷处。

4）在发电机机座下垫上厚约 5cm 的木方。

5）用三角拉马将弹性连接法兰从发电机输入轴上拆下。

6）拆下发电机防护罩。

7）从电刷架上取出电刷，拆下电刷架。

8）拆下发电机的前后轴承盖及前后端盖螺栓。

9）用铜棒敲击前后端盖，将前后端盖从发电机上拆下，拆端盖时要注意不能碰伤突出在发电机铁心外面的定子绕组。

10）将转子从定子中取出，取出转子时，要在发电机定子、转子间垫以纸板，以防损伤铁心和绕组。有条件的情况，应用假轴（内径和轴颈差不多的钢管）将转子平稳取出。

11）转子取出后，应放置在硬木衬垫上，衬垫放在轴颈或转子的铁心下面，不得垫在集电环下面，以防集电环受压变形。转子取出后，集电环要用硬纸或棉布包扎起来，以防碰坏。

12）记录上述发电机拆卸的步骤，并按照相反的顺序进行发电机的安装。

13）发电机安装完成之后，用绝缘电阻表测量定子绕组、励磁绕组的绝缘性，用万用表检测三相绕组的对称性。

_____
_____

2. 解读同步电机的铭牌

对图 4-4 和图 4-5 中两个同步电机铭牌分别进行解读，并记录解读结果。

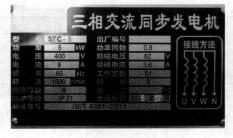

图 4-4　同步电机铭牌实例（一）

图 4-5　同步电机铭牌实例（二）

_____
_____
_____

六、任务考核与评价

任务一	认识同步电机的作用及结构		日期：		教师签字	
姓名：		班级：	学号：			

		评分细则				
序号	评分项	得分条件		配分	小组评价	教师评价
1	学习态度	1. 遵守规章制度，遵守课堂纪律 2. 积极主动，具有创新意识		10		
2	安全规范	1. 能进行设备和工具的安全检查 2. 能规范使用实验设备 3. 具有安全操作意识		10		
3	专业技术能力	1. 能在规定的时间内完成同步电机的拆装操作，并能够说出安装步骤 2. 能够正确认识同步电机铭牌信息的物理含义		50		
4	数据读取、处理能力	1. 能正确解读铭牌信息并记录 2. 能独立思考，分析电机铭牌解读中遇到的问题		15		
5	报告撰写能力	1. 能独立完成任务单的填写 2. 能按照铭牌信息完整描述电机特点 3. 无抄袭 4. 能体现较强的问题分析能力		15		
		总分		100		

任务二　同步调相机的使用

姓名：　　　　　班级：　　　　　日期：　　　　　参考课时：2 课时

一、任务描述

　　为了改善电网功率因数，维持电网电压水平，电网公司在枢纽变电站、换流站以及受端变电站等电站拟装设一大批 300MV·A 同步调相机，用于向电力系统提供或吸收无功功率。因此，需要相关员工掌握同步调相机的运行原理，能够对其运行时的 V 形曲线进行测量。

二、任务目标

※　**知识目标**　1）能够说出励磁电流的作用。

　　　　　　　　2）能够复述励磁电流与工作电流之间的关系。

　　　　　　　　3）能够画出同步调相机的 V 形曲线，并分析其成因。

※　**能力目标**　1）能够对同步调相机的 V 形曲线进行测量。

　　　　　　　　2）能够通过同步调相机进行电流相位的调节。

※ **素质目标**　1）培养理论联系实践的思维习惯。
　　　　　　　　2）培养遵守规则、安全第一的工作习惯。
　　　　　　　　3）培养灵活创新、精益求精的工作态度。

三、知识准备

（一） 引导问题：同步电动机的功率是如何分配的？具有怎样的电动势平衡方程？

1. 同步电动机的功率分配

同步电动机接电网运行后，从电网吸收电功率 P_1，$P_1 = \sqrt{3}U_L I_L \cos\varphi$，在轴上输出机械功率 P_2。同步电动机内部也不可避免地存在着功率损耗。从电网输入的电功率 P_1，一部分消耗于定子绕组的铜损耗 ΔP_{Cu} 和定子铁损耗 ΔP_{Fe}，剩下大部分功率即为电磁功率 P_M，通过气隙传送到转子，所以电磁功率为

$$P_M = P_1 - \Delta P_{Cu} - \Delta P_{Fe} \tag{4-2}$$

再从电磁功率 P_M 中减去由于通风和摩擦等引起的机械损耗 ΔP_m，则得出电动机轴上输出的机械功率 P_2 为

$$P_2 = P_M - \Delta P_m = P_1 - \Delta P_{Cu} - \Delta P_{Fe} - \Delta P_m \tag{4-3}$$

同步电动机的功率流程图如图 4-6 所示。

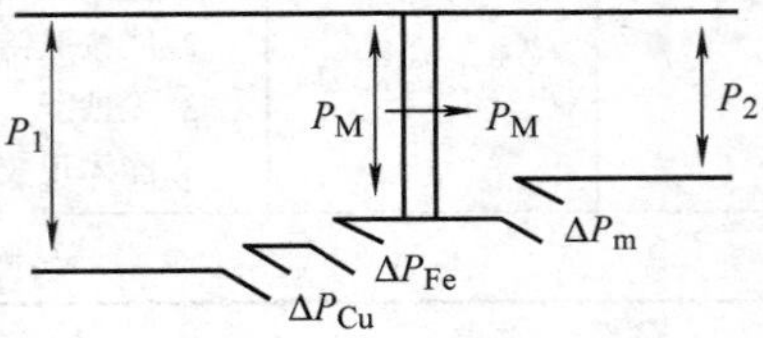

2. 同步电动机电动势平衡方程式

三相同步电动机在稳定运行时，定子和转子都存在

图 4-6　同步电动机的功率流程图

磁通势。定子旋转的磁通势称为电枢磁通势，用 F_a 表示。转子上由直流励磁产生的磁通势称为励磁磁通势，用 F_f 表示。这两个磁通势对转子绕组都没有相对运动，因而在转子绕组中不产生感应电动势。但在气隙中，电枢磁通势 F_a 拉着励磁磁通势 F_f 以同步转速顺时针旋转，因而在定子绕组产生感应电动势。

为方便起见，先分析转子为隐极式结构的同步电动机。当不考虑磁路的饱和现象即主磁路的磁阻是线性的时，可认为作用于电动机主磁路的两个磁通势在主磁路中单独产生自己的磁通，每一磁通与定子绕组交链，单独产生相电动势。

转子通以直流电所产生磁场称为主磁场，用 Φ_0 表示，Φ_0 在空间旋转切割定子绕组，定子绕组中的感应电动势 E_0 称为主电动势，它滞后主磁通电 Φ_0 90° 电角度，其大小为

$$E_0 = 4.44 f_1 N \Phi_0 \tag{4-4}$$

当同步电机作电动机工作时，定子通入电流 I，I 产生的磁场称电枢磁场，同样会在定子绕组中产生感应电动势，这个电动势称为同步感抗电动势 E_a，则

$$\dot{E}_a = -j X_c \dot{I} \tag{4-5}$$

式中，X_c 为同步感抗。

由于同步电动机通常容量较大，电枢电阻电压降可忽略不计，这样同步电动机电枢电路中每相电压平衡方程式为

$$\dot{U} = -\dot{E}_0 - \dot{E}_a = -\dot{E}_0 + jX_c\dot{I} \tag{4-6}$$

式中，$\dot{U}$ 为定子外加电源相电压，它应与定子绕组内部各电动势平衡，相量图如图 4-7 所示。图中设定子电流 $\dot{I}$ 滞后 $-\dot{E}_0$ 一个电角度 ψ，定子电流 $\dot{I}$ 可分解为两个分量，直轴分量 $\dot{I}_d$ 与交轴分量 $\dot{I}_q$，$\dot{I}_d$ 与 $\dot{\Phi}_0$ 同方向，起加磁作用；$\dot{I}_q$ 与 $\dot{\Phi}_0$ 垂直，使电动机磁场轴线发生偏移。定子电流 $\dot{I}$ 在定子绕组中产生的感应电动势为

$$\dot{E}_{ad} = -jX_d\dot{I}_d$$

$$\dot{E}_{aq} = -jX_q\dot{I}_q$$

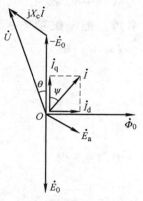

图 4-7　隐极式同步电动机相量图

式中，X_d、X_q 分别为直轴同步感抗、交轴同步感抗。直轴同步感抗与直轴磁路的磁阻成反比，交轴同步感抗与交轴磁路的磁阻成反比。因为直轴磁路气隙小，磁阻小，所以 $X_d \gg X_q$，由此得出凸极式同步电动机的电压方程式为

$$\dot{U} = -(\dot{E}_0 + \dot{E}_{ad} + \dot{E}_{aq}) = -\dot{E}_0 + jX_d\dot{I}_d + jX_q\dot{I}_q \tag{4-7}$$

　　据式（4-7）可画出相应的相量图，当 $\dot{I}$ 超前 $\dot{U}\varphi$ 时，如图 4-8 所示。当 $\dot{U}$ 超前 $\dot{I}\varphi$ 时，如图 4-9 所示。

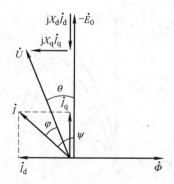

图 4-8　$\dot{I}$ 超前 $\dot{U}$ 时凸极式同步
电动机相量图

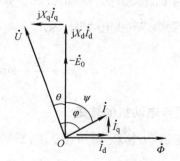

图 4-9　$\dot{U}$ 超前 $\dot{I}$ 时凸极式同步
电动机相量图

（二） **引导问题：同步电动机在运行过程中是如何根据负载改变输出功率和转矩的？**

1. 同步电动机的功角特性

　　同步电动机多数为大型电动机，铜损耗和铁损耗相对于输出功率都很小，可以略去不计。所以输入电功率 P_1 近似等于电磁功率 P_M，即

$$P_M \approx P_1 = \sqrt{3} U_L I_L \cos\varphi = 3UI \cos\varphi \tag{4-8}$$

式中，U 为电源相电压；I 为电枢绕组电流；φ 为 $\dot{U}$ 与 $\dot{I}$ 的相位差。

从图 4-8、图 4-9 可知，ψ 是 $-\dot{E}_0$ 与 $\dot{I}$ 之间的夹角，θ 是 $\dot{U}$ 与 $-\dot{E}_0$ 之间的相位差，称为功率角，把电磁功率表示为 θ 的函数，即将 $\varphi = \psi - \theta$ 代入式（4-8），又因 $I_q = I\cos\psi$，$I_d = I\sin\psi$，则

$$\begin{aligned} P_M &= 3IU\cos(\psi - \theta) \\ &= 3IU\cos\psi\cos\theta + 3IU\sin\psi\sin\theta \\ &= 3UI_q\cos\theta + 3UI_d\sin\theta \end{aligned} \tag{4-9}$$

由图 4-8 得

$$I_q = \frac{U\sin\theta}{X_q} \qquad I_d = \frac{-E_0 - U\cos\theta}{X_d}$$

将 I_q、I_d 代入式（4-9），并整理可得

$$\begin{aligned} P_M &= 3U\frac{-E_0}{X_d}\sin\theta + 3\frac{U^2}{2}\left(\frac{1}{X_q} - \frac{1}{X_d}\right)\sin 2\theta \\ &= P_M' + P_M'' \end{aligned}$$

式中，$P_M' = -\dfrac{3UE_0}{X_d}\sin\theta$ 为主电磁功率；$P_M'' = 3\dfrac{U^2}{2}\left(\dfrac{1}{X_q} - \dfrac{1}{X_d}\right)\sin 2\theta$ 为附加功率。

P_M 与 θ 的关系称为功角特性，如图 4-10 所示。

对于隐极式同步电动机，因 $X_d = X_q$，所以 $P_M'' = 0$，则

$$P_M = P_M' = -\frac{3UE_0}{X_d}\sin\theta$$

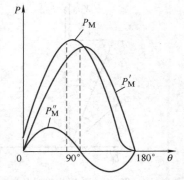

图 4-10 凸极式同步电动机的功角特性

2. 同步电动机的转矩

与电磁功率 P_M 相对应，电磁转矩 T 也可以分为两部分

$$\begin{aligned} T = \frac{P_M}{\omega} &= \frac{P_M'}{\omega} + \frac{P_M''}{\omega} \\ &= -\frac{3UE_0}{\omega X_d}\sin\theta + \frac{3U^2}{2\omega}\left(\frac{1}{X_q} - \frac{1}{X_d}\right)\sin 2\theta \\ &= T' + T'' \end{aligned} \tag{4-10}$$

对于隐极式同步电动机，$T'' = 0$，所以电磁转矩

$$T = T' = -\frac{3UE_0}{\omega X_d}\sin\theta \tag{4-11}$$

【特别提示】 同步电动机的转速是恒定的，其机械特性曲线是一条与 n 轴垂直，与 T 轴平行的直线，如图 4-11 所示。如前所述，当异步电动机负载转矩增大时，转速下降使电磁转矩增加来达到新的平衡。但同步电动机转速 n 是不变的，当负载转矩增大时，电磁转矩如何与它达到新的平衡呢？从式（4-11）可以看出，当电网的电压及频率不变，励磁电流为常数时，主磁通 $\varPhi_0$ 及它产生的电动势 E_0 也是常数，这时电磁转矩仅随功率角 θ 做正弦变化。

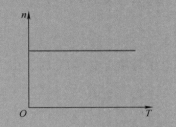

由于 E_0 是 $\varPhi_0$ 产生的，而 U 与气隙磁场有关，功率角 θ 是气隙磁场与主磁场之间的相位角。空载时，负载转矩 $T_L = 0$，电磁转矩 $T \approx 0$，功率角 $\theta = 0°$，气隙磁场与主磁场的轴线重合。当负载转矩 T_L 增大时，转子减速，使气隙磁场与主磁场夹角 θ 增大，电磁转矩 T 增大，当 T 增大到 $T = T_L$ 时，功率角 θ 不再增大，达到新的平衡，转子仍以同步转速 n_1 稳定运转。综上所述，同步电动机是以改变功率角 θ 的大小来改变电磁转矩以适应负载转矩的变化，维持稳定运行。

图 4-11 同步电动机的机械特性曲线

当 $\theta = 90°$ 时，$\sin\theta = 1$，电磁功率达最大值 $P_{M\max}$，有

$$P_{M\max} = -\frac{3UE_0}{X_d}$$

电磁转矩最大值为

$$T_{M\max} = -\frac{3UE_0}{\omega X_d} \tag{4-12}$$

若负载转矩再增大，$\theta > 90°$，电磁转矩 T 反而减少，则电磁转矩将小于负载转矩使转子转速下降，电动机会失步而停转。为保证同步电动机有足够的过载能力，一般在额定工作情况下，功率角 θ 为 $30°$ 左右。

【特别提示】 由式（4-12）可知，$T_{M\max}$ 与主电动势 E_0 成正比，如果同步电动机的负载突然增加，转子的励磁系统应能尽快地增加励磁电流，进行强行励磁，使 E_0 增大，$T_{M\max}$ 增大，以提高同步电动机运行的稳定性。由于同步电动机的最大转矩可以通过强行励磁来提高，因而稳定性优于异步电动机。

对于凸极式同步电动机，附加电磁功率 P_M'' 和附加电磁转矩 T_M'' 不等于零。T_M'' 由凸极效应（即交轴、直轴磁阻不等）引起。T_M'' 称为磁阻转矩，与 E_0 无关，即使转子没有励磁（$E_0 = 0$），只要 $U \neq 0, \theta \neq 0°$，就会产生 T''。反应式同步电动机（即转子具有凸极结构而无励磁绕组）就是利用凸极效应产生的磁阻转矩 T'' 来拖动的。

（三） 引导问题：什么是同步电动机的 V 形曲线？如何通过 V 形曲线调节电动机的功率因数？什么是同步调相机？

1. 同步电动机的 V 形曲线

当电源电压 U 和频率 f 为额定值时，在某一恒定负载下，改变励磁电流 I_f 引起定子电流

I 的变化，绘出 $I=f(I_\mathrm{f})$ 曲线，其形状为 "V" 形，故称为 V 形曲线，如图 4-12 所示。其中 P_M、P_M1、P_M2 为同步电机负载，且 $P_\mathrm{M2}>P_\mathrm{M1}>P_\mathrm{M}=0$。分析推导 V 形曲线时，忽略了定子电阻（忽略定子铜损耗），忽略了改变励磁时定子铁损耗和附加损耗的变化，同时忽略了凸极效应，即设 $X_\mathrm{d}=X_\mathrm{q}$。

由于电动机的负载转矩不变，输出功率 P_2 不变，又忽略了定子铁损耗及附加损耗的变化，则电磁功率也保持不变。因忽略了定子铜损耗，则输入功率与电磁功率相等。因此

$$P_1 = 3UI\cos\varphi = P_\mathrm{M} = 3\frac{UE_0}{X_\mathrm{d}}\sin\theta = 常数 \tag{4-13}$$

当电压为额定电压 U_N 时，由式（4-13）得

$$I\cos\varphi = 常数$$

$$E_0\sin\theta = 常数$$

当改变励磁电流时，同步电动机的定子电流及励磁电动势的变化如下（见图 4-13）：

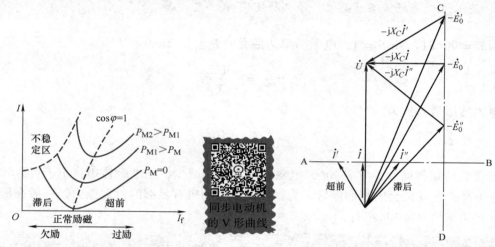

图 4-12　同步电动机的 V 形曲线　　　图 4-13　恒功率变励磁时隐极式同步电动机的相量图

1）改变励磁电流 I_f 时，$\dot{E}_0$ 变化，但 $E_0\sin\theta = 常数$，所以 $\dot{E}_0$ 的端点必须以垂直线 CD 为轨迹。

2）改变励磁电流时，电流 $\dot{I}$ 可能超前也可能滞后于 $\dot{U}$，但 $I\cos\varphi = 常数$，所以 $\dot{I}$ 的端点必须以水平线 AB 为轨迹。

由此可出现下列 3 种情况：

1）正常励磁时，$\cos\varphi = 1$，定子电流 $\dot{I}$ 与电压 $\dot{U}$ 同相位，全部为有功电流，这时 $\dot{I}$ 为最小。此时主电动势为 E_0，同步感抗电动势为 $\dot{E}_\mathrm{a}=-\mathrm{j}X_1\dot{I}$。

2）过励时，电动势 $\dot{E}_0'$ 大于正常励磁时的电动势 $\dot{E}_0$，为保持定子合成磁通不变，将出现去磁的无功电流，此电流为超前电流 $\dot{I}'$，$\dot{I}' > \dot{I}$。此时主电动势为 $\dot{E}_0'$，同步感抗电动势为 $\dot{E}_\mathrm{a}'=-\mathrm{j}X_1\dot{I}'$。

3）欠励时，电动势 $\dot{E}_0''$ 小于正常励磁时的电动势 $\dot{E}_0$，为保持定子合成磁通不变，将出

现去磁的无功电流，这时定子电流为滞后电流 $\dot{I}''$，$I'' > I$。此时主电动势为 $\dot{E}_0''$，同步感抗电动势为 $\dot{E}_a'' = -jX_1\dot{I}''$。

通过上述方法，在不同输出功率时，改变励磁电流 I_f，可以画出电动机定子电流 I 的变化曲线，如图 4-12 所示。V 形曲线也可以用试验方法求得。

由于同步电动机最大电磁功率 P_{Mmax} 与 E_0 成正比，当减少励磁电流时，其过载能力也要降低。因此，励磁电流减少到一定数值时，电动机就失去同步，出现了不稳定现象，图 4-12 给出了电动机不稳定区的界限。

2. 同步电动机功率因数的调节

同步电动机的 V 形曲线很有实用意义。一般来讲，交流电网主要负载是异步电动机与变压器，它们都要从电网吸收电感性的无功功率，从而增加了电网供给无功功率的要求，使电网的功率因数降低。如果使运行在电网上的同步电动机运行在过励工作状态，由于过励的同步电动机需要从电网上吸收电容性的无功功率，从而缓解了电力负载对电网供给电感性无功功率的压力。也就是说，过励的同步电动机除了从电网吸收有功功率、拖动生产机械工作以外，还能作为发出电感性无功功率的发电机，从而使得电网的功率因数得以改善。从图 4-13 和式（4-13）可以看出，过励状态下的同步电动机 $E_0' > E_0$，其过载能力较大，但效率稍低。

3. 同步调相机

综上所述，同步电动机在欠励时从电网吸收电感性无功功率，在过励时可以从电网吸收电容性无功功率。根据这种特性，可专门设计一种同步电动机，使它在运行时不拖动任何机械负载，只是从电网吸收电感性或电容性无功功率，这种同步电动机称为同步调相机。

同步调相机可以改善电网的功率因数，还可调节远距离输电线路的电压。当输电线路很长时，维持受电端电压稳定不是一件容易的事。线路在轻载时，由于线路的电容效应，电网的电压升高。这时，如果把同步调相机装到线路上，就可以通过对励磁电流的调节，调整输出的无功功率，达到稳定线路电压的目的。

由于同步调相机不直接拖动任何机械负载，因而在设计它的转轴时可不考虑负载的阻力矩。此外，为了减少励磁绕组的用铜量，补偿机的空气隙也较小。

同步调相机实质上是同步电动机的无载运行，其损耗由电网供给。

四、任务实施

按任务单分组完成同步电动机 V 形曲线的测量。

五、任务单

任务二 同步调相机的使用		组别：	教师签字
班级：	学号：	姓名：	
日期：			

任务要求：

1）按照所学知识，完成同步电动机 V 形曲线的测量和绘制。

2）记录实验过程中存在的问题，并进行合理分析，提出解决方法。

仪器、工具清单：

小组分工：

任务内容：

1）同步电动机空载起动。

2）调节同步电动机的励磁电流 I_f 并使 I_f 增大，这时同步电动机的定子三相电流 I 也随之增大直至额定值，记录定子三相电流、相应的励磁电流 I_f 和输入功率 P_1。

3）调节 I_f 使 I_f 逐渐减小，这时 I 也随之减小直至最小值，记录这时同步电动机的定子三相电流、励磁电流 I_f 及输入功率 P_1。

4）继续减小同步电动机的磁励电流 I_f，直到同步电动机的定子三相电流增大至额定值。

5）在过励和欠励范围内读取数据 9～11 组，并记录于表 4-1 中。

6）记录实验过程。

7）作空载时同步电动机 V 形曲线 $I=f(I_f)$，并说明定子电流的性质。

表 4-1　　$n=$＿＿r/min；　$U=$＿＿V；　$P_2 \approx 0$

序号	定子三相电流 /A				励磁电流 /A	输入功率 /W
	I_A	I_B	I_C	I	I_f	P_1

注：$I=(I_A+I_B+I_C)/3$。

六、任务考核与评价

任务二　同步调相机的使用		日期：	教师签字		
姓名：	班级：	学号：			
评分细则					

序号	评分项	得分条件	配分	小组评价	教师评价
1	学习态度	1.遵守规章制度，遵守课堂纪律 2.积极主动，具有创新意识	10		

（续）

序号	评分项	得分条件	配分	小组评价	教师评价
2	安全规范	1. 能进行设备和工具的安全检查 2. 能规范使用实验设备 3. 具有安全操作意识	10		
3	专业技术能力	1. 能在规定的时间内完成同步电动机 V 形曲线的测量 2. 能够正确绘制 V 形曲线	50		
4	数据读取、处理能力	1. 能正确记录数据 2. 能独立思考，分析数据记录中遇到的问题	15		
5	报告撰写能力	1. 能独立完成任务单的填写 2. 能体现较强的问题分析能力	15		
		总分	100		

任务三　同步电动机的起动控制

姓名：　　　　班级：　　　　日期：　　　　参考课时：2 课时

一、任务描述

　　某工厂采购了一台同步电动机用于设备拖动，希望电机能够起动简单、价格低廉，同时能够带载起动。因此，本任务要求学会同步电动机的起动控制。

二、任务目标

※ **知识目标**　掌握同步电动机的起动方法。
※ **能力目标**　能够采用异步起动法完成同步电动机的起动。
※ **素质目标**　1）培养独立思考问题、解决问题的能力。
　　　　　　　　2）在任务实施中树立正确的团结协作理念，培养协作精神。

三、知识准备

同步电动机
的起动

引导问题：同步电动机是如何起动的？

　　当同步电动机的定子绕组接通三相电源时，产生一个旋转磁场，并以同步转速 $n_1 = 60f_1/p$ 对转子磁场做相对运动，这时转子虽然已被励磁，但转子还是不能转动。

　　图 4-14 用一对磁极 N、S 代替定子的旋转磁场，转子的磁极用凸极表示。起动瞬间，转子静止不动，旋转磁场以同步转速 n_1 旋转，从图 4-14a 可以看到，当旋转磁场的 N 极经过转子磁场的 S 极时，理应吸引转子一起按顺时针方向旋转。但由于转子本身的惯性，而且旋转磁场旋转速度快，转子还未开始转动，旋转磁场的 S 极已经转过来了，如图 4-14b 所示，转子 S 极受到旋转磁场 S 极的排斥力，这排斥力使转子按逆时针方向旋转。因此，旋

转磁场旋转一周，转子受到的平均转矩为零，即同步电动机不能自行起动，要使同步电动机起动必须借助其他方法。

1. 异步起动法

同步电动机通常采用异步起动法，这种起动方法是在凸极式同步电动机的转子上装上与笼型异步电动机转子相似的起动绕组，如图4-15所示，当转速达到同步转速的95%左右时，再接入励磁电流，转子磁场和定子磁场之间由于吸引力而把转子拉住，使之跟着旋转磁场以同步转速旋转，即牵入同步。

2. 辅助电机起动法

没有起动绕组的同步电动机，通常用辅助起动法。此法选用与同步电动机极数相同，容量为同步电动机容量的5%～15%的异步电动机为辅助电动机，先用辅助电动机将同步电动机拖到接近同步转速，然后用自整步法将其投入电网，再切断辅助电动机电源。

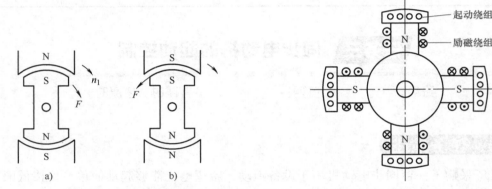

图4-14 同步电动机不能自起动原理图　　图4-15 同步电动机的起动绕组

此法的缺点是不能带负载起动，否则辅助电动机的容量太大而增加整个机组设备投资。

3. 变频起动法

此法是改变交流电源的频率，即改变定子旋转磁场转速，利用同步转矩来起动转子，为此在开始起动时先把电源的频率调得很低，然后逐渐增加电源频率直到额定频率，在这个过程中转子的转速将随着定子旋转磁场的转速同步上升，直至额定转速。

【特别提示】 同步电动机起动时，若励磁绕组开路，由于励磁绕组匝数很多，定子磁场将在励磁绕组中产生很高的电压，导致励磁回路的绝缘破坏。若将励磁绕组直接短接，在励磁绕组中将感应出单相电流，由此产生附加转矩，使电动机起动困难。因此通常在起动时，用阻值为励磁绕组本身电阻值10倍左右的附加电阻R_f将励磁绕组短接，如图4-16所示。

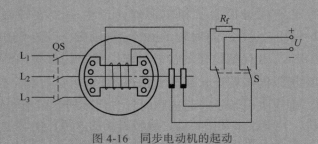

图4-16 同步电动机的起动

当用异步起动法或辅助电机起动法时，先将开关 S 合在图 4-16 中的左侧，这时励磁绕组经过 R_f 短接，然后合上三相交流电源开关 QS，电动机起动。待电动机转速接近同步转速时，将开关 S 投向右侧，给电动机转子加入直流励磁，将电动机牵入同步。

同步电动机转子需要直流励磁，因而控制电路要比异步电动机复杂得多。一般说来同步电动机转子直流励磁系统常用交流电经整流获得，大中型的同步电动机一般用三相变压器变压，三相可控桥式整流，获得直流电源后，供电给同步电动机的转子，如图 4-17 所示，调整晶闸管的导通角，可控制励磁电流的大小。

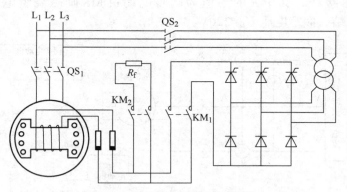

图 4-17　同步电动机的励磁系统

根据换路定律可知，在换路瞬间，电感上的电流保持原值，同步电动机励磁电流和励磁绕组的电感都很大，当励磁回路突然断开时，将在断口处产生很高的电压，造成设备和人身事故，因而切断励磁回路开关 KM_1 的瞬间，接通 KM_2，使转子通过电阻器 R_f 成一个回路，用以消除转子磁场的能量。KM_2 称为灭磁开关，R_f 称为灭磁电阻。通常 KM_1、KM_2 采用直流接触器。KM_1 断开时，利用其辅助动触点接通 KM_2 的合闸线圈，使 KM_2 合闸（图中未示出）。KM_1 称为励磁开关。

四、任务实施

按任务单分组完成同步电动机的异步起动。

五、任务单

任务三　同步电动机的起动控制		组别：	教师签字
班级：	学号：	姓名：	
日期：			

任务要求：

1）列出任务所需仪器及工具清单，记录小组分工。

2）按照所学知识，完成同步电动机的异步起动。

3）记录试验过程中存在的问题，并进行合理分析，提出解决方法。

仪器、工具清单：

小组分工：

任务内容：

1. 三相同步电动机的异步起动

1）按图 4-18 接线。其中 R 的阻值为同步电动机 MS 励磁绕组电阻值的 10 倍（约 90Ω），MS 为丫联结，额定电压 U_N=220V。

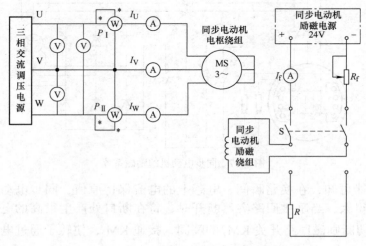

图 4-18　三相同步电动机试验接线图

2）用导线把功率表电流线圈及交流电流表短接，开关 S 闭合于励磁电源一侧（图 4-18 上端）。

3）将控制屏左侧调压器旋钮沿逆时针方向旋转至零位。接通电源开关，并按下"开"按钮。调节同步电动机励磁电源调压旋钮及 R_f 阻值，使同步电动机励磁电流 I_f 约为 0.7A。

4）将开关 S 闭合于 R 一侧（图 4-18 下端），沿顺时针方向调节调压器旋钮，使电压升至同步电动机额定电压 220V，观察电动机旋转方向，若不符合则应调整相序。

5）当转速接近同步转速 1500r/min 时，把开关 S 迅速从下端切换到上端，同步电动机励磁绕组加直流励磁而强制拉入同步运行，异步起动同步电动机的起动过程完成。

6）将功率表、交流电流表短接线拆掉，使仪表正常工作。

2. 思考

同步电动机异步起动时先把同步电动机的励磁绕组经一可调电阻 R 构成回路，可调电阻的阻值调节为同步电动机的励磁绕组电阻值的 10 倍，可调电阻在起动过程中的作用是什么？若电阻值为零又将怎样？

六、任务考核与评价

任务三	同步电动机的起动控制		日期：		教师签字	
姓名：		班级：		学号：		

评分细则

序号	评分项	得分条件	配分	小组评价	教师评价
1	学习态度	1. 遵守规章制度，遵守课堂纪律 2. 积极主动，具有创新意识	10		
2	安全规范	1. 能进行设备和工具的安全检查 2. 能规范使用实验设备 3. 具有安全操作意识	10		
3	专业技术能力	1. 能在规定的时间内完成同步电动机的异步起动 2. 能够排除试验过程中出现的错误	50		
4	数据读取、处理能力	1. 能正确记录试验中的各项数据 2. 能独立思考，分析起动过程的原理，解决遇到的问题	15		
5	报告撰写能力	1. 能独立完成任务单的填写 2. 能按照任务要求进行相关文字记录 3. 无抄袭 4. 能体现较强的问题分析能力	15		
	总分		100		

任务四 同步发电机的应用

姓名：　　　　班级：　　　　日期：　　　　参考课时：2课时

一、任务描述

　　某船舶上有一台船用同步发电机，需要船舶电工对其进行巡检和维护。因此，需要相关人员掌握同步发电机的基本特性，了解船用发电机的相关知识，并能够对同步发电机进行巡检。

二、任务目标

※ **知识目标**　1）熟悉同步发电机的特性。

　　　　　　　2）掌握船舶电站的巡检。

※ **能力目标**　1）能够对同步发电机的特性进行分析。

　　　　　　　2）能够完成船舶电站的巡检。

※ **素质目标**　1）在任务实施中树立正确的团结协作理念，培养协作精神。

　　　　　　　2）在任务操作中培养精益求精的工匠精神。

　　　　　　　3）在团队分工中培养岗位责任心。

　　　　　　　4）培养遵守规则、安全第一的工作习惯。

三、知识准备

（一）引导问题：同步发电机有哪些基本特性？

1. 发电机的空载特性

发电机通常在空载时建立正常电压。在原动机的拖动下，励磁绕组通入一定的励磁电流，并以额定转速空载运行时，在三相电枢绕组中产生三相空载电动势，其有效值为

$$E_0 = \frac{E_\mathrm{m}}{\sqrt{2}} = 4.44 k f N \Phi_0$$

式中，E_m 为电动势的最大值；f、N、Φ_0 分别为频率、匝数和每极总磁通。

空载电动势的频率为

$$f = \frac{pn}{60}$$

式中，p 为磁极对数；n 为转子的转速。

由以上两式可得 $E_0 = K_\mathrm{e} \Phi_0 n$，$K_\mathrm{e}$ 为电动势常数。

上式表明总磁通和转速的变化都会引起发电机空载电动势的变化。励磁电流的变化必然引起主磁通的变化，即引起 Φ_0 的变化，从而引起空载电动势的变化。把转速不变时空载电动势和励磁电流之间的变化关系称为空载特性。空载特性曲线不是直线而是一条具有磁化特点的曲线，其原因是磁通与励磁电流的关系是磁化曲线关系。图 4-19 所示为试验所得空载特性曲线。

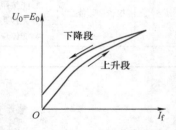

图 4-19 同步发电机空载特性曲线图

空载特性曲线的特点是：

1）励磁电流由正常励磁状态降为零时，电枢开路，电压不为零，这个电压就是剩磁电压，是由剩磁作用而产生的。

2）同步发电机的空载额定相电压一般处于空载特性曲线的弯曲部分。

2. 发电机的电枢反应

当同步发电机接通负载时，三相电枢绕组的三相电流将产生旋转磁场，这种旋转磁场称为电枢反应磁场。该旋转磁场的转速与电枢电流的频率成正比，与磁极对数成反比，即 $n_1 = 60 f / p$，而发电机的频率 $f = pn / 60$，所以这两个转速是相等的。旋转磁场的转向则取决于电枢电流的相序，即决定于主磁场的转向。因此，旋转磁场与主磁场同速同向，在空间彼此保持相对静止，因而使电枢磁场对磁极主磁场产生某种确定性影响。这种电枢磁场对磁极主磁场的影响称为电枢反应。

电枢反应是由于电枢电流引起的，电枢反应的强弱和电枢反应效应与电枢电流的大小和相位有关，而电枢电流又取决于负载，所以电枢反应与负载性质有关。

1）对于纯阻性负载，$\cos\varphi = 1$，电枢反应为交轴电枢反应。其结果将使定子转子的合成磁场沿逆转方向转动一个角度，即滞后一个角度。

2）对于纯感性负载，$\cos\varphi = 0.8$，其电枢反应为去磁效应。

3）对于纯容性负载，$\cos(-\varphi) = 0.8$，电枢电流超前于主磁通90°，其电枢反应为增磁效应。

通常情况下，发电机的负载多为电感性负载，即电枢电流落后于空载电动势一个角度，电枢反应的结果既有交轴电枢反应，又有去磁效应，且功率因数越低，去磁效应越严重。

3. 同步发电机的外特性

发电机带负载后，其端电压与空载电压不同。当发电机的转速、功率因数和励磁电流一定时，发电机的端电压随电枢电流变化的特性称为外特性，即 $U = f(I)$。

负载的性质不同，其外特性也不同，如图4-20所示。电感性负载具有去磁作用，负载电流增加，端电压下降；电阻性负载具有交磁作用，电枢电流增加时，电压下降很少；电容性负载具有增磁作用，负载电流增大时，电压上升。由于船舶负载主要是电感性负载，所以端电压随着负载电流的增大而下降。

4. 同步发电机的调节特性

为使同步发电机的电压保持不变，通常在负载电流增加时，增加励磁电流，以补偿因电枢反应等引起的电压变化。同步发电机额定转速和功率因数不变的情况下，励磁电流随负载电流变化的关系称为同步发电机的调节特性，即 $I_f = f(I)$。如图4-21所示，3种负载情况下调节特性分别是：

1）电感性负载时，$\cos\varphi < 1$，随着负载电流的增大，励磁电流需要大幅度增大。

2）电阻性负载时，$\cos\varphi = 1$，随着负载电流的增大，励磁电流只需稍稍增大。

3）电容性负载时，$\cos(-\varphi) < 1$，随着负载电流的增大，励磁电流需大幅度减小。

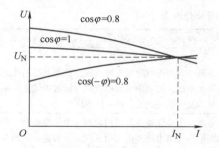

图4-20　同步发电机外特性曲线图

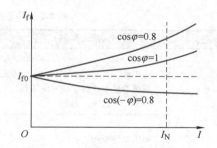

图4-21　同步发电机调节特性曲线图

（二）引导问题：船用发电机有哪些种类?

（1）CCFJ柴油发电机组

本系列发电机组以柴油机作为原动机，$U_N = 400V$，$f_N = 50Hz$，$\cos\varphi = 0.8$（滞后），$2p = 4$极，$n_N = 1500r/min$，最小功率为24kW，最大功率为700kW。其绕组为星形联结，引出中性线，采用水冷闭式循环。机组由柴油机、发电机、控制屏、联轴器和公共底座（机架）等组件构成，柴油机与发电机由弹性联轴器连接，由柴油机飞轮通过联轴器来驱动发电机。柴油机的飞轮壳与发电机的端盖采用凸缘定位，用螺栓连成一体。这种连接方式既保证了柴油机飞轮与发电机转子有较好的同轴度，又能对柴油机在起动、停机及负载突变时所产生的冲击起到缓冲减振作用。柴油机、发电机与公共底座之间均装有减振器。

（2）FDM系列

本系列船用三相同步发电机可采用柴油机、风力等原动机拖动，$U_N = 400V$，$\cos\varphi = 0.8$

（滞后），可输出 50Hz 或 60Hz 交流电，额定功率为 15 ~ 2000kW。发电机采用三相四线制接法（星形联结），是无刷励磁式电机。发电机的防护等级为 IP23。接线盒的外表防护等级为 IP44。

（3）TFY-550kW/36YC 轴带永磁同步变频发电机

本发电机 U_N=690V，n_N =70 ~ 90r/min，额定功率为 500 ~ 1000kW，防护等级为 IP44，星形联结。发电机无轴承结构，通过法兰固定在柴油机和螺旋桨传动轴上。它可以充分利用有限的空间来减少船上配置的独立柴油发电机组的功率，有效地节省设备安装空间和运维成本，可以装载到集装箱船、油轮、散货船等大型船舶上，同时通过充分利用剩余电能，提供连续的电能，降低功耗和油耗。与传统的电励磁直驱发电机相比，永磁发电机体积小 30%，重量减轻 35%，整体能效提高 5%。

（4）TFX-H 系列

本系列为船用小型三相同步发电机，适用于内燃机托运组成的小型移动电站、陆用或船用发电机组，作为动力或照明的工频电源，也可用于其他场合作为发动机电源。U_N=400V，f_N =50Hz，$\cos\varphi = 0.8$（滞后），$2p$=4 极，n_N =1500r/min，最小功率为 12kW，最大功率为 250kW。发电机能在三相三线制下正常工作，此时发电机中性点引出端闲置不用。发电机采用滚动轴承，并设置有效的加油孔和排油孔。绝缘等级为 B 级或 F 级。TFX-H 系列发电机是复励励磁方式的自励恒压发电机，具有设计制造精良、可靠性程度高、优越的稳态电压调整率等特点。

【三】 引导问题：同步发电机有哪些常见的故障，如何处理？

一般来说，发电机的不同故障会有不同的表现形式，常见故障及处理方法见表 4-2。

表 4-2　同步发电机常见故障及处理办法

故障现象	故障原因	处理方法
不能发电或电压不足	转速低 剩磁不足或有时剩磁方向不对	调高转速 剩磁不足或充磁方向不对时可充磁解决。如果充磁后能起压，但去除充磁后又无电压，则可能是充磁方向与励磁电流方向相反，检测确认后可调发电机励磁线，再充磁起压
	励磁电路断线	测量励磁电路，先排除整流及直流电路（包括整流器）断线，如果没有问题则检查交流电流和电压引入线，一般整流前出现问题会导致电压不足，整流后出现问题会导致不发电故障
	接线错误	按原理图检查并重新接线
	磁场线圈断路或变阻器断线（或调节电阻接触不良或断线）	测量磁场线圈，若断路明显可包扎并做绝缘处理，否则应由专业人员修理；测量变阻器电路，排除断线并接牢；检查调节电阻并试验，排除接触不良或断线
	电刷和集电环接触不良或电刷压力不够	清洁集电环表面，研磨电刷表面，使其与集电环表面的弧度相吻合，调整并加强电刷上弹簧压力
	电刷活动不灵	清洁电刷与刷握，调整刷握使电刷活动灵活
	仪表不准	用万用表测量发电机端电压，确认是仪表问题后应校调或更换仪表
	磁场线圈部分短路	这种情况下应有不正常的振动，且精确测量电阻时阻值有下降，可由专业人员更换磁场线圈
	发电机电枢绕组断路	三相电压应不平衡，找出断路点重新焊接包扎做绝缘处理
	发电机电枢绕组短路	短路伴有发热与振动，应由专业人员拆换绕组
	直流励磁机故障	修理或更换

（续）

故障现象	故障原因	处理方法
不能发电或电压不足	对于晶闸管励磁的发电机，其控制板损坏	更换备用电路板
空载电压正常，负载后电压大幅下降	相复励装置中电流信号回路故障	停机检查。确认并保持电流信号回路畅通，如无断路故障，则可能是电流信号接反，一般三相会同时（或单相）接反，可同时对调一次侧或二次侧的进出线，如存在电流与电压相位的对应问题，应由专业人员修理
	自动电压调节器故障	可调节电压降与放大倍数，如无效果可更换自动电压调节器
发电机电压不稳定或周期性振荡	仪表及其电路故障	检查电路应接触良好、开关接触良好、仪表不卡阻
	励磁回路接触不良	检查励磁回路各接点（如接头、接线、变阻器、电刷、调压器等），使其接触良好
	自动电压调节器整定不当	重新整定，一般整定放大倍数，低频振荡时调大放大倍数，高频振荡时调小放大倍数
	原动机转速振荡或不稳	调整原动机
发电机温升高	负载大	检查负载
	单相超载（某一固定位置温度高）	检查电流，应有一相或两相较大，调整负载匹配
	定子绕组接地或匝间短路	用兆欧表测绝缘，确定并排除；匝间短路时伴有振动和固定位置温度高，需拆换绕组
	散热故障	检查风叶、去除妨碍散热的杂物
	环境温度太高	改善通风条件，降低环境温度，必要时用风扇强制散热
发电机噪声大	转子与定子相擦	拆装并排除校正
	轴承损坏或缺少润滑脂	更换损坏的轴承或加润滑脂
	风叶碰壳	重新装配校正风叶
	地脚螺钉松动	调整并拧紧地脚螺钉
	转子不平衡	校正平衡
	轴线不准	校正轴线
轴承过热	轴承损坏	更换轴承
	滚动轴承润滑脂过多、过少或有杂质	按标准加润滑脂或更换润滑油
	滑动轴承润滑油不够、有杂质或油环卡住	按标准加润滑油或更换润滑油，排除油环问题
	轴承走内圆或走外圆、过紧	检查排除产生的原因并修理
	轴线不对	重新对线
发电机转子集电环火花过大	电刷牌号或尺寸不合要求	更换合适电刷
	集电环表面有污垢、杂物	清除污垢，烧灼严重时进行金加工
	电刷压力太小，电刷在刷握内卡住或放置不正	调整电刷压力，使用适当尺寸的电刷，调整电刷位置
发电机运行时电压表指针来回摆动	发电机电刷接触不良	调整电刷压力，或使其接触良好，排除接触不良
	发电机集电环装置接触不良	修理或更换装置
	励磁系统接线接触不良	检查接线并使其接触良好
	原动机转速不稳	调整原动机转速使其稳定
发电机漏电	绕组绝缘损坏	检查损坏的绕组，如未烧坏则可对绕组进行干燥处理，如无法恢复则按中修标准修复。检查时应先排除导线和接线头的问题，并保证机壳有效接地

▷ 四、任务实施

按任务单分组完成同步发电机的应用。

▷ 五、任务单

任务四　同步发电机的应用		组别：	教师签字
班级：	学号：	姓名：	
日期：			

任务要求：

1）按照所学知识，完成同步发电机的巡检。

2）记录实验过程中存在的问题，并进行合理分析，提出解决方法。

仪器、工具清单：

小组分工：

任务内容：

1. 同步发电机的巡检

在同步发电机的巡检中，常采用看、听、摸、查、闻的五字检查法进行巡回检查，即在检查中用眼看、用耳听声音、用手摸触感，查清问题，鼻嗅气味综合分析，对设备运转、气井变化等详细检查。常用的巡检路线原则是走路不绕远、少走回头路、各点都查到、省时又方便，一般是操作面板→正面→背面→水箱面→配电柜。

注意事项：

1）检查中要保证安全。发电机在运转中不要将手或头伸进机箱内检查或处理，尽可能在箱门外查看。

2）设备零部件要齐全，不松动、不脏、不锈、不渗漏。

3）检查后详细记录，发现问题及时处理。

操作面观察项：

1）发电机轴承处无高温，发电机无抖动。

2）操作屏数据显示正常无报警。

3）进/排采管无油无锈。

4）各油管、电线无破损，接头无松动。

5）高压油泵无漏油。

6）高压油管、回油管无破损，接头无松动无漏油。

7）手油泵可泵油，无漏油现象。

8）电瓶卡子无松脱、接线柱无烧蚀、打火现象。

9）电源线无破损裸露。

10）机油放油阀开关完好、无漏油现象。

11）电解液足够。

12）风扇护罩无破损、固定可靠。

13）油泵传动轴护罩完好。

14）机身等连接、固定螺栓无松动。

15）机油位在两刻度线之间

水箱面观察项：

1）防冻液液位在刻度线之间。（停机、完全冷却后检查）

2）水箱无漏、无油、无污、无土、无泥沙。

箱内整体巡检细节：

1）整机及机箱内整洁，无油、无污、无杂物。

2）机组内消音棉稳固无脱落。

燃气机箱内巡检项：

1）各燃气管接头处无漏气现象。

2）用肥皂水或可燃气体检测仪，每周至少检查一次。

背面观察项：

1）排气管保温岩棉完整稳固。

2）法兰连接处螺栓无松动、无漏油、无漏气现象。

3）空气过滤器干净、有效。

配电箱巡检项：

1）无烧蚀、打火痕迹。

2）各接线头/螺母固定可靠无松动。

3）电线无老化脱皮或裸露。

4）配电柜与地面之间固定可靠。

5）配电柜门锁完好。

2. 填写表 4-3 所示的巡检记录表。

表 4-3　发电机组巡检记录表

设备位置：　　　设备名称：　　　生产厂家：　　　设备编号：

检查内容	技术要求	日期：		日期：	
		上午：	下午：	上午：	下午：
线电压 /V	U1				
	V1				
	W1				
相电流	L_1				
	L_2				
	L_3				
频率 /Hz	50，±8%				
转速 /（r/min）					
水温 /℃	≤90				
润滑油位	max—min				
机油压力	≥最小值				
电池电压 /V	24～28				
电池液位 /mm	线上 10～15				
燃气压力 /kPa	100～300				

（续）

检查内容	技术要求	日期：		日期：	
		上午：	下午：	上午：	下午：
燃油液位	符合规定				
排气烟色	非黑色或蓝色				
风扇皮带	无断股				
振动	无异常				
机组声音	无异常				
累计运行时间 /h					
机组卫生状况					
各部件完好性					
有无油气泄漏					
记录人					

注：如果停机，要注明停机原因。备用发电机组，每周至少发动运行一次。（润滑油位、风扇皮带在停机时检查）

六、任务考核与评价

任务四　同步发电机的应用		日期：	教师签字		
姓名：	班级：	学号：			

评分细则

序号	评分项	得分条件	配分	小组评价	教师评价
1	学习态度	1. 遵守规章制度，遵守课堂纪律 2. 积极主动，具有创新意识	10		
2	安全规范	1. 能进行设备和工具的安全检查 2. 能规范使用实验设备 3. 具有安全操作意识	10		
3	专业技术能力	1. 能在规定的时间内完成同步发电机的巡检 2. 能够排除实验过程中出现的错误	50		
4	数据读取、处理能力	1. 能正确记录发电机巡检中的各项数据 2. 能独立思考，对记录的数据进行初步分析，解析发电机状态	15		
5	报告撰写能力	1. 能独立完成任务单的填写 2. 能按照任务要求进行相关文字记录 3. 无抄袭 4. 能体现较强的问题分析能力	15		
总分			100		

项目五

直流电机的应用

项目背景 ≫

　　直流电机具有调速范围广、性能优越的特点，因此轧钢生产中粗轧机、精轧机使用的电机都是直流电机。随着企业对提高产品质量、降低设备故障率要求的逐步提高，直流电机作为轧钢生产过程中的主要设备，其运行的可靠性直接决定了轧钢生产过程能否顺利开展。轧钢厂环境较差，要想保证轧钢生产线上的电机在频繁过载情况下维持较好的换向水平，必须在日常加强对直流电机的维修保养。

　　在直流电机出厂交付用户之前，生产厂家会严格按照国家技术标准及技术要求对电机进行系统的试验和调节，此时的电机换向处于非常理想的状态，但是经过长时间的现场运行后，直流电机的换向性能就会恶化，造成这种状态的原因除了正常使用过程的磨损之外，主要是缺乏后期维护。本项目结合轧钢生产中直流电机的应用与维护经验，对直流电机的工作原理和应用进行介绍。

引言图

项目内容 ≫

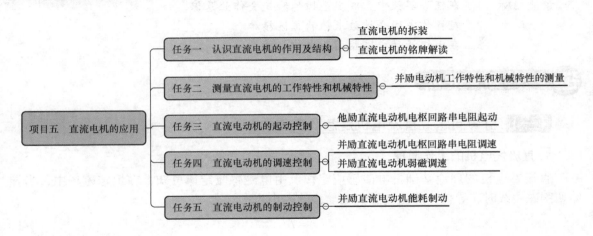

			直流电机的拆装
	任务一	认识直流电机的作用及结构	直流电机的铭牌解读
	任务二	测量直流电机的工作特性和机械特性	并励电动机工作特性和机械特性的测量
项目五　直流电机的应用	任务三	直流电动机的起动控制	他励直流电动机电枢回路串电阻起动
	任务四	直流电动机的调速控制	并励直流电动机电枢回路串电阻调速 / 并励直流电动机弱磁调速
	任务五	直流电动机的制动控制	并励直流电动机能耗制动

项目概述 》》

本项目学习直流电机的基本理论、直流电动机的电力拖动两部分内容，主要要求认识直流电机的作用及结构，能够对直流电机的工作特性和机械特性进行测量，能够掌握直流电机的起动、调速和制动方法。

任务一　认识直流电机的作用及结构

姓名：　　　　班级：　　　　日期：　　　　参考课时：4 课时

一、任务描述

近日，南京某电机修理厂与某重点钢厂签约，承接钢厂 40 余台大型直流电机的修理、保养工作。这是该电机修理厂近期承接的直流电机维修项目之一，首先维修工程师需对直流电机作用及结构有正确认识。因此，本任务要掌握直流电机的工作原理、结构组成，能够完成直流电机的拆装、读懂直流电机的铭牌。

二、任务目标

※ **知识目标**　1）了解直流电机的基本结构和工作原理。

　　　　　　　2）了解直流电机的作用和应用场合。

　　　　　　　3）掌握直流电机的铭牌数据及其意义。

　　　　　　　4）熟悉直流电机的磁场和电枢反应。

　　　　　　　5）熟悉直流电机的换向问题。

※ **能力目标**　1）能够按照相关行业规范、国家标准对直流电机进行拆卸及安装。

　　　　　　　2）正确使用仪器仪表对直流电机的绝缘参数进行测量。

　　　　　　　3）能够正确解读直流电机的铭牌含义。

　　　　　　　4）能够分析直流电机的电枢反应和换向问题。

※ **素质目标**　1）在任务实施中养成规范操作和安全作业意识。

　　　　　　　2）在操作中树立精益求精的工匠精神。

　　　　　　　3）在小组活动中培养团队协作精神。

三、知识准备

（一）引导问题：直流电机是怎么工作的？

1. 直流发电机的工作原理

直流发电机的理论基础是电磁感应定律。由电磁感应定律可知，在恒定磁场中，当导体切割磁力线时，导体中产生的感应电动势的大小为：

$$e = Blv \tag{5-1}$$

式中，B 为导体所在处的磁感应强度（T）；l 为导体切割磁力线的有效长度（m）；v 为导体与磁场的相对切割速度（m/s）；e 为感应电动势（V）。

因此，直流发电机必须具有磁场和旋转的导体，才能持续发电。

图 5-1 所示为交流发电机的工作原理模型。图中，N、S 为一对固定的磁极（一般是电磁铁，也可以是永久磁铁），abcd 是装在可以转动的圆柱体表面的一个线圈，把线圈的两端分别接到两个圆环（称为集电环）上（以后把这个可以转动的装有线圈的圆柱体称为电枢）。在集电环上分别放上两个固定不动的由石墨制成的电刷 A 和 B。通过电刷 A 和 B 把旋转的电路与外部电路相连接。当原动机拖动电枢以恒速 n 逆时针方向转动时，根据电磁感应定律可知，在线圈边（即导体）ab 和 cd 中有感应电动势产生，方向由右手定则确定。

在图 5-1 所示瞬间，导体 ab、cd 的感应电动势方向分别由 b 指向 a 和由 d 指向 c。这时电刷 A 呈高电位，电刷 B 呈低电位。当图 5-1 中电枢逆时针方向转过 180° 时，导体 ab 与 cd 互换位置，用右手定则判断，此时导体 ab、cd 中的电动势方向都与图 5-1 所示瞬间相反。这时电刷 A 呈低电位，电刷 B 呈高电位。如果继续逆时针方向旋转 180°，导体 ab、cd 又转到图 5-1 所示位置，则电刷 A 又呈高电位，电刷 B 又呈低电位。由此可见，图 5-1 中电枢每转一周，线圈中 abcd 感应电动势方向交变一次，线圈内的感应电动势是一种交变电动势（见图 5-2），这是最简单的交流发电机的工作原理。

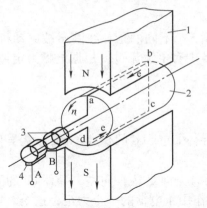

图 5-1　交流发电机的工作原理模型

1—磁极　2—电枢　3—集电环　4—电刷

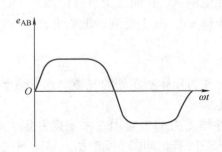

图 5-2　线圈电动势波形

如果想要得到直流电动势，那么必须把上述线圈感应的电动势进行整流，实现整流的装置称为换向器。

图 5-3 所示为直流发电机的工作原理模型，它由两个铜质换向片代替图 5-1 中的两个集电环。换向片之间用绝缘材料隔开，线圈 abcd 出线端分别与两个换向片相连，电刷 A、B 与换向片相接触并固定不动，这就是最简单的换向器。有了换向器，电刷 A、B 之间感应电动势就和图 5-1 中电刷 A、B 间的电动势不同了。例如，在图 5-3 所示瞬间，线圈 abcd 中感应电动势的方向如图中所示，这时电刷 A 呈正极性，电刷 B 呈负极性。当线圈逆时针方向旋转 180° 时，导体 ab 与 cd 互换位置，各导体中电动势都分别改变了方向，但是，由于换向片随着线圈一同旋转，原本与电刷 B 相接触的换向片，现在与电刷 A 接触；与电刷 A 相接触的换向片，则与电刷 B 接触，这时电刷 A 仍呈正极性，电刷 B 呈负极性。从图 5-3 看出，和电刷 A 接触的导体永远位于 N 极下，同样，和电刷 B 接触的导体永远位于 S 极下。因此，电刷 A 始终呈正极性，电刷 B 始终呈负极性，所以电刷端能引出方向不变但大小变

化的脉振电动势（见图 5-4）。如果电枢上线圈数增多，并按照一定规律将它们连接起来，就可使脉振程度减小，获得直流电动势。这就是直流发电机的工作原理，同时也说明了直流发电机实质上是带有换向器的交流发电机。

直流电机工作原理

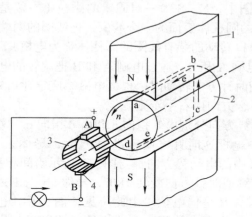

图 5-3　直流发电机的工作原理模型
1—磁极　2—电枢　3—换向器　4—电刷

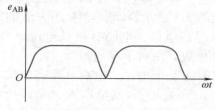

图 5-4　电刷电动势波形

2. 直流电动机的工作原理

图 5-5 所示为直流电动机的工作原理模型。与图 5-1 不同的是：线圈不被原动机拖动，而是在电刷 A、B 间接上直流电源。于是在线圈 abcd 中有电流流过，根据电磁力定律可知，载流导体 ab、cd 上受到的电磁力 f 为

$$f = Bli \tag{5-2}$$

式中，B 为导体所在处的气隙磁感应强度（T）；l 为导体 ab 或 cd 的长度（m）；i 为导体中的电流（A）。

导体受力的方向用左手定则判定，导体 ab 的受力方向是从右向左，导体 cd 的受力方向是从左向右，如图 5-5 所示。这一对电磁力形成了作用于电枢的一个力矩，这个力矩在旋转电机里称为电磁转矩，转矩的方向是逆时针方向，企图使电枢逆时针方向转动。如果此电磁转矩能够克服电枢上的阻转矩（例如由摩擦引起的阻转矩以及其他负载转矩），电枢就能按逆时针方向旋转。当电枢旋转 180° 后，导体 ab 与 cd 互换位置，由于直流电源供给的电流方向不变，仍从电刷 A 流入，经导体 cd、ab 后，从电刷 B 流出。这时导体 cd 的受力方向变为从右向左，导体 ab 的受力方向为从左向右，产生的电磁转矩的方向仍为逆时针方向。因此，电枢一经转动，由于换向器配合电刷对电流的换向作用，能够形成一种方向不变的转矩，使电动机能连续地旋转。这就是直流电动机的工作原理。

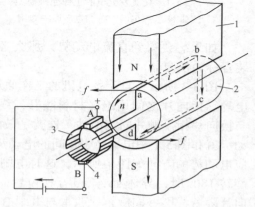

图 5-5　直流电动机的工作原理模型
1—磁极　2—电枢　3—换向器　4—电刷

从上述基本电磁情况来看，一台直流电机原则上既可以作为发电机运行，也可以作为电动机运行，只是其输入、输出的条件不同。如果用原动机拖动直流电机的电枢，将机械能从电机轴上输入，而电刷上不加直流电压，则从电刷

端可以引出直流电动势作为直流电源，输出电能，电机将机械能转换成电能而成为发电机；如果在电刷上加直流电压，将电能输入电枢，则从电机轴上输出机械能，拖动生产机械，将电能转换成机械能而成为电动机。同一台电机既能作为发电机又能作为电动机运行的原理，在电机学理论中称为电机的可逆原理。但在实际使用中直流电动机与直流发电机在结构上稍有区别，并不是所有的直流电机都可作可逆运行。

（二）引导问题：直流电机的主要组成部件有哪些？

1.直流电机的基本结构

直流电机的结构形式多种多样，但其主要部件是相同的。从直流电机的工作原理可知，直流电机主要由三个部分组成：①静止部分，称为定子；②转动部分，称为电枢；③气隙。直流电动机的结构如图5-6所示。现对各主要部件的基本结构及其作用进行介绍。

（1）定子部分

直流电机定子部分主要由主磁极、换向极、机座和电刷装置等组成。

1）主磁极（又称主极）　在一般大中型直流电机中，主磁极为电磁铁。只有个别类型的小型直流电机的主磁极才用永久磁铁，这种电机叫永磁直流电机。主磁极的作用是在电枢表面外的气隙空间里产生一定形状分布的气隙磁通。

图5-7所示为主磁极的装配图。主磁极的铁心用 1～1.5mm 厚的低碳钢板冲片叠压紧固而成。把绕制好的励磁绕组套在主磁极铁心外面，整个主磁极再用螺钉固定在机座的内表面上。各主磁极上的励磁绕组连接必须使其通过励磁电流时，相邻磁极的极性呈 N 极和 S 极交替排列，为了让气隙磁通在沿电枢圆周方向的气隙空间里分布得更加合理，铁心下部（称为极掌或极靴）比套绕组的部分（称为极身）宽，这样也可使励磁绕组牢固地套在铁心上。

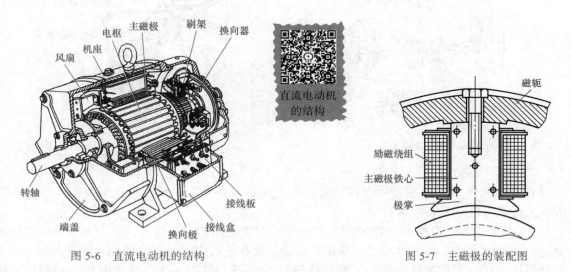

图5-6　直流电动机的结构　　　　　　　图5-7　主磁极的装配图

2）换向极　容量在 1kW 以上的直流电机，在相邻两主磁极中间要装上换向极（又称附加极或间极），其作用是为了消除在运行过程中换向器上产生的火花，即改善直流电机的换向。

换向极的形状比主磁极简单，也由铁心和绕组构成，如图5-8所示。铁心一般用整块钢或钢板加工而成。换向极绕组与电枢绕组串联。

3）机座　一般直流电机都用整体机座。整体机座就是一个机座同时起两方面的作用：

一方面起导磁的作用，一方面起机械支撑作用。由于机座要起导磁的作用，所以它是主磁路的一部分，称为定子磁轭，一般采用导磁效果较好的铸钢制成，小型直流电机也有用厚钢板制成的。主磁极、换向极和端盖都固定在电机的机座上，如图 5-9 所示，所以机座又起机械支撑的作用。

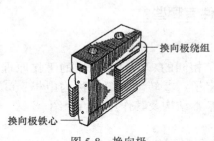

图 5-8　换向极

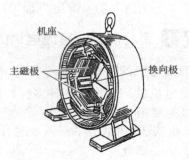

图 5-9　机座

4）电刷装置　电刷装置是把直流电压、直流电流引入或引出的装置，其结构如图 5-10 所示。电刷放在电刷盒里，用弹簧压紧在换向器上，电刷上的铜丝可以引出、引入电流，如图 5-11 所示。直流电机常把若干个电刷盒装在同一个绝缘的刷杆上，在电路连接上，把同一个刷杆上的电刷盒并联起来，成为一组电刷。一般直流电机中，电刷组的数目可以用刷杆数表示，刷杆数与电机的主磁极数相等。各刷杆在换向器外表面上沿圆周方向均匀分布，正常运行时，刷杆相对于换向器表面有一个正确的位置，如果刷杆的位置不合理，将直接影响电机的性能。刷杆装在端盖或轴承内盖上，调整位置后，将它固定。

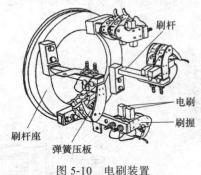

图 5-10　电刷装置

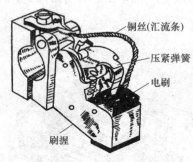

图 5-11　电刷

（2）转子部分

直流电机转子部分主要由电枢铁心、电枢绕组、换向器、转轴和风扇等组成。图 5-12 所示为直流电机电枢装配示意图。

1）电枢铁心　电枢铁心作用：一方面是作为主磁路的主要部分，另一方面是嵌放电枢绕组。由于电枢铁心和主磁场之间的相对运动，会在铁心中引起涡流损耗和磁滞损耗（这两部分损耗合在一起称为铁心损耗，简称铁损），为了减少铁损，铁心通常用 0.5mm 厚涂有绝缘漆的硅钢片叠压而成，固定在转轴上。电枢铁心沿圆周上有均匀分布的槽，里面可嵌入电枢绕组。

2）电枢绕组　电枢绕组是直流电机的主要部分之一。它的作用是感应电动势、通过电流、产生电磁转矩，使电机实现能量转换。电枢绕组由若干个线圈组成，这些线圈按一定的要求均匀地分布在电枢铁心的槽中，并按一定的规律连接起来。电枢绕组可分为叠绕组和波绕组两种类型，叠绕组分为单叠绕组和复叠绕组；波绕组分为单波绕组和复波绕组。每个槽中的线圈边分上下两层叠放，线圈一个边放在一个槽的上层，另一个边放在另一个槽的下层，如图5-13所示，所以直流电机电枢绕组一般为双层绕组。

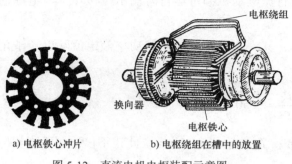

图 5-12　直流电机电枢装配示意图

a) 电枢铁心冲片　　b) 电枢绕组在槽中的放置

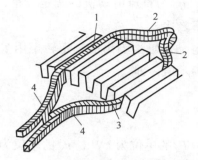

图 5-13　元件在槽内放置图示
1—上层元件边　2—后端接部分
3—下层元件边　4—前端接部分

3）换向器　换向器也是直流电机的重要部件。在直流发电机中，它的作用是将绕组内的交变电动势转换为电刷端的直流电动势；在直流电动机中，它将电刷上通过的直流电流转换为绕组内的交变电流。换向器安装在转轴上，主要由许多换向片组成，片与片之间用云母绝缘，换向片数与元件数相等，如图5-14所示。

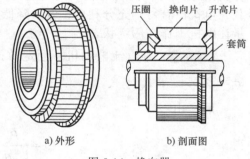

a) 外形　　b) 剖面图

图 5-14　换向器

（3）气隙

在极掌和电枢之间有一空气隙。在小容量电机中，气隙约 1～3mm；在大容量电机中，气隙可达 10～12mm。气隙是电机的重要组成部分，它的大小和形状对电机的性能有很大影响。

2. 直流电机的铭牌数据

每台直流电机的机座外表面上都钉有一块铭牌，上面标注着一些电机数据，这是正确选择和合理使用电机的依据。

根据国家标准，直流电机的额定值有

① 额定功率 P_N（kW）。

② 额定电压 U_N（V）。

③ 额定电流 I_N（A）。

④ 额定转速 n_N（r/min）。

⑤ 励磁方式和额定励磁电流 I_{fN}（A）。

直流电机的铭牌、用途、分类

有些物理量虽然不标在铭牌上，但它们也是额定值，例如在额定运行状态下的转矩、效率分别称为额定转矩、额定效率等。

额定功率，对直流发电机来说，是指电机出线端输出的电功率；对直流电动机来说，则是指它的转轴上输出的机械功率。因此，直流发电机的额定功率应为

$$P_N = U_N I_N \tag{5-3}$$

而直流电动机的额定功率为

$$P_N = U_N I_N \eta_N \tag{5-4}$$

式中，η_N 为直流电动机的额定效率，它是直流电动机额定运行时输出机械功率与电源输入电功率之比。

电动机轴上输出的额定转矩用 T_N 表示，其大小是输出的机械功率额定值除以转子角速度的额定值，即

$$T_N = \frac{P_N}{\Omega} = 9550 \frac{P_N}{n_N} \tag{5-5}$$

式中，P_N 的单位为 kW；n_N 的单位为 r/min；T_N 的单位为 N·m。此式不仅适用于直流电动机，也适用于交流电动机。

直流电机运行时，若各个物理量都与它的额定值相同，就称其为额定运行状态或额定工况。

在额定状态下，电机能可靠地工作，并具有良好的性能。但实际应用中，电机不是一直运行在额定状态。如果流过电机的电流小于额定电流，称为欠载运行，电流超过额定电流称为过载运行。长期过载或欠载运行都不好。长期过载有可能因过热而损坏电机；长期欠载，电机没有得到充分利用，效率降低，不经济。为此选择电机时，应根据负载的要求，尽量让电机工作在额定状态。

例 5-1 某直流电动机，额定数据如下：$P_N = 160\text{kW}$，$U_N = 220\text{V}$，$n_N = 1500\text{r}/\text{min}$，$\eta_N = 90\%$。求 I_N。

解： 由

$$P_N = U_N I_N \eta_N$$

得

$$I_N = \frac{P_N}{U_N \eta_N} = \frac{160 \times 10^3}{220 \times 0.9}\text{A} \approx 808\text{A}$$

例 5-2 某直流发电机，额定数据如下：$P_N = 145\text{kW}$，$U_N = 230\text{V}$，$n_N = 1450\text{r}/\text{min}$。求 I_N。

解：

$$P_N = U_N I_N$$

$$I_N = \frac{P_N}{U_N} = \frac{145 \times 10^3}{230}\text{A} \approx 630\text{A}$$

（三）引导问题：直流电机的用途有哪些？直流电机如何分类？

1. 直流电机的用途

把机械能转变为直流电能的电机是直流发电机，把直流电能转换为机械能的电机称为直流电动机。

直流电动机多用于对调速要求较高的生产机械上，如轧钢机、电力牵引、挖掘机械、纺织机械等，这是因为直流电动机具有以下突出的优点：

1）调速范围广，易于平滑调速。

2）起动、制动和过载转矩大。

3）易于控制，可靠性较高。

直流发电机可用作直流电动机和同步发电机的励磁直流电源以及化学工业中的电镀、电解等设备的直流电源。

与交流电机相比，直流电机的结构复杂，消耗较多的有色金属，维修比较麻烦。随着电力电子技术的发展，由晶闸管整流元器件组成的直流电源设备将逐步取代直流发电机。但直流电动机由于其性能优越，在电力拖动自动控制系统中仍占有很重要的地位。利用晶闸管整流电源配合直流电动机而组成的调速系统仍在迅速地发展。

2. 直流电机按励磁方式分类

励磁方式是指直流电动机主磁场产生的方式。直流电动机主磁场的获得通常有两类，一类由永久磁铁产生；另一类利用给主磁极绕组通入直流电产生，根据主磁极绕组与电枢绕组连接方式的不同，可分为他励、并励、串励、复励直流电动机。

（1）永磁电动机

永磁电动机开始仅在功率很小的电动机上采用，20 世纪 80 年代起由于钕铁硼永磁材料的发现，永磁电动机的功率从毫瓦级发展到千瓦级以上。目前制作永磁电动机的永磁材料主要有铝镍钴、铁氧体及稀土（如钕铁硼）。用永磁材料制作的直流电动机又分有刷（有电刷）和无刷两类。由于永磁电动机具有体积小、结构简单、重量轻，损耗低、效率高、节约能源，温升低、可靠性高、使用寿命长，适应性强等突出优点，使用越来越广泛。它在军事上的应用占绝对优势，几乎取代了绝大部分电磁电动机，其他方面的应用有汽车用永磁电动机、电动自行车用永磁电动机、直流变频空调用永磁电动机等。

（2）他励直流电动机

他励直流电动机电枢绕组和励磁绕组分别由两个独立的直流电源供电，电枢电压与励磁电压彼此无关，如图 5-15a 所示。

（3）并励直流电动机

并励直流电动机励磁绕组与电枢绕组并联，由同一电源供电，励磁电压等于电枢电压，总电流 I 等于电枢电流 I_a 和励磁电流 I_f 之和，即 $I = I_a + I_f$，如图 5-15b 所示。

（4）串励直流电动机

串励直流电动机励磁绕组与电枢绕组串联后再接于直流电源，这时 $I = I_a = I_f$，如图 5-15c 所示。

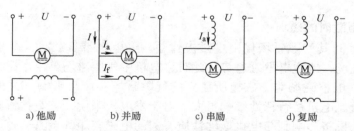

| a) 他励 | b) 并励 | c) 串励 | d) 复励 |

图 5-15　直流电动机的励磁方式

（5）复励直流电动机

复励直流电动机的励磁绕组分两部分：并励绕组匝数多而线径细，与电枢并联；串励绕组匝数少而线径粗，与电枢绕组串联，如图 5-15d 所示。若串励绕组产生的磁通势与并励绕组产生的磁通势方向相同，称为积复励；若两个磁通势方向相反，则称为差复励。

不同励磁方式的直流电机有着不同的特性。一般情况下直流电动机的主要励磁方式是并励、串励和复励，直流发电机的主要励磁方式是他励、并励和复励。

（四）引导问题：直流电机内部的磁场如何形成的？

1. 直流电机空载时的磁场

直流电机空载是指电机无负载，即无功率输出，在电动机中是指无机械功率输出，电枢电流很小，由它产生的磁场可忽略；在发电机中是指无电功率输出，他励直流发电机的电枢电流等于零。所以，直流电机的空载磁场可以看作励磁磁通势单独作用产生的磁场。

（1）主磁通和漏磁通

图 5-16 所示为一台 4 极直流电机空载时，由励磁电流单独作用时建立的磁场分布图。从图中可以看出，磁通 Φ 由一个主磁极（N 极）出发，经过气隙和电枢齿，进入电枢铁心，再分别经过电枢齿和气隙，进入相邻的主磁极（S 极），然后经过外壳，回到原来出发的主磁极（N 极）形成闭合回路。这部分磁通和定、转子绕组相匝链，称为主磁通。电枢旋转时，电枢绕组切割主磁通磁力线，将在其绕组中产生感应电动势；电枢绕组有电流通过时，主磁通与电枢载流导体相互作用，产生电磁转矩。由图可见，在 N 极和 S

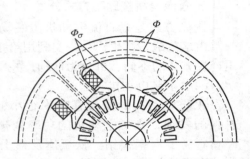

图 5-16　直流电机空载时的磁场分布

极之间，还存在一小部分磁通 Φ_σ，Φ_σ 不进入电枢铁心，不和电枢绕组相匝链，这部分磁通称为主磁极的漏磁通。主磁通的磁回路中的气隙较小，所以磁导较大；而漏磁通的磁回路中空气间隙较大，其磁导较小。所以漏磁通的数量比主磁通要小得多。通常漏磁通的数量只有主磁通的 2% ～ 8%。

（2）空载磁场气隙磁感应强度分布曲线

由于主磁极极靴宽度总比一个极距小，在极靴下的气隙通常不均匀，所以主磁通的每条磁力线所通过的磁回路都不相同，在磁极轴线附近的磁回路中气隙较小，接近极尖处的磁回路中含有较大空间，若不计铁磁材料中的磁压降，则在极靴下气隙小，气隙中各点磁感应强度较大，在极靴范围以外，磁回路中气隙长度增加很多，磁感应强度显著减少，两极间的几何中性线处磁感应强度等于零。不计齿槽影响，直流电机空载时，其气隙中磁感应强度分布波形如图 5-17 所示，上部为磁力线沿极距的分布密度，r 为极距，B_δ 为主磁场的磁感应强度。

2. 直流电机负载时的磁场

直流电机空载时其气隙磁场仅由主磁极建立。当电机带负载时，电枢绕组中有电流通过，产生了电枢磁场，或说电枢磁通势。此时，电机中气隙磁场是由主磁极磁通势和电枢磁通势共同建立的。电枢磁场对主磁极所建立的气隙磁场会产生影响，这种影响称为电枢反应。电枢反应对直流电机运行特性影响很大，对于发电机来说，它直接影响到电机的感应电动势，对电动机来说将影响到与电机拖动性质有关的电磁转矩甚至其转速。电机的感应电动势、电磁转矩都是实现机电能量变换的要素，都与气隙磁场有关。

前面讨论了主磁极励磁磁通势所建立的气隙磁场的大小和分布，现在只要将电枢磁通势的大小和分布分析清楚，然后把两种磁通势合起来，再考虑饱和问题，就可以看清楚电枢磁场对气隙磁场的影响。为了画图简便，省去换向器，假定电刷位于几何中性线上（实际上意味着电刷与处于几何中性线上的元件直接相接触），且导体在电枢表面均匀分布。由于电枢绕组中各支路中电流是通过电刷引入的，则图 5-18 中电刷轴线是电枢表面电流分布的分界线，电枢上半圆周的导体电流方向如果是流入纸面，则下半圆周的导体电流方向必由纸面向外流出。根据右手螺旋定则，该电枢磁通势所建立的磁场分布如图5-18中虚线所示。由图可知，当电刷放在几何中性线上时，电枢磁通势的轴线也在几何中性线上，它与主磁极轴线正交，称为交轴电枢磁通势。确定了电枢磁场磁力线的分布以后，就可求出电枢磁通势和电枢磁场的磁密沿电枢表面分布的形状。

图5-17 气隙中主磁场磁感应强度的分布   图5-18 电刷在几何中性线上时的电枢磁场

3. 直流电机的电枢反应及其影响

把主磁场与电枢磁场合成，将合成磁场与主磁场比较，便可看出电枢磁场的影响。

图5-19给出了磁极极性和极面下元件的电流方向。作为发电机或电动机运行时，电枢磁通势对主磁极磁场的作用是相同的，只是电机旋转方向相反，如图5-20所示。若磁路不饱和，可用叠加原理求出气隙磁场，图中 B_{0x} 表示电机空载时的主磁极磁场，B_{ax} 表示负载时由电枢磁通势单独建立的电枢磁场。将 B_{0x} 和 B_{ax} 沿电枢表面逐点相加，便可得到负载时气隙中的合成磁场 $B_{\delta x}$ 的分布曲线，将 $B_{\delta x}$ 和 B_{0x} 比较，就可得到电枢反应对主磁场的影响，概括起来电枢反应的影响有两点：

（1）负载时气隙磁场发生畸变

每个磁极下，主磁场的一半被削弱，另一半被加强。对发电机来说，前极尖（电枢进入磁极边）的磁场被削弱，后极尖（电枢退出磁极边）的磁场被加强。对电动机来说，若电枢电流的方向仍如图5-18所示，电机的旋转方向与发电机相反，则前极尖的磁场被加强，后极尖的磁场被削弱。空载时，几何中性线处主磁极磁场为零。电机中磁场为零的位置统称为物理中性线，所以物理中性线与几何中性线重合；负载时，由于电枢反应影响，使气隙磁场发生畸变，电枢表面上磁感应强度为零的位置也随之移动，物理中性线与几何中性线不再重合。发电机的物理中性线将顺着电枢旋转方向从几何中性线前移 a，对电动机来说则逆着电枢旋转方向移 a。

（2）呈去磁作用

在不考虑磁路饱和时，主磁场被削弱的数量恰好等于被加强的数量（图5-20中面积 $S_1 = S_2$），因此负载时每极下的合成磁通仍与空载相同。但在实际电机中，磁场已处于饱和状态，负载时实际合成磁场曲线如图5-20中虚线所示，因为主磁极两边磁场变化情况不同，一边是增磁的，另一边是去磁的。增磁会使饱和程度提高，铁心磁阻增大，从而使实际合成磁场曲线比不计饱和时要低。去磁作用会使磁感应强度比空载时低，磁感应强度减小，饱和程度随之降低，因此铁心磁阻略有减少。结果使实际的合成磁化曲线比不计饱和时略高。因为磁阻变化是非线性的，磁阻增加比磁阻减小要大些。所以图 5-20 电枢反应增加的磁通数量小于减小的磁通数量（图中 $S_3 < S_4$），因此负载时每极磁通比空载时磁通略有减少。

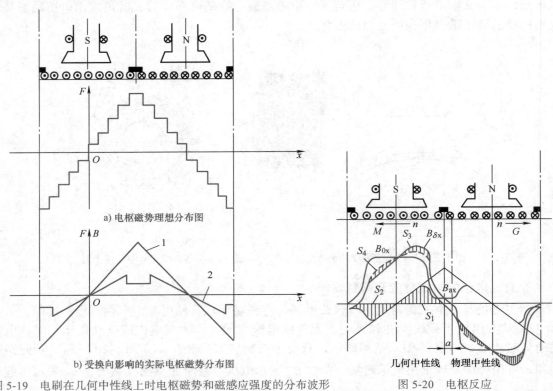

a) 电枢磁势理想分布图

b) 受换向影响的实际电枢磁势分布图

图 5-19　电刷在几何中性线上时电枢磁势和磁感应强度的分布波形

几何中性线　物理中性线

图 5-20　电枢反应

【特别提示】　总地来说，电枢反应的作用不仅使电机气隙磁场发生畸变，而且还有去磁作用。

（五）引导问题：直流电机的换向问题

直流电机的换向

1. 产生换向火花的原因

通过对直流电机电枢绕组的分析知道，当电枢旋转时，组成电枢绕组的每条支路里所含元件数目是不变的，但组成每条支路的元件都在依次循环地更换。一条支路中的某个元件在经过电刷后就成为另一条支路的元件，并且在电刷的两侧，元件中的电流方向是相反的，因此直流电机在工作时，绕组元件连续不断地从一条支路退出而进入相邻的支路。在元件从一条支路转入另一条支路的过程中，元件中的电流要改变方向，这就是直流电机的换向问题。

如果换向不良，将会在电刷与换向片之间产生有害的火花。当火花超过一定程度，就会烧坏电刷和换向器表面，使电机不能正常工作。此外电刷下的火花也是一个电磁波的来源，对附近无线电通信有干扰。国家对电机换向时产生的火花等级及相应的允许运行状态有一定的规定。

产生火花的原因是多方面的，除电磁原因外，还有机械的原因，换向过程伴随有电学、电热等因素，互相交织在一起，所以相当复杂，至今还没有完全掌握其各种现象的物理实质，尚无完整的理论分析。

就电磁理论方面来看，换向元件在换向过程中，电流的变化必然会在换向元件中产生自感电动势。此外，因电刷宽度通常为 2 ～ 3 片换向片宽，同时换向的元件就不止一个，换向元件与换向元件之间会有互感电动势产生。自感电动势和互感电动势合称电抗电动势。根据楞次定律，电抗电动势的作用是阻止电流变化即阻碍换向的进行。另外，电枢磁场的存在使得处在几何中性线上的换向元件中产生一种切割电动势，称为电枢反应电动势。根据右手定则，电枢反应电动势也起着阻碍换向的作用。因此，换向元件中出现延迟换向的现象，造成换向元件离开一个支路最后瞬间尚有较大的电磁能量，这部分能量以弧光放电的方式转化为热能，散失在空气中，因而在电刷与换向片之间出现火花。

2. 改善换向的方法

从产生火花的电磁原因出发，要有效地改善换向，就必须减小、甚至抵消换向元件中的电抗电动势和电枢反应电动势。常用的换向方法有：

（1）装设换向磁极

这时电刷仍放在几何中性线上，同时在几何中性线位置放置换向磁极，使其产生一个换向磁极磁场作用于换向区域，使换向元件切割换向磁极磁场而产生一个电动势。若要使换向元件中合成电动势$\Sigma e = 0$，就要求换向元件切割换向磁极磁场而产生的电动势与换向元件切割电枢磁场产生的电动势方向相反。对发电机来说，换向前元件的电动势和电流是同方向的，因而要使$\Sigma e = 0$，就要求换向磁极磁场的极性与元件换向前所处的主磁极磁场极性相反。对电动机来说，因元件电动势与电流是反向的，为使$\Sigma e = 0$，换向磁极磁场的极性就必须与元件换向前所处的主磁极的极性相同。

综上分析，不难决定换向磁极的极性。对发电机，顺电枢转向，换向磁极应与下一个主磁极极性相同，其排列顺序为：N、S_K、S、N_K（S_K、N_K为换向极极性）。对电动机顺电枢转向，换向磁极应与下一个主磁极极性相反，其排列顺序为：N、N_K、S、S_K。为了使负载变化时，换向磁极磁通势也能做相应变动，使在任何负载时换向元件中Σe始终为零，就要求换向磁极绕组必须与电枢绕组串联，并保证换向磁极磁路不饱和。换向磁极的极性布置和换向磁极绕组的连接如图5-21所示。

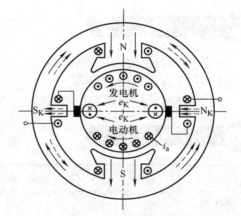

图 5-21　用换向磁极改善换向

（2）移动电刷位置

在没有装设换向磁极的小容量电机中，为了改善换向，可用移动电刷的方法，使短路元件处于主磁场之下，切割磁通，产生一个旋转电动势，其大小与自感电动势相等，方向相反，从而附加电流接近为零，得到直线换向。

对于直流发电机，应顺着电枢转向将电刷移动到物理中性线之外的某个角度。对于直流电动机，应逆着电枢转向将电刷移动到物理中性线之外的某个角度。

（3）正确选用电刷

如上所述，增加电刷接触电阻可以减少附加电流。电刷的接触电阻主要与电刷材料有关，目前常用的电刷有石墨电刷、电化石墨电刷、金属石墨电刷等。石墨电刷的接触电阻较大，金属石墨电刷的接触电阻最小，从改善换向的角度来看似乎应采用接触电阻大的电刷，但接触电阻大，则接触电压降也大，能量损耗和换向器发热加剧，对换向不利。因此，需合理选用电刷。换向不困难，负载均匀，电压为80～120V的中小型电机通常采用石墨电刷；电压在220V以上或换向较困难的电机，常采用电化石墨电刷；而对于低压大电流的电机，宜采用金属石墨电刷。

国产电刷的技术数据可参考有关标准和手册。应当指出，更换新电刷时，必须选用同一牌号或特性接近的电刷，否则会造成换向不良。

3.防止环火与补偿绕组

除了上述电磁性火花以外，直流电机有时还会因为某些换向片间电压过高而发生电位差火花。在不利的情况下，电磁性火花和电位差火花连成一片，在换向器上形成一条长电弧，将正、负电刷连通，这种现象称为"环火"。环火是十分危险的现象，会导致换向器和电枢绕组受到损害。

要消除环火，就必须消除电位差火花，通常采用补偿绕组的方法来消除交轴电枢反应的影响，如图5-22所示。补偿绕组嵌放在主磁极极靴上专门冲出的槽内。补偿绕组应与电枢绕组串联，并使补偿绕组磁通势与电枢磁通势相反，保证在任何负载下电枢磁通势都能被抵消，从而减少了因电枢反应而引起的气隙磁场的畸变，削弱了产生电位差火花而引起环火的可能性。

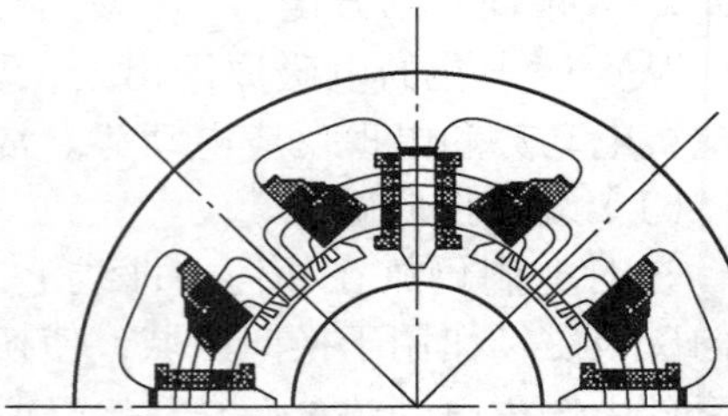

补偿绕组增加了电机的成本，而且使电机变得更复杂，通常只在负载变动大的大、中型电机中采用。

应当指出，产生环火除了上述电气原因以外，也可能是机械原因，如换向器外圆不圆、表面不干净等，因而加强电机的维护工作，对防止环火有着重要的作用。

图 5-22　补偿绕组示意图

四、任务实施

按任务单分组完成以下任务：
1）完成直流电机的拆装。
2）完成直流电机铭牌的解读。

五、任务单

任务一　认识直流电机的作用及结构	组别：	教师签字
班级：	学号：	姓名：	
日期：			

任务要求：
1）按照正确拆装步骤，对直流电机进行拆装。
2）测量绕组对于机壳的绝缘电阻，记录测量数据。
3）按照所学知识，对直流电机的铭牌进行解读，记录解读结果。
4）记录实验过程中注意事项和存在的问题，并进行合理分析，提出解决方法。

仪器、工具清单：

小组分工：

任务内容：

1.直流电机的拆装

（1）直流电机的拆卸

图 5-23 所示为直流电动机拆卸后各主要部件。拆装直流电动机的基本操作步骤为：切断电源→做好标记→拆卸电刷→拆卸轴承外盖→抽出电枢→检查电刷→重新装配。

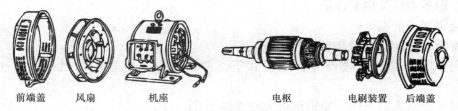

| 前端盖 | 风扇 | 机座 | 电枢 | 电刷装置 | 后端盖 |

图 5-23　直流电动机拆卸后各主要部件

直流电动机的拆卸按照表 5-1 所示步骤进行：

表 5-1　直流电动机的拆卸步骤

顺序	内容	图示	操作步骤及要点
1	拆卸接线		打开电动机接线盒，拆下电源连接线，在端盖与机座连接处做好明显标记，还应在刷架处做好标记，以便后续装配
2	取出电刷		打开换向器端的视察窗，卸下电刷紧固螺钉，从刷握中取出电刷，拆下接到刷杆上的连接线。在拆装电刷装置时，要注意先后顺序，拆卸时一定要掀起刷握上的压紧弹簧，先取出电刷后，才能抽出电枢
3	拆卸轴承外盖		拆除换向器侧端盖螺钉和轴承盖螺钉，取出轴承外盖；拆卸换向器端的端盖时，在端盖下方垫上木板等软材料，以免端盖落下时碰裂，用铁锤通过紫铜棒沿端盖四周边缘均匀地敲击，逐渐使端盖止口脱离机座及轴承外圈。必要时从端盖上取下刷架
4	抽出电枢		抽出电枢时要仔细，不要碰伤电枢绕组、换向器及磁极绕组
5	拆卸放好		拆下前端盖上的轴承盖螺钉并取下轴承外盖，将连同前端盖在内的电枢放在木架上或木板上。轴承一般只在损坏后才可取出，无特殊原因，不必拆卸。用纸或软布将换向器包好、放好

直流电动机拆卸后，清洗零部件，更换润滑油，用绝缘电阻表测量绕组对于机座的绝缘电阻，电阻值不应小于0.5MΩ。

（2）直流电机的装配步骤

1）清理零部件。

2）定子装配。

3）装轴承内盖及热套轴承。

4）装刷架于前端盖内。

5）将带有刷架的端盖装到定子机座上。

6）将机座立放，机座在上，端盖在下，并将电刷从刷盒中取出来，吊挂在刷架外侧。

7）将转子吊入定子内，使轴承进入端盖轴承孔。

8）装端盖及轴承外盖。

9）将电刷放入刷盒内并压好。

10）装出线盒及接引出线。

11）装其余零部件。

12）安装好电机。

2. 直流电机铭牌的解读

为防止磨损，一般电机铭牌数据都是钢印显示。根据图5-24中直流电动机的铭牌，解读这台直流电动机的关键数据。

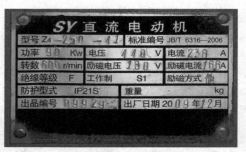
图5-24　直流电动机铭牌实例

六、任务考核与评价

任务一　认识直流电机的作用及结构		日期：	教师签字		
姓名：	班级：	学号：			

评分细则

序号	评分项	得分条件	配分	小组评价	教师评价
1	学习态度	1. 遵守实验室操作制度 2. 积极主动，具有创新意识	10		
2	安全规范	1. 能进行设备和工具的安全检查 2. 能规范使用实验设备 3. 具有安全操作意识	10		

（续）

序号	评分项	得分条件	配分	小组评价	教师评价
3	专业技术能力	1. 能正确拆卸电动机 2. 拆卸步骤方法正确 3. 未损伤零部件、绕组、换向器	25		
		1. 能正确装配电动机 2. 装配步骤正确 3. 正确拧紧螺栓，转子转动灵活，接线正确	25		
4	数据读取、处理能力	1. 能正确测量直流电机绕组的绝缘电阻 2. 能正确分析直流电机铭牌	15		
5	报告撰写能力	1. 能独立完成任务单的填写 2. 字迹清晰、文字通顺 3. 能体现较强的问题分析能力	15		
		总分	100		

任务二　测量直流电机的工作特性及机械特性

姓名：　　　　班级：　　　　日期：　　　　参考课时：6 课时

一、任务描述

　　作为电机修理厂的技术人员，对直流电机的各种特性应该非常精通。例如：在设计电动机拖动系统时，首先应该知道所选择电机的机械特性和工作特性，但是电动机的产品目录或者铭牌数据中并没有给出相关数据。因此，本任务是测量并绘制直流电动机的工作特性曲线和机械特性曲线。

二、任务目标

※　**知识目标**　1）掌握直流电机的感应电动势和电磁转矩公式。

　　　　　　　　2）熟悉直流电动机和直流发电机的基本方程。

　　　　　　　　3）掌握直流电机的工作特性。

　　　　　　　　4）掌握直流电机的固有机械特性和人为机械特性。

※　**能力目标**　1）能够分析直流电机的转矩平衡方程、电压平衡方程和功率平衡方程。

　　　　　　　　2）能够用实验方法测取直流并励电动机的工作特性和机械特性。

　　　　　　　　3）能正确使用仪器仪表对变压器实验数据进行测量。

　　　　　　　　4）能根据测量数据，对参数进行计算、对特性曲线进行绘制。

※　**素质目标**　1）培养理论联系实践的能力。

　　　　　　　　2）培养遵守规范的实验习惯，做到项目实施的正确性。

　　　　　　　　3）培养灵活创新、坚持不懈、精益求精的工作态度。

　　　　　　　　4）培养团结协作、互帮互助的合作精神。

三、知识准备

（一）引导问题： 直流电机运行时的电动势、转矩、功率如何表示呢？

直流电机的基本方程

（1）电枢电动势和电磁转矩

1）电枢电动势。直流电机转动时，电枢绕组切割磁力线而感应的电动势称为电枢电动势。电枢电动势 E_a 与定子磁通 Φ、转子转速 n 成正比，即

$$E_a = C_e \Phi n \tag{5-6}$$

式中， C_e 为与电动机结构有关的电动势常数。

应该指出，电枢电动势在发电机和电动机中的作用是不同的。在发电机中，它是向外输出电能的电源电动势；而在电动机中，外加的直流电源只有克服了这个电动势才能使电流送入电枢绕组，因此在直流电动机中电枢电动势也称为反电动势。但无论在电动机还是发电机中，产生电枢电动势的原因是相同的，计算方法也是相同的。

2）电磁转矩。直流电机的电磁转矩是因载流导体在磁场中受力而产生的。电磁转矩 T 与定子磁通 Φ、电枢电流 I_a 成正比，即

$$T = C_T \Phi I_a \tag{5-7}$$

式中， C_T 为与电动机结构有关的转矩常数。在电动机中，电磁转矩使电动机带动负载转动输出机械能，是动力矩；而在发电机中，原动机只有克服了这个转矩才能带动发电机转动，产生感应电动势输出电能。

（2）直流电机稳态运行时的电压平衡方程

从电学的观点看，直流电机运行时只是一个特定的电路，它应符合相关的电路定律，如基尔霍夫定律等。下面以他励直流电机为例，根据基尔霍夫电压定律求出直流电机稳态运行时的电压平衡方程式。在求出直流电机稳态运行时的电压平衡方程式之前，先要规定好各物理量的正方向。通常先规定电枢两端的端电压 U 的正方向，对于发电机，根据电枢电流 I_a 是输出电流，电枢电动势 E_a 与 I_a 同向而标出正方向，如图 5-25a 所示，称为发电机惯例。对于电动机，可以类似得出 E_a 与 I_a 的正方向，如图 5-25b 所示，称为电动机惯例。根据图 5-25 所设各量的正方向，在电机稳态运行时，可得出电枢回路电压平衡方程式为

发电机运行时（按发电机惯例） $\qquad E_a = U + I_a r_a + 2\Delta U_b = U + I_a R_a \tag{5-8}$

电动机运行时（按电动机惯例） $\qquad U = E_a + I_a r_a + 2\Delta U_b = E_a + I_a R_a \tag{5-9}$

式中， r_a 为电枢绕组电阻；R_a 为电枢回路总电阻，包括电刷和换向器之间的接触电阻；$2\Delta U_b$ 为正负电刷总接触电阻电压降。

电刷接触电压降与电枢电流的关系不大，只因电刷材料不同而有差别。一个电刷的接触电压降为：碳 – 石墨及石墨电刷 $\Delta U_b = 1V$，金属石墨电刷 $\Delta U_b = 0.3V$。

由此可见，给各物理量规定不同的正方向，得到的电压平衡方程式的形式不同。还应

指出，"惯例"仅仅是规定各物理量正方向的一种选择。不能认为发电机惯例时，电机就一定运行在发电机状态，电动机惯例时，电机就一定运行在电动机状态。恰恰相反，不管用哪种惯例，根据不同的条件，电机可以运行在发电机状态，也可运行在电动机状态，或者其他状态如制动状态等。总之，单单根据图 5-25 所示各物理量的正方向，并不能说明直流电机实际运行在哪种状态，还必须根据电机实际运行时各物理量的大小及正负来判断。

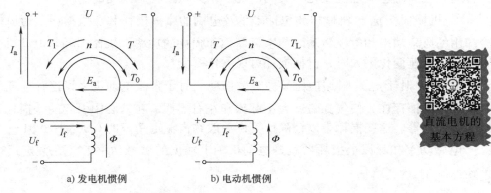

直流电机的基本方程

图 5-25　他励直流电机电路

（3）转矩平衡方程

1）直流电动机转矩平衡方程。直流电动机的电磁转矩可以直接根据式（5-7）计算。对直流电动机来说，任何时候其电磁转矩总等于反抗转矩之和。当它以恒定转速运行时，电磁转矩并不只等于电动机轴上的输出转矩，电磁转矩 T 应与电动机轴上的负载转矩 T_L 和电动机本身的阻转矩 T_0（空载转矩）之和相平衡，才能保持匀转速运动，即

$$T = T_L + T_0 \tag{5-10}$$

2）直流发电机转矩平衡方程。当发电机的电枢中流过电流时，电枢电流和气隙磁场相互作用产生电磁转矩，电磁转矩的方向由左手定则确定，与电枢转向相反。即发电机中的电磁转矩是制动转矩，它与空载转矩 T_0 之和与原动机的驱动转矩 T_1 相平衡。因此，发电机的转矩平衡方程为

$$T_1 = T + T_0 \tag{5-11}$$

（4）功率平衡方程

1）直流电动机功率平衡方程。根据能量守恒定律，能量不能产生，也不能消失，只能相互转换。对直流电动机也是如此。下面研究他励直流电动机的功率平衡方程，即单位时间内的能量传输和转换关系。

他励直流电动机的输入电功率为

$$\begin{aligned}
P_1 &= IU = (E_a + I_a r_a + 2\Delta U_b)I_a \\
&= E_a I_a + I_a^2 r_a + 2\Delta U_b I_a \\
&= P_{em} + p_{Cua} + p_b
\end{aligned}$$

式中，P_{em} 为电磁功率；p_{Cua} 为电枢铜损耗，是消耗在电枢电阻 r_a 中的电功率，与电枢电流的二次方成正比；p_b 为电刷接触电压降引起的损耗。

电动机的电磁功率 P_{em} 由电功率转换为机械功率以后，并不能全部以机械功率的形式从电动机轴上输出，还要扣除以下几种损耗：

① 铁损耗 p_{Fe}。直流电动机的铁损耗是指电枢铁心中的磁滞损耗和涡流损耗，它是由电枢铁心在磁场中旋转并切割磁力线而引起的。铁损耗是磁感应强度和磁通交变频率的函数，在转速和气隙磁感应强度变化不大的情况下认为铁损耗是不变的。

② 机械损耗 p_m。机械损耗包括轴承及电刷的摩擦损耗和通风损耗，通风损耗包括通风冷却用的风扇功率和电枢转动时与空气摩擦而损耗的功率。机械损耗与电动机转速有关，当电动机的转速变化不大时，机械损耗可以看作不变。

③ 附加损耗 p_{ad}。附加损耗又称杂散损耗，对于直流电动机来说这种损耗是由于电枢铁心表面有齿槽存在，使气隙磁通大小脉振和左右摇摆，在铁心中引起的铁损耗和换向电流产生的铜损耗等。这些损耗难以精确计算，一般约占额定功率的 $0.005 \sim 0.01$。

电磁功率扣除以上损耗后就是电动机轴上输出的机械功率 P_2（在额定运行时，等于额定功率 P_N），即

$$P_{em} = P_2 + p_{Fe} + p_m + p_{ad}$$
$$= P_2 + p_0 + p_{ad} \tag{5-12}$$

式中，p_0 为直流电动机的空载功率损耗，$p_0 = p_{Fe} + p_m$。

综上所述，可得他励直流电动机的功率平衡方程为

$$P_1 = P_2 + p_{Fe} + p_m + p_{ad} + p_{Cua} + p_b = P_2 + \Sigma P \tag{5-13}$$

根据他励直流电动机的功率平衡方程式，可以画出他励直流电动机的功率流程图，如图 5-26 所示。

2）直流发电机功率平衡方程。根据转矩平衡方程式和电动势平衡方程式，将转矩平衡方程式（5-10）两边同乘角速度，得

$$T_1 \Omega = T \Omega + T_0 \Omega$$

式中，$T_1 \Omega$ 为原动机输入功率 P_1；$T_0 \Omega$ 为克服空载转矩所需的空载功率 p_0，$p_0 = p_{Fe} + p_m$；$T \Omega$ 为原动机克服电磁转矩所需输入的机械功率。则有

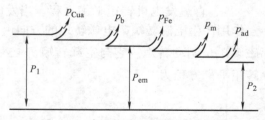

图 5-26　直流他励电动机功率流程图

$$P_1 = P + p_0 \tag{5-14}$$

若考虑附加损耗 p_{ad}，则

$$P = P_1 - (p_{Fe} + p_m + p_{ad}) \tag{5-15}$$

式中，直流发电机的各种损耗的含义同直流电动机，在此不再介绍。

【（二）】引导问题：直流电动机具有怎样的工作特性？

直流电动机的工作特性是指端电压 U 为额定电压，电枢回路不外加任何

直流电机的
工作特性

电阻，励磁电流 I_f 为额定电流时，电动机的转速 n、电磁转矩 T、效率 η 与输出功率 P_2 之间的关系，即 $n = f(P_2)$、$T = f(P_2)$、$\eta = f(P_2)$ 的关系。在实际运行中，电枢电流 I_a 可直接测量，并随 P_2 增大而增大，而且两者增大趋势相接近，所以工作特性通常用 $n = f(I_a)$、$T = f(I_a)$、$\eta = f(I_a)$ 的关系表示。

直流电动机的工作特性因励磁方式不同，差异很大，下面分别讨论。

1. 并励（他励）直流电动机

图 5-27a 是求取并励直流电动机工作特性的电路图。图中 R_{st} 为起动电阻，R_{fz} 为磁场调节电阻，R_f 为励磁线圈电阻。在 $U = U_N$ 时，调节电动机的负载和励磁电流，使输出功率为额定功率 P_N，转速为额定转速 n_N，此时励磁电流为 I_{fN}。保持 $U = U_N$，$I_f = I_{fN}$ 不变，改变电动机的负载，测得相应的转速 n、负载转矩 T 和输出功率 P_2，可画出图 5-27b 所示的工作特性曲线。

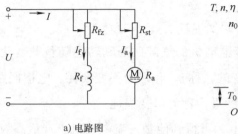

a）电路图   b）工作特性曲线

图 5-27　并励直流电动机工作特性

（1）转速特性

式（5-6）代入式（5-9）可得转速为

$$n = \frac{U - R_a I_a}{C_e \Phi} \tag{5-16}$$

式（5-16）对各种励磁方式的电动机都适用。对于某一电动机，C_e 为常数，则当 $U = U_N$ 时，影响转速的因素是 $R_a I_a$ 或磁通 Φ，当励磁电流 I_f 为一定时，磁通 Φ 仅受电枢反应的影响。当负载增大时，电枢电流 I_a 增大，电枢电压降 $R_a I_a$ 也增大，转速 n 下降；而电枢反应的去磁作用又使 Φ 减少，n 上升，作用结果使电动机的转速变化很小。

当负载较重、I_a 较大时，电枢反应的去磁作用影响较大，则转速 n 随负载的增加而上升，这是一种不稳定的运行情况。实际上，在设计电动机时，考虑到这个因素的影响，应该使电动机在负载增加时转速略有下降。某些并励直流电动机，为使工作稳定，有时在主磁极铁心上加一个匝数很少的串励绕组，以补偿电枢反应的去磁作用，这个绕组称为稳定绕组。由于串励磁通势仅占总磁通势的10%，所以该电动机仍称并励直流电动机。

电动机从空转转速 n_0 到满载转速 n_N 的变化程度，用额定转速调整率 $\Delta n\%$ 表示，则

$$\Delta n\% = \frac{n_0 - n_N}{n_N} \times 100\%$$

并励直流电动机的转速调整率很小，只有 2%～8%，基本上可以认为是一种恒速电动机。

（2）转矩特性

直流电动机输出机械功率 $P_2 = T_2\Omega$，即输出转矩为

$$T_2 = \frac{P_2}{\Omega} = \frac{P_2}{2\pi n / 60}$$

由此可见，当转速不变时，$T_2 = f(P_2)$ 为过原点的直线。实际上，当 P_2 增加时，转速 n 略有下降，因而图 5-27b 中 $T_2 = f(P_2)$ 的关系曲线不是直线，而是稍向上弯曲。因为 $T = T_2 + T_0$，只要在 $T_2 = f(P_2)$ 的曲线上加空载转矩 T_0 便可得到 $T = f(P_2)$ 的关系曲线。在图 5-27b 中，当 $T_2 = 0$ 时，$T = T_0$。

（3）效率特性

根据式（5-12）及图 5-26 可得出

$$\eta = \frac{P_2}{P_1} \times 100\% = \left(1 - \frac{\Sigma P}{P_1}\right) \times 100\% = \left(1 - \frac{p_{Fe} + p_m + I_a^2 r_a + 2\Delta U_b I_a}{U I_a}\right) \times 100\%$$

式中，ΣP 为各损耗之和，其中忽略了附加损耗。

当 $U = U_N$，$I_f = I_{fN}$ 时，他励直流电动机的气隙磁通和转速随负载变化而变化很小，可以认为铁损耗 p_{Fe} 和机械损耗 p_m 是不变的，称 $p_{Fe} + p_m$ 为不变损耗。电枢回路的铜损耗 $I_a^2 r_a$ 和电刷损耗 $2\Delta U_b I_a$ 是随负载电流而变化的量，称为可变损耗。

如果对上式求导，并令 $d\eta / dI_a = 0$，可得到他励直流电动机出现最高效率的条件，即

$$p_{Fe} + p_m = I_a^2 r_a$$

由此可见，当随电流二次方而变化的可变损耗等于不变损耗时，电动机的效率最高；I_a 再进一步增加时，可变损耗在总损耗中比例增加，效率 η 反而略有下降。这一结论具有普遍意义，对其他电机也同样适用。最高效率一般出现在 3/4 额定功率左右。在额定功率时，一般中小型电机的效率为 75%～85%，大型电机效率为 85%～94%。

2. 串励直流电动机

图 5-28a 所示为串励直流电动机电路图。其工作特性是指 $U = U_N$ 时，T、n、η 与 P_2 或 I_a 的关系，如图 5-28b 所示。

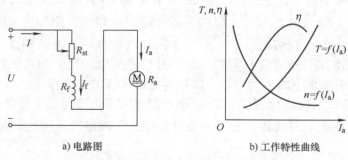

a) 电路图   b) 工作特性曲线

图 5-28　串励直流电动机工作特性

因为串励直流电动机的励磁绕组与电枢串联，所以有 $I = I_a = I_f$，并与负载大小有关。也就是说励磁电流的气隙磁通 Φ 将随负载的变化而变化，这是串励直流电动机与并励直流电动机最大差别之一，也使其工作特性有很大不同。

（1）转速特性

当串励直流电动机输出功率 P_2 增加时，电枢电流 I_a 随之增大，电枢回路的电阻电压降也增大。因 $I_a = I_f$，气隙磁通 Φ 也增大，由式（5-16）可知，这两个因素均使转速 n 下降，如图 5-28b 所示。当负载很轻时 I_a 很小，磁通 Φ 也很小，所以转速 n 很高，这样才能产生足够的电动势 E_a 与电源电压相平衡。所以，串励直流电动机绝对不允许在空载或负载很小的情况下起动或运行，以防止"飞车"。同时为防止意外发生，还规定串励直流电动机与生产机械之间不允许用带传动，而且负载转矩不得小于额定转矩的1/4。

（2）转矩特性

因为 $T = C_T \Phi I_a$，当磁路未饱和时，$\Phi \propto I_a$，因此 $T \propto I_a^2$，所以轴上的输出转矩 T 将随 I_a 的增加而迅速增加；当负载较大时，因磁路饱和，Φ 近似不变，$T \propto I_a$。也就是说，随着 P_2、I_a 的增大，电磁转矩 T 将以高于电流一次方的速度增加，这种转矩特性使串励直流电动机在同样大小的起动电流下产生的起动转矩比他励电动机大。而当负载增大时，电动机转速会自动下降，如图 5-28b 所示。这种工作特性十分适用于作为牵引电机的电传动机车。

（3）效率特性

串励直流电动机的效率特性与他励电动机相仿。需要指出，串励电动机的铁损耗不是不变的，而是随 I_a 的增大而增大。此外因负载增加时转速降低很多，所以机械损耗随负载增加而减少。若不计附加损耗，$p_{Fe} + p_m$ 基本保持不变。而串励直流电动机的励磁铜损耗 $p_{Cuf} + p_{Cua} + 2\Delta U_b I_a$ 为可变损耗，与 I_a^2 成正比。当可变损耗等于不变损耗时，串励直流电动机的效率最高。

（三）引导问题：直流电动机具有怎样的机械特性？

直流电动机的机械特性是指电动机的转速与转矩的关系，即 $n = f(T)$。电动机的主要任务是拖动机械负载，当转矩变化时，电动机的输出转矩也应随之变化，仍能在另一转速下稳定运行。在设计电力拖动系统时，通常负载及负载特性已确定，因此电动机的机械特性在很大程度上决定了系统的稳定性，电动机机械特性与负载的机械特性共同确定了拖动系统的起动、制动、调速等运行性能。

1. 他励直流电动机的机械特性

（1）机械特性的一般表达式

他励直流电动机的电路原理图如图 5-29 所示。图中电枢回路中串接附加电阻 R_Ω 可以调节电枢电流 I_a，励磁回路中串接调节电阻 r_Ω 可以调节励磁电流 I_f，从而调节磁通 Φ。由图 5-29 所示电路可得出他励直流电动机电枢回路电压平衡方程式 $U = E_a + I_a(R_a + R_\Omega)$，将式（5-6）和式（5-7）代入电压平衡方程，得

$$U = C_e \Phi n + \frac{R_a + R_\Omega}{C_T \Phi} T$$

从上式解出 n，即得他励直流电动机机械特性的一般表达式为

$$n = \frac{U}{C_e\Phi} - \frac{R_a + R_\Omega}{C_e C_T \Phi^2}T = n_0 - \beta T \tag{5-17}$$

式中，$n_0 = U/(C_e\Phi)$ 为 $T = 0$ 时的转速，称为理想空载转速；$\beta = (R_a + R_\Omega)/(C_e C_T \Phi^2)$ 为机械特性曲线的斜率。

在式（5-17）中，当 U、R、Φ 均为常数时，即可画出他励直流电动机的机械特性曲线，如图 5-30 所示，为一条向下倾斜的直线。这根直线与纵坐标交点处的转速为 n_0，与直线向下倾斜的程度 β 成正比。可见，理想空载转速 n_0 与斜率 β 这两个值的大小就确定了他励直流电动机的机械特性。

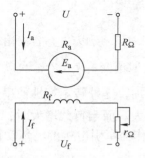

图 5-29　他励直流电动机的电路原理图

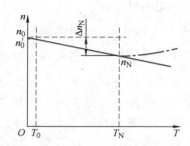

图 5-30　他励直流电动机的机械特性曲线

由图 5-30 可见，他励直流电动机的转速 n 随转矩 T 的增大而降低，即负载时转速 n 低于理想空载转速 n_0，负载时转速下降的数值称为转速降，用 Δn 表示，为

$$\Delta n = n_0 - n = \beta T$$

显然，Δn 与 β 成正比，β 越大，Δn 就越大。通常称 β 大的机械特性为软特性，β 小的机械特性为硬特性。

应该指出，电动机空载旋转起来后，电磁转矩 T 不可能为零，且必须等于空载转矩 T_0，此时电动机的转速 $n_0' = n_0 - \beta T_0$ 称为实际空载转速。显然 n_0' 略低于 n_0，如图 5-30 所示。

【特别提示】　分析一下电枢反应对机械特性的影响。电枢电流不大时，电枢反应的影响很小，可以忽略不计，但当电枢电流较大时，由于饱和的影响，产生去磁作用，使每极磁通量略有降低。由式（5-17）可知，磁通 Φ 降低，转速 n 升高，机械特性在负载大时呈上翘现象，如图 5-30 中点画线所示。为了避免上翘，通常在主磁极上加一个匝数很少的串励绕组（稳定绕组，如前所述），其磁动势可抵消电枢反应。

（2）固有机械特性

电源电压 $U = U_N$，每极磁通 $\Phi = \Phi_N$，电枢回路不串电阻（即 $R_\Omega = 0$）时的机械特性称为固有机械特性。将上述条件代入式（5-17），即得固有机械特性方程式为

$$n = \frac{U_N}{C_e\Phi_N} - \frac{R_a}{C_e C_T \Phi_N^2}T = n_0 - \beta_N T \tag{5-18}$$

理想空载转速 $n_0 = U_N / (C_e \Phi_N)$，机械特性的斜率 $\beta_N = R_a / (C_e C_T \Phi_N^2)$。一般他励直流电动机电枢电阻 R_a 很小，所以 β_N 通常较小，因此固有机械特性一般为硬特性。

在固有机械特性曲线（见图 5-30）上，额定转矩 T_N 对应的转速为额定转速 $n_N = n_0 - \beta_N T_N$，额定转矩 T_N 对应的转速降为额定转速降 $\Delta n_N = n_0 - n_N = \beta_N T_N$，额定转速降 Δn_N 对额定转速 n_N 的比值用百分数表示时称为额定转速变化率 $\Delta n\%$，其值为

$$\Delta n\% = \frac{\Delta n_N}{n_N} \times 100\% = \frac{n_0 - n_N}{n_N} \times 100\%$$

由于他励直流电动机固有机械特性较硬，$\Delta n\%$ 通常较小。中小型他励直流电动机的 $\Delta n\%$ 为 10% ～ 15%，大容量电动机的 $\Delta n\%$ 为 3% ～ 8%。

（3）人为机械特性

在电力拖动系统中，电动机的使用情况千差万别，其固有机械特性通常不能满足其使用要求，但可通过改变某个参数来改变电机的机械特性以满足使用要求。这种经过改变的特性称为人为机械特性。

固有机械特性的条件有 3 个：$U = U_N$、$\Phi = \Phi_N$、$R_\Omega = 0$，改变其中任意一个条件即可改变其特性。所以，人为机械特性可分为 3 种。

1）电枢回路串接电阻时的人为机械特性。此时 $U = U_N$、$\Phi = \Phi_N$、$R_\Omega \neq 0$，人为机械特性的方程式为

$$n = \frac{U_N}{C_e \Phi_N} - \frac{R_a + R_\Omega}{C_e C_T \Phi_N^2} T \tag{5-19}$$

由于电压 U 与磁通 Φ 保持额定值不变，理想空载转速 n_0 与固有机械特性相同。特性斜率 β 随串接电阻的增大而增大，人为机械特性曲线的硬度降低。因此，电枢回路串接电阻时的人为机械特性曲线为相交于纵坐标轴上（$n = n_0$ 点）且具有不同斜率的一组直线，如图 5-31 所示。在负载转矩一定时，串接电阻 R_Ω 越大，转速 n 越低，转速降 Δn 越大。而在负载转矩变化时，串接电阻 R_Ω 越大，转速的变化越大。

2）降低电压时的人为机械特性。改变电压 U，$\Phi = \Phi_N$、$R_\Omega = 0$ 时，人为机械特性的方程式为

$$n = \frac{U}{C_e \Phi_N} - \frac{R_a}{C_e C_T \Phi_N^2} T \tag{5-20}$$

由于受电机绝缘水平的限制，改变电压时通常向低于额定电压的方向改变，即降低电压时，理想空载转速 n_0 随电压的降低而降低。由于磁通 Φ 保持额定值不变，电枢回路电阻等于 R_a 不变，则特性斜率 $\beta = \beta_N$ 不变。因此，降低电压时的人为机械特性曲线是低于固有机械特性又与固有机械特性平行的一组平行线，如图 5-32 所示。在负载转矩一定时，电压越低转速 n 越低，而转速降 Δn 不变，即机械特性曲线的硬度不变。

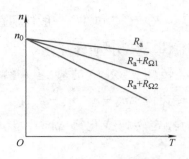

图 5-31　他励直流电动机电枢回路串电阻时
的机械特性曲线

（$R_{\Omega 1} < R_{\Omega 2}$）

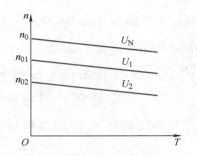

图 5-32　他励直流电动机降低电压时
的机械特性曲线

（$U_N > U_1 > U_2$）

3）减弱磁通时的人为机械特性。改变磁通 Φ，而 $U = U_N$、$R_\Omega = 0$ 时，人为机械特性方程为

$$n = \frac{U_N}{C_e \Phi} - \frac{R_a}{C_e C_T \Phi^2} T \qquad (5-21)$$

一般他励直流电动机在额定磁通下运行时，电机磁路已接近饱和，因此改变磁通实际上是在 Φ_N 的基础上减弱磁通。一般在励磁回路中串接电阻 r_Ω，通过调节励磁电流而改变磁通。

当减弱磁通时，理想空载转速 $n_0 = U_N / (C_e \Phi)$ 与 Φ 成反比而增大，特性斜率 $\beta_N = \dfrac{R_a}{C_e C_T \Phi^2}$ 则与 Φ 的二次方成反比而增大，人为机械特性曲线的硬度降低。减弱磁通时的人为机械特性曲线如图 5-33 所示，不同特性曲线在第一象限内有交点。在负载转矩一定时，一般情况下减弱磁通会使转速 n 升高，转速降 Δn 也会增大。只有在负载很重或磁通 Φ 很小时，若再减弱磁通，转速 n 反而会下降。

并励直流电动机的机械特性表达式与他励直流电动机相同，在额定电源电压 U_N 和额定励磁电流 I_{fN} 时，其固有机械特性与他励电动机相同。但当改变电源电压 U 时，尽管励磁回路电阻 R_f 保持不变，但励磁电流 I_f 改变，当磁路未饱和时，磁通 Φ 也与 U 成正比，则 $n_0 = U / (C_e \Phi)$ 基本保持不变，而特性曲线的斜率 $\beta = R_a / (C_e C_T \Phi^2)$ 在变化，所以人为机械特性不是一组平行线。如果保持电源电压 U 和 R_f 不变，在电枢回路中串入不同电阻，则 Φ 不改变，那么人为机械特性曲线与他励直流电动机串电阻机械特性曲线相同，是一组射线。若仅改变励磁回路电阻 R_f 改变磁通 Φ（设 U、R_a 不变），则人为机械特性也与他励直流电动机弱磁机械特性相同。

2. 串励直流电动机

串励直流电动机由于励磁电流 I_f 即电枢电流 I_a，磁路的饱和程度随负载而变化。当磁路未饱和时，磁通 Φ 与 I_a 成正比，可写成 $\Phi = C_\Phi I_a$。

根据 $U = E_a + R_a I_a + R_f I_a$，$E_a = C_e \Phi n$，$T = C_T \Phi I_a = C_T C_\Phi I_a^2 = C_T' I_a^2$，可得基本机械特性

方程式为

$$n = \frac{E_a}{C_e\Phi} = \frac{E_a}{C_eC_\Phi I_a} = \frac{U - (R_a + R_f)I_a}{C'I_a}$$

$$= \frac{U}{C'I_a} - \frac{R_a + R_f}{C'} = \frac{U}{C'\sqrt{T/C_T'}} - \frac{R_a + R_f}{C'}$$

即

$$n = C_1 \frac{U}{\sqrt{T}} - C_2(R_a + R_f) \tag{5-22}$$

式中，$C_1 = \sqrt{C_T'}/C'$，$C_2 = 1/C'$，均为系数。

　　根据式（5-22）可画出串励直流电动机磁路未饱和时的固有机械特性曲线，如图 5-34 的曲线 1 所示，它是一条向下延伸的双曲线，说明当负载转矩增大时，转速下降很快，是软的机械特性。如果磁路已饱和，式（5-22）则不适用，其机械特性与此曲线有很大差别，但转速随转矩增加而显著下降的特点依然存在。

　　图 5-34 中曲线 2、3 是电枢回路串电阻后的人为机械特性曲线。

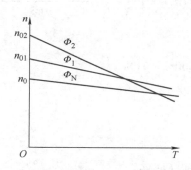

图 5-33　他励直流电动机减弱磁通时的机械特性曲线
（$\Phi_N > \Phi_1 > \Phi_2$）

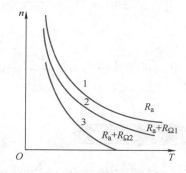

图 5-34　串励直流电动机的机械特性曲线

　　由机械特性曲线的分析可看出，串励直流电动机主要特点：

　　1）固有特性曲线是一条非线性的软特性曲线。当负载小时，电动机转速会自动升高很多，从而提高生产机械的运行效率。

　　2）不允许轻载或空载运行。从式（5-22）看出，$T = 0$ 时，$n = \infty$，即理想空载转速为无穷大。实际空载时，即使 $T = 0$，$I_a = 0$，还有剩磁 Φ_0 存在，所以 $n_0 = U/(C_e\Phi_0)$ 为有限值，但是很高，一般为（$5 \sim 6$）n_N，高转速将会造成电动机与所带设备的损坏。所以，串励直流电动机不允许空载或轻载运行。

　　3）过载能力强，起动性能好。由于 $T = C_T\Phi I_a = C_T K I_a^2$，所以在相同的最大电流下，产生的转矩比他励直流电动机产生的转矩大得多。也就是说，因为当负载增大时，电枢电流和磁通都增大，所以电枢电流稍有增大，电动机转矩就可以与负载转矩相平衡。因此尽管负载增大很多，电枢电流的增加却比他励直流电动机小得多，不会因负载增大而使电动机过载。同理，在相同起动电流下，产生的起动转矩也比他励直流电动机大得多。

　　由于串励直流电动机具有以上 3 个特点，起重运输机械和电气牵引装置较多的采用串励直流电动机拖动。

例 5-3　有一台并励直流电动机的技术数据如下：额定功率为 2kW，额定电压为 220V，额定电流为 10A，额定励磁电流为 1A，额定转速 $n_N = 1500 r/min$，电阻 $R_a = 0.5\Omega$。求：（1）理想空载转速 n_0；（2）50% 额定负载时的转速 n_1；（3）当负载增加、转速降到 $n_2 = 1450 r/min$ 时的电枢电流；（4）电动机的效率 η。

解：（1）$I_a = I_N - I_f = (10-1)A = 9A$

$$C_e\Phi = \frac{U_N - R_a I_a}{n_N} = \frac{220 - 0.5 \times 9}{1500} V/(r \cdot min^{-1}) \approx 0.144 V/(r \cdot min^{-1})$$

则理想空载转速 n_0 为 $n_0 = \frac{U_N}{C_e\Phi} = \frac{220}{0.144} r/min \approx 1528 r/min$。

（2）50% 额定负载时的转速 $n_1 = n_0 - \frac{R_a I_a'}{C_e\Phi} = (1528 - \frac{0.5 \times 9}{0.144} \times 0.5) r/min \approx 1512 r/min$

（3）当转速降到 $n_2 = 1450 r/min$ 时，电枢电流为 $I_a'' = (n_0 - n_1)\frac{C_e\Phi}{R_a} = \frac{(1528-1450) \times 0.144}{0.5} A \approx 22.5A$。

（4）电动机的效率为 $\eta = \frac{P_N}{U_N I_N} \times 100\% = \frac{2000}{220 \times 10} \times 100\% \approx 91\%$。

⏩ 四、任务实施

按任务单分组测量并励直流电动机的工作特性和机械特性。

⏩ 五、任务单

任务二　测量直流电机的工作特性及机械特性		组别：	教师签字
班级：	学号：	姓名：	
日期：			

任务要求：

1）用实验方法测量并励直流电动机的工作特性和机械特性。

2）了解并励直流电动机起动、改变转向的方法。

3）按照正确步骤，分组进行实验，记录相关参数，绘制相关曲线。

4）记录实验过程中存在的问题，并进行合理分析，提出解决方法。

仪器、工具清单：

小组分工：

任务内容：

1. 测量并励直流电动机的工作特性和机械特性

按图5-35接线，图中校正直流测功机MG按他励发电机连接，在此作为直流电动机M的负载，用于测量电动机的转矩和输出功率。R_{f1}、R_{f2}均选用1800Ω的变阻器，R_1选用180Ω的变阻器，R_2选用2250Ω的变阻器（900Ω电阻串联900Ω电阻，再串联900Ω电阻并联900Ω电阻后的450Ω电阻，共2250Ω）。接好线后，检查M、MG之间是否用联轴器直接连接好。

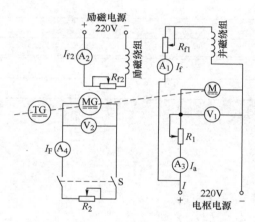

图5-35 并励直流电机接线图

1）将并励直流电动机M的磁场调节电阻R_{f1}调至最小值，将电枢串联起动电阻R_1调至最大值，接通控制屏下边右侧的电枢电源开关使其起动，其旋转方向应符合转速表正向旋转的要求。

2）M起动正常后，将其电枢串联电阻R_1调至零，调节电枢电源的电压为220V，调节校正直流测功机的励磁电流I_{f2}为校正值（100mA），再调节其负载电阻R_2和电动机的磁场调节电阻R_{f1}，使电动机达到额定值，即$U=U_N$，$I=I_N$，$n=n_N$。此时M的励磁电流I_f即额定励磁电流I_{fN}。

3）保持$U=U_N$，$I_f=I_{fN}$，I_{f2}为校正值不变的条件下，逐次减小电动机负载（逐渐增大负载电阻R_2）。测取电机电枢输入电流I_a、转速n和MG的负载电流I_F（由校正曲线查出电动机输出对应转矩T_2）。共取数据9～10组，记录于表5-2中。

表 5-2 $U=U_N=\underline{\quad}V$ $I_f=I_{fN}=\underline{\quad}mA$ $I_{f2}=\underline{\quad}mA$

实验数据	I_a/A									
	n/(r/min)									
	I_F/A									
	T_2/(N·m)									
计算数据	P_2/W									
	P_1/W									
	η(%)									
	Δn(%)									

根据表 5-2,计算出相应数据,并画出 $\eta=f(I_a)$ 以及 $n=f(T_2)$ 的特性曲线。

① 电动机输出功率:$P_2=0.105nT_2$。

式中,输出转矩 T_2 单位为 N·m [由 I_{f2} 及 I_F 值,从校正曲线 $T_2=f(I_F)$ 可查得],转速 n 的单位为 r/min。

② 电动机输入功率:$P_1=UI$, 输入电流:$I=I_a+I_{fN}$。

③ 电动机效率:$\eta=P_2/P_1$。

④ 由工作特性求出转速变化率:$\Delta n\%=(n_0-n_N)/n_N\times100\%$。

_____

_____

_____

_____

_____

绘图区:

2. 注意事项

1)他励直流电动机起动时,须将励磁回路串联的电阻 R_{fl} 调至最小,先接通励磁电源,使励磁电流最大,同时必须将电枢串联起动电阻 R_1 调至最大,然后接通电枢电源,使电动机正常起动。起动后,将起动电阻 R_1 调至零,使电动机正常工作。

2)他励直流电动机停机时,必须先切断电枢电源,然后断开励磁电源,同时必须将电枢串联的起动电阻 R_1 调回到最大值,励磁回路串联的电阻 R_{fl} 调回到最小值,为下次起动做好准备。

3)若要测量电动机的转矩 T_2,必须将校正直流测功机 MG 的励磁电流调整到校正值 100mA,以便从校正曲线中查出电动机 M 的输出转矩。

4)测量前注意仪表的量程、极性及其接法是否符合要求。

六、任务考核与评价

任务二	测量直流电机的机械特性和工作特性		日期：	教师签字
姓名：	班级：		学号：	

评分细则

序号	评分项	得分条件	配分	小组评价	教师评价
1	学习态度	1. 课前主动预习 2. 积极主动完成项目任务	10		
2	安全规范	1. 能进行设备和工具的安全检查 2. 能规范使用实验设备 3. 具有安全操作意识 4. 实验台未出现报警、跳闸现象	10		
3	专业技术能力	1. 能正确连接电路 2. 能按照任务单根据正确顺序进行实验操作 3. 能正确进行实验数据的记录 4. 电路出现故障时，能有效解决问题 5. 能对直流电动机的机械特性和工作特性曲线进行分析	50		
4	数据读取、处理能力	1. 能正确记录实验数据 2. 能根据分析数据对电机特性进行有效绘制	15		
5	报告撰写能力	1. 能独立完成任务单的填写 2. 字迹清晰、图表规范、详略得当、重点清晰 3. 无抄袭 4. 能分析拓展问题	15		
	总分		100		

任务三 直流电动机的起动控制

姓名：　　　　　班级：　　　　　日期：　　　　　参考课时：6 课时

一、任务描述

　　电机修理厂的技术人员在对钢厂的直流电机进行检修过程中，发现部分直流电机的起动性能较差，影响车间的生产效率，因此建议采取措施改善电机的起动性能。所以，本任务应了解直流电动机常见的起动方式，并能根据系统运行需要选择正确的起动方式。

二、任务目标

※ **知识目标**　1）熟悉直流电动机的起动性能指标。

　　　　　　　2）掌握直流电动机的起动原理和方法。

　　　　　　　3）能够说出不同起动方法的特点和适用场合。

※ **能力目标**　1）能够设计出实际直流电动机的起动控制电路。

　　　　　　　　2）能够根据系统运行需要选择合适的起动方式。

　　　　　　　　3）能够完成常见起动方法的接线、测量。

※ **素质目标**　1）通过实际案例学习，提升用所学知识分析、解决实际问题的能力。

　　　　　　　　2）明确直流电动机实验的安全操作注意事项。

　　　　　　　　3）培养团结协作、互帮互助的合作精神。

⚡ 三、知识准备

直流电动机
的起动

（一）引导问题：什么是起动？直流电动机的起动要求是什么？

电动机接通电源，由静止状态开始加速到某一稳定转速的过程称为起动过程，是一个过渡过程，简称起动。起动过程是一个短暂的瞬变过程，但对电动机的运行性能和使用寿命、安全运行等均有很大影响，必须认真分析。对直流电动机的起动，一般有如下3点要求：

1）要有足够的起动转矩，以使 $T_{st} > T_L$，$dn/dt > 0$，电动机加速。

2）起动电流 I_{st} 不能太大，否则会造成换向困难，产生强烈火花；而且与此电流成正比的转矩还会产生较强的转矩冲击，可能损坏拖动系统的传动机构，所以起动转矩 T_{st} 不能太大。

3）起动设备与控制装置要简单、可靠、经济、操作方便。

由此可见，直流电动机的起动要求是相互制约的，应妥善分析解决。直流电动机的起动可分为直接起动、电枢回路串电阻起动和降压起动3种。

（二）引导问题：直流电动机有哪些常见的起动方法？

1. 直流电动机的直接起动

直接起动是指不采取任何措施，把静止的电枢直接接入额定电压的电网。他励直流电动机起动时，必须先建立磁场，即先通励磁电流，再加电枢电压。由直流电动机的转矩公式 $T = C_T \Phi I_a$ 可知，起动转矩 $T_{st} = C_T \Phi I_{st}$。为使 T_{st} 较大而 I_{st} 不会太大，起动时应将励磁回路的调节电阻调至最小，使磁通 Φ 为最大。

根据电动机电压平衡方程可知，电枢电流为 $I_a = (U - E_a) / R_a$。

起动瞬间，转速 $n = 0$，$E_a = C_e \Phi n = 0$，则电动机的起动电流 I_{st} 为

$$I_{st} = \frac{U_N}{R_a}$$

由于一般电动机的电枢绕组电阻 R_a 很小，如果将额定电压直接加至电枢两端进行直接起动，起动电流 I_{st} 可达额定电流的 10～30 倍，起动转矩也很大。而一般直流电动机瞬时过载电流不能超过额定电流的 2～2.5 倍，即转矩过载倍数不能超过额定转矩的 2～2.5 倍，所以一般工业用他励直流电动机不允许直接起动。通常只有功率很小的家用电器采用的某些

直流电动机，相对来说 R_a 较大、I_{st} 相对较小，加上电动机惯性小，起动快，可以直接起动。

对于串励直流电动机，情况要复杂些，在起动瞬间，仍是 $E_a = 0$，$I_{st} = U_N / R_a$，起动转矩 $T_{st} = C_T \Phi' I_{st}$（$\Phi'$ 只是剩磁），即 $T_{st} = C_T' I_{st}^2$，将比他励直流电动机大很多，使电动机迅速加速。

2. 电枢回路串电阻起动

为了限制起动电流，起动时在电枢回路中串入一个可变电阻器，称为起动电阻 R_{st}，在转速上升过程中逐步切除。只要起动电阻的分段电阻值选择恰当，便能在起动过程中把起动电流限制在允许范围内，使电动机转速在小波动情况下上升，在较短时间内完成起动。外串电阻的分段数也称起动级数。

图 5-36 所示为他励直流电动机串三级电阻的起动控制电路及其机械特性曲线。图 5-36a 中起动电阻分为三段：R_{st1}、R_{st2}、R_{st3} 由接触器 KM_1、KM_2、KM_3 控制切除。起动开始瞬间，起动电阻全部接入，KM 闭合，KM_1、KM_2、KM_3 断开，起动电流 $I_{st1} = U_N / (R_a + R_{st1} + R_{st2} + R_{st3})$ 达最大，I_{st1} 为限定的起始起动电流，是起动过程中的最大电流，相应的转矩为起动转矩，是起动过程中的最大转矩。一般当电动机容量小于 150kW 时，$I_{st1} \leq 2.5 I_N$；当电动机容量超过 150kW 时，$I_{st1} \leq 2 I_N$。起动电阻全部接入时的人为机械特性曲线如图 5-36b 中曲线 1 所示，随着电动机起动并不断加速，电磁转矩 T 逐渐减小，沿曲线 1 箭头所指方向变化。当转速升至 n_1、电流降至 I_{st2} 即图中 b 点时，接触器 KM_1 触点闭合，R_{st1} 被短接。I_{st2} 称为切换电流，一般取 $I_{st2} = (1.1 \sim 1.2) I_N$。电阻 R_{st1} 切除后，电枢回路中的电阻减少为 $R_a + R_{st2} + R_{st3}$，与之对应的人为机械特性曲线为图中曲线 2。在切除 R_{st1} 的瞬间，由于机械惯性，转速仍为 n_1，电动机的运行点由 b 到 c。选择适当的 R_{st1} 值，可使 c 点的电流值仍为 I_{st1}。转速沿曲线 2 箭头方向上升到 d 点，电流又降到 I_{st2} 时，接触器 KM_2 触点闭合，将 R_{st2} 电阻短接，由于惯性，电动机工作点由 d 点水平移到曲线 3 上的 e 点。依次类推，在最后一级电阻切除后，电动机将过渡到固有机械特性曲线 4 上，并沿曲线 4 箭头所指方向到达 h 点。这时电磁转矩与负载转矩相等，电动机稳定运行。

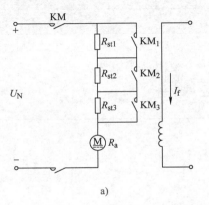

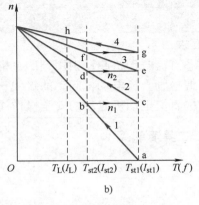

a)　　　　　　　　　　　　　b)

图 5-36　他励直流电动机串三级电阻起动控制电路和机械特性曲线

串励直流电动机的励磁电流等于电枢电流，使串励电动机的起动性能好于他励直流电动机，在相同的起动电流下，串励直流电动机能有较大的起动转矩，但是起动时为了限制起动电流仍然需要接入起动电阻。起动过程与他励直流电动机相似。

3. 降压起动

　　当他励直流电动机的电枢回路由专用可调电压直流电源供电时，可以限制起动过程中电枢电流在（1.5～2）I_N 范围内变化，起动前先调好励磁电流，然后将电枢电压由低向高调节，最低电压所对应的人为机械特性曲线上的起动转矩 $T_{st} > T_L$，电动机开始起动，随着转速的上升，提高电压以获得需要的加速转矩，随着电压的升高，电动机的转速不断提高，最后稳定运行。起动过程的机械特性曲线如图 5-37 所示。在整个起动过程中，利用自动控制方法，使电压连续升高，保持电枢电流为最大允许电流，从而使系统在较大的加速转矩下迅速起动，是一种比较理想的起动方法。

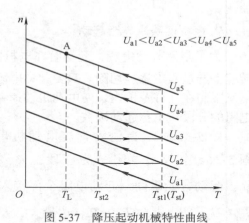

图 5-37　降压起动机械特性曲线

　　这种减压起动过程平滑，能量损耗小，但要求有单独可调压直流电源，起动设备复杂，初始投资大，多用于要求经常起动的场合和大中型电动机的起动，实际使用的直流伺服系统多采用这种起减压起动方法。

四、任务实施

　　按任务单分组完成他励直流电动机电枢回路串电阻起动。

五、任务单

任务三　直流电动机的起动控制		组别：	教师签字
班级：	学号：	姓名：	
日期：			

任务要求：

1）熟悉直流电动机起动中用到的电机、仪表、变阻器等组件。

2）掌握他励直流电动机起动的接线、改变转向方法。

3）掌握直流电动机起动的安全操作注意事项。

仪器、工具清单：

小组分工:

任务内容:

1. 他励直流电动机的接线

画出他励直流电动机电枢串电阻起动的接线原理图（并励直流电动机作他励直流电动机用，见图5-38）。

2. 他励直流电动机的起动

1）按照起动接线原理图完成起动电路的接线，检查接线图连接是否正确，电动机励磁回路接线是否牢固。

2）将电动机电枢串联起动绕组调到阻值最大位置，并确认断开控制屏上的电枢电源开关（见图5-39），做好起动准备。

图 5-38 并励直流电动机

图 5-39 直流电机电源模块

3）按下"起动"按钮，接通励磁电源开关，观察励磁电流值。调节 R_f 使得励磁电流等于额定励磁电流并保持不变。再接通电枢电源开关，使电机起动。

4）起动后观察转速表，若转速为负值，断开电枢电源、励磁电源后改变接线。

5）转速为正后，调节电枢电源的"电压调节"旋钮，使得电动机的电枢电源为额定电压；减小起动电阻值，直到短接。

6）改变电动机电枢回路串电阻的阻值，观察起动电流的变化，记录于表5-3。

表 5-3 他励直流电动机的起动数据

电枢回路串电阻的阻值 R/Ω			
直流电动机的起动电流 I_a/A			

3. 拓展思考

1）他励直流电动机起动时，先加励磁电源还是电枢电源，为什么？

2）电动机起动时，电枢回路为什么不全压起动？电枢回路串接的起动电阻应该调到什么位置？

3）用什么方法可以改变直流电动机转向？

六、任务考核与评价

任务三 直流电动机的起动控制		日期：		教师签字	
姓名：	班级：	学号：			

评分细则

序号	评分项	得分条件	配分	小组评价	教师评价
1	学习态度	1. 认真预习直流电动机起动的基本要求 2. 积极主动，具有创新意识	10		
2	安全规范	1. 能进行设备和工具的安全检查 2. 能正确选择、使用仪器仪表（特别是电压表、电流表的量程） 3. 实验台未出现报警、跳闸现象	10		
3	专业技术能力	1. 能正确设计直流电动机起动原理图 2. 能完成直流电动机起动电路的接线 3. 能够按照正确步骤起动、停机	50		
4	数据读取、处理能力	1. 能正确进行实验数据的记录 2. 能根据记录的数据验证分析 3. 结合实验内容分析"拓展思考"	15		
5	报告撰写能力	1. 能独立完成任务单的填写 2. 字迹清晰、重点归纳得当 3. 能分析拓展问题	15		
	总分		100		

任务四　直流电动机的调速控制

姓名：　　　　　班级：　　　　　日期：　　　　　参考课时：2 课时

一、任务描述

　　电机修理厂的技术人员在维修保养中发现，在某条生产冷轧带的轧钢机生产线上，轧钢机的上、下工作辊均由直流电动机驱动。根据钢材生产的工艺要求，生产过程中需要对冷轧机主辊轮的直流电动机的转速进行调节。因此，本任务要求认识直流电动机常见的调速方式并能正确选择。

二、任务目标

※　**知识目标**　　1）熟悉直流电动机的调速性能指标。

　　　　　　　　2）了解直流电动机常见调速方法。

　　　　　　　　3）熟悉不同调速方法的特点和适用场合。

※ **能力目标** 1）能够分析直流电动机的调速控制电路。
2）能够完成常见调速方法的接线、测量。
3）能够根据负载需要，选择正确的调速控制方式。

※ **素质目标** 1）培养用理论指导实践的工作习惯。
2）培养灵活创新、精益求精的工作态度。
3）培养团结协作、互帮互助的合作精神。

三、知识准备

直流电动机
的调速

（一）引导问题：什么是直流电动机的调速？

调速是根据电力拖动系统的负载特性，通过改变电动机的电源电压、电枢回路电阻或减弱磁通而改变电动机的机械特性来人为地改变系统的转速，以满足其工作实际需要。电力拖动系统中采用的调速方法通常有 3 种：

1）机械调速，通过改变传动机构的速度比来实现，特点是：电动机控制方法简单，但机械变速机构复杂，无法自动调速，且调速为有级的。

2）电气调速，通过改变电动机的有关电气参数以改变拖动系统的转速，特点是：简化机械传动与变速机构，调速时不需停机；可实现无级调速，易于实现电气控制自动化。

3）电气 – 机械调速，混合调速方法。

本任务只分析电气调速的方法及有关问题。根据直流电动机的转速公式

$$n = \frac{U}{C_e\Phi} - \frac{R_a + R_\Omega}{C_e C_T \Phi^2} T = n_0 - \beta T$$

可知，当转矩 T 不变时，要改变电动机的转速有 3 种方法：

（1）**降低电源电压调速** 降低电枢电源电压，使理想空载转速 n_0 下降，导致转速 n 下降。

（2）**电枢回路串电阻调速** 在电枢回路串入不同数值的附加电阻 R_Ω，使机械特性曲线斜率 β 变大，转速降变大，转速下降。

（3）**弱磁调速** 减少他励直流电动机的励磁电流 I_f，使主磁通 Φ 减小，导致理想空载转速和转速降都增加，在一定负载下，转速 n 将增加。

在学习本任务时，必须注意将调速与速度变化这两个概念区分开。速度变化是指生产机械的负载转矩受到扰动时，系统将在电动机的同一条机械特性曲线上的另一位置达到新的平衡，因而使系统的转速也随之变化。调速是在负载不变的情况下，电动机配合拖动系统负载特性的要求，人为地改变他励直流电动机的有关参数，使电动机运行在另一条机械特性曲线上而使系统的转速发生相应的变化。

实际工作中，经济与技术指标在确定调速方案时，应在满足一定的技术指标（参看本书项目 2 交流电动机调速指标）条件下，力求设备投资少，电能损耗小，维护简单方便。

（二）引导问题：他励直流电动机常用的调速方式有哪些？

1. 电枢回路串电阻调速

保持电源电压及励磁磁通为额定值不变，电枢回路串入适当大小的电阻 R_Ω 即可调节转速。此时

$$n = \frac{U_N}{C_e\Phi_N} - \frac{R_a + R_\Omega}{C_e C_T \Phi_N^2} T = n_0 - \beta T$$

式中，理想空载转速 n_0 保持不变，与固有机械特性的 n_0 相同。特性斜率 β 随串接电阻 R_Ω 的增大而增大，人为机械特性曲线的硬度降低。在负载一定时工作点下移，转速降低。

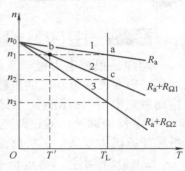

图 5-40　电枢回路串电阻调速
（ $R_{\Omega 1} < R_{\Omega 2}$ ）

电枢回路串电阻时的机械特性曲线如图 5-40 所示。设电动机带负载转矩 T_L 运行于固有机械特性曲线 1 上，工作点为 a 点，转速为 n_1。当电枢回路串入电阻 $R_{\Omega 1}$ 时，特性曲线变为 2，由于机械惯性，转速 n 不能突变，感应电动势 $E_a = C_e\Phi n$ 也不变，而电枢电流 $I_a' = (U_N - E_a)/(R_a + R_{\Omega 1})$ 下降，电磁转矩降为 $T' = C_T\Phi I_a'$，工作点过渡至 b 点。由于 $T' < T_L$，系统减速。随着 n 与 E_a 下降，I_a 与 T 回升，直至 $n = n_2$，$T = T_L$ 时，电动机恢复稳定运行。转速降为 n_2，工作点移至 c 点，调速过程结束。若 T_L 不变，调速前后的电磁转矩 T 不变，电枢电流 I_a 也不变，$\Phi = \Phi_N$ 保持不变，则允许输出的转矩 $T = C_T\Phi_N I_a$ 也不变，所以属于恒转矩调速方式。而允许输出功率 $P = T\Omega = Tn/9.55 = Cn$ 随转速的下降而减少，减少的部分就是串联在电枢回路的电阻上的发热损耗，可见这种调速方法是不经济的。

2. 降低电源电压调速

保持励磁磁通为额定值不变，电枢回路不串电阻，降低电源电压也可调节转速。此时

$$n = \frac{U}{C_e\Phi_N} - \frac{R_a}{C_e C_T \Phi_N^2} T = n_0 - \beta T$$

式中，特性曲线斜率 $\beta = R_a/(C_e C_T \Phi_N^2)$ 保持不变，人为机械特性曲线的硬度不变。理想空载转速 $n_0 = U/(C_e\Phi_N)$ 随电源电压的下降而下降，所以人为机械特性曲线平行下移。在负载转矩一定时，工作点下移，转速降低。降低电源电压时的机械特性曲线如图 5-41 所示。设电动机带负载转矩 T_L 运行于固有机械特性曲线 1 上，工作点为 a 点，转速为 n_1。降低电源电压为 U_1 时，特性曲线平行下移至曲线 2，由于 n 与 E_a 不能突变，而 $I_a = (U - E_a)/R_a$ 下降，T 下降，使 $T < T_L$，系统减速。

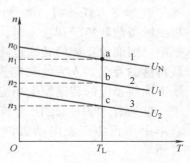

图 5-41　降低电源电压调速
（ $U_2 < U_1 < U_N$ ）

随着 n 与 E_a 下降，I_a 与 T 回升，直至 $n = n_2$、$T = T_L$ 时，电动机恢复稳定运行，转速降为 n_2，工作点移至 b 点，调速过程结束。若 T_L 不变，调速前后的电磁转矩 T 和电枢电流 I_a 都不变。

如果升高电源电压，机械特性曲线平行上移，转速也可上调。但是由于一般电动机的绝缘水平是按额定电压设计的，使用时电源电压不宜超过额定值，所以调压调速一般是从额定转速向下调。

降低电源电压调速时，$\Phi = \Phi_N$ 保持不变，容许的电枢电流 $I_a = I_N$ 也不变，则容许输出的转矩 $T = C_T \Phi_N n$ 为常数，也属于恒转矩调速方式。而容许输出功率也随转速的下降而降低。

降压调速时机械特性曲线平行下移，硬度不变，转速降 Δn 不变，只是因为 n_0 变小，静差率略有增大，在一定的静差率要求条件下，调速范围比电枢回路串电阻调速时要大得多，一般 $D = 8 \sim 10$，由于电压可以连续调节，可实现无级调速，调速的平滑性好。如采用反馈控制，还可提高硬度，从而获得调速范围大、平滑性好的高性能调速系统。由于没有外串电阻，低速时电能损耗不大。可见其技术经济指标比电枢回路串电阻调速好得多。但其需要专门的调压直流电源，目前主要使用晶闸管可控整流装置作为可调直流电源，初始投资较大。这种调速方法适用于对调速性能要求较高的设备，如造纸机、轧钢机等。

3. 弱磁调速

保持电源电压为额定值不变，电枢回路不串电阻，减弱磁通（励磁回路串入可调电阻或降低励磁电压）即可调节转速。此时

$$n = \frac{U_N}{C_e \Phi} - \frac{R_a}{C_e C_T \Phi^2} T = n_0 - \beta T$$

式中，理想空载转速 $n_0 = U_N / (C_e \Phi)$ 和特性曲线斜率 $\beta = R_a / (C_e C_T \Phi^2)$ 都随磁通的减弱而增大，人为机械特性曲线的硬度降低。除磁通已经很小或负载转矩很大的情况外，减弱磁通时 n_0 比 βT 增加得快，因此在一般情况下，减弱磁通使转速升高，工作点上移。

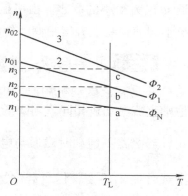

图 5-42 弱磁调速（$\Phi_2 < \Phi_1 < \Phi_N$）

弱磁调速时的机械特性曲线如图 5-42 所示。设电动机带负载转矩 T_L 运行于固有机械特性曲线 1 上，工作点为 a 点，转速为 n_1。磁通减弱至 Φ_1 时，特性曲线变为曲线 2，理想空载转速由 n_0 上升为 n_{01}，特性曲线斜率 β 也增大。由于 n 不能突变，感应电动势 $E_a = C_e \Phi n$ 下降，而 n 上升。

$$I_a = \frac{U_N - E_a}{R_a}$$

在一般情况下，I_a 增加的程度大于 Φ 减小的程度，所以 $T = C_T \Phi I_a$ 上升，使 $T > T_L$，系统加速。随着 n 与 E_a 上升，I_a 与 T 下降，直至 $n = n_2$、$T = T_L$ 时，电动机恢复稳定运行，转速上升为 n_2，工作点移至 b 点，调速过程结束。应引起注意的是若调速前后的负载转矩 T_L 不变，则电磁转矩 T 不变。但电枢电流 $I_a = T / (C_T \Phi)$，Φ 减弱将使 I_a 增大。

显然，如果增加磁通，转速也可下调。但是由于一般电动机的磁路在 $\Phi = \Phi_N$ 时已工作在饱和状态，即使大幅度增加励磁电流，增加磁通的效果也不明显，所以一般只是减弱磁通自额定转速向上调。

弱磁调速时，Φ 是变化的，尽管电枢电流 I_a 的容许值仍为 I_N，显然容许输出转矩是变化的。由 Φ 与 n 的关系式 $\Phi = (U_N - I_N R_a)/(C_e n) = C_1/n$，得

$$T = C_T \Phi I_N = C_T \frac{C_1}{n} I_N = \frac{C_2}{n}$$

即容许输出转矩随转速的升高而下降，而容许输出功率为

$$P = T\Omega = \frac{Tn}{9.55} = \frac{C_2}{n} \times \frac{n}{9.55} = 常数$$

所以弱磁调速属于恒功率调方式。

由于弱磁调速是上调转速，而电动机的最高转速受换向条件及机械强度的限制不能过高，因此该方法的调速范围不大，一般为 $D = 2$，对于特殊设计的调磁调速电动机，$D = 3 \sim 4$。虽然弱磁时特性变软，但因为 n_0 增大使静差率的增大并不明显。由于调节在小电流的励磁回路进行，因而损耗较小，且容易做到无级调速，平滑性好。弱磁调速控制设备简单，初始投资少，损耗小，维护方便，经济性能好，适用于需要向上调速的恒功率调速系统，通常与向下调速方法（如降压调速）配合使用，以扩大总的调速范围，常用于重型机床（如龙门刨床、大型立车）等。

最后应该说明一点，如果他励直流电动机在运行过程中励磁电路突然断线，则 $I_f = 0$，磁通 Φ 仅为很小的剩磁。由机械特性方程和 $T = C_T \Phi I_a$ 可知，此时电枢电流大大增加，一般情况下转速也将上升得很高，短时间内可使整个电枢破坏，必须有相应的保护措施。

（三）引导问题：并励直流电动机如何调速？

并励直流电动机用改变电枢回路电阻和调节励磁回路磁通的方法进行调速，其效果与他励直流电动机相同。当降低电源电压调速时，如果励磁回路电阻不变，则磁通将随电压变化，当磁路不饱和时磁通与电压成正比变化，由式 $n = \dfrac{U}{C_e \Phi} - \dfrac{R_a}{C_e C_T \Phi^2} T = n_0 - \beta T$ 可知，理想空载转速 n_0 不变，但负载增加时，由于磁通 Φ 的减少使 β 增加，从而转速下降，以达到调速目的，此时电动机机械特性与他励直流电动机电枢回路串电阻相似。

（四）引导问题：串励直流电动机如何调速？

串励直流电动机的调速方法与并（他）励直流电动机相同，也可以通过电枢回路串电阻、改变磁通和降低电源电压来调速。

在电枢回路中串入电阻 R_Ω 时，可得其人为机械特性曲线如图 5-43a 中曲线 2 所示，其中图 5-43a 中的曲线 1 为其固有机械特性曲线。串接电阻越大，特性越软。串电阻调速方法与并（他）励直流电动机基本相同，这里不再详细分析。

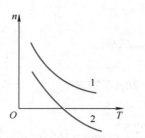

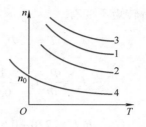

a) 电枢回路串电阻调速　　　　　b) 降低电源电压，改变磁通调速

图 5-43　串励直流电动机人为机械特性曲线

在串励直流电动机中要改变串励磁场的磁通达到调速的目的，可在电枢绕组的两端并联调节电阻（称为电枢分路）来增大励磁绕组电流，其人为机械特性曲线位于固有机械特性曲线下方，如图 5-43b 中曲线 4 所示，其中图 5-43b 中的曲线 1 为其固有机械特性曲线。也可以在励磁绕组两端并联调节电阻（称为励磁分路）来减小励磁电流，其人为机械特性曲线位于固有机械特性曲线上方，如图 5-43b 中曲线 3 所示。串励直流电动机改变磁通调速接线如图 5-44 所示。

降低电源电压调速是指电枢回路不串电阻，只降低电枢回路的外加电压 U，其人为机械特性曲线如图 5-43b 中曲线 2 所示。

降低电源电压调速时一般选用两台容量较小的电动机来代替一台大容量电动机，两台电动机同轴连接，共同拖动一个生产机械。这两台电动机可以串联接到电源上，也可以并联在电源上，如图 5-45 所示。

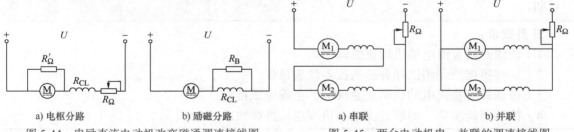

a) 电枢分路　　　　　　b) 励磁分路　　　　　　　　　　a) 串联　　　　　　　　b) 并联

图 5-44　串励直流电动机改变磁通调速接线图　　　　图 5-45　两台电动机串、并联的调速接线图

串联时每台电动机所承受的电压只有并联时的一半，转速也降低一半，即得到了两级调速。如果要得到更多的调速级，可以在电枢中串入调节电阻，改变电阻值。这种调速方法广泛应用在电力牵引车中。

例 5-4　一台他励直流电动机，$U_N = 220V$，$I_N = 20A$，$n_N = 1500 \text{r/min}$，$R_a = 0.5\Omega$，带额定负载运行。（1）电枢回路串电阻 $R = 1.5\Omega$，求串联后的转速（电枢电流不变）；（2）电枢不串联电阻，电压降到 $U = 110V$，求转速（电枢电流不变）；（3）若使磁通减少 10%，电枢不串电阻，电源电压仍为 220V，求转速（转矩不变）。

解：
$$C_e\Phi_N = \frac{U_N - R_aI_N}{n_N} = \frac{220 - 0.5 \times 20}{1500} \text{V/(r·min}^{-1}） = 0.14\text{V/(r·min}^{-1})$$

（1）
$$n = \frac{U_N - (R_a + R)I_N}{C_e\Phi_N} = \frac{220 - (0.5 + 1.5) \times 20}{0.14} \text{r/min} \approx 1285.7\text{r/min}$$

（2）
$$n = \frac{U - R_aI_N}{C_e\Phi_N} = \frac{110 - 0.5 \times 20}{0.14} \text{r/min} \approx 714.3\text{r/min}$$

（3）根据调速前后转矩不变有

$$T = C_T \Phi_N I_N = C_T \Phi I_a$$

$$I_a = \frac{\Phi_N}{\Phi} I_N = \frac{1}{0.9} \times 20\text{A} \approx 22.2\text{A}$$

$$n = \frac{U_N - R_a I_a}{C_e \Phi} = \frac{220 - 0.5 \times 22.2}{0.14 \times 0.9} \text{r/min} \approx 1658\text{r/min}$$

四、任务实施

按任务单分组完成以下任务：

1）并励直流电动机电枢回路串电阻调速。

2）并励直流电动机弱磁调速。

五、任务单

任务四 直流电动机的调速控制		组别：	教师签字
班级：	学号：	姓名：	
日期：			

任务要求：

1）读懂并励直流电动机调速原理图。

2）能够根据原理图选择合适的仪器仪表量程。

3）根据并励直流电动机调速原理图，正确完成接线。

4）按照正确步骤，测取直流电动机调速特性曲线。

仪器、工具清单：

小组分工：

任务内容：

1. 并励直流电动机接线

按图 5-46 接线，图中校正直流测功机 MG 按他励发电机连接，在此作为直流电动机 M 的负载，用于测量电动机的转矩和输出功率。R_{f1}、R_{f2} 均选用 1800Ω 变阻器，R_1 选用 180Ω 变阻器，R_2 选用 2250Ω 变阻器。接好线后，检查 M、MG 之间是否用联轴器直接连接好。

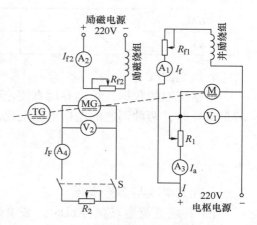

图 5-46 并励直流电动机接线图

2. 并励直流电动机电枢回路串接电阻调速

目的：保持 $U=U_N$，$I_f=I_{fN}=$ 常数，$T_2=$ 常数，测取调速特性曲线 $n=f(U_a)$。

1）将直流并励电动机 M 的磁场调节电阻 R_{f1} 调至最小值，将电枢串联起动电阻 R_1 调至最大值，接通控制屏下边右侧的电枢电源开关使其起动，其旋转方向应符合转速表正向旋转的要求。

2）M 起动正常后，将其电枢串联电阻 R_1 调至零，调节 MG 的磁场调节电阻，使得励磁电流 I_{f2} 为校正值（100mA），再调节其负载电阻 R_2、电枢电压、磁场调节电阻 R_{f1}，使 M 达到 $U=U_N$，$I=0.5I_N$，$I_f=I_{fN}$。记下此时 MG 的 I_F。

3）保持此时的 I_F 值（即 T_2 值）和 $I_f=I_{fN}$ 不变，逐次增大 M 电枢回路的电阻 R_1，将 R_1 从零调至最大值，每次测取 M 的端电压 U_a、转速 n 和电枢电流 I_a。

4）共取数据 7 组，记录于表 5-4 中。

表 5-4　$I_f=I_{fN}=\_\_$mA　$T_2=\_\_$N·m

U_a/V							
n/（r/min）							
I_a/A							

3. 并励直流电动机弱磁调速

目的：保持 $U=U_N$，$T_2=$ 常数，测取调速特性曲线 $n=f(I_f)$。

1）M 运行后，将 M 的电枢串联电阻 R_1、磁场调节电阻 R_{f1} 调至零，将 MG 的磁场调节电阻 I_{f2} 调至校正值，再调节 M 的电枢电源调压旋钮和 MG 的负载 R_2，使 M 的 $U=U_N$，$I=0.5I_N$，记下此时 MG 的 I_F。

2）保持此时 MG 的 I_F 值（即 T_2 值）和 M 的 $U=U_N$ 不变，逐次增加磁场调节电阻 R_{f1} 阻值，直至直流电动机的转速 $n=1.3n_N$，每次测取电动机的 n、I_f 和 I_a。

3）共取数据 7 组，记录于表 5-5 中。

表 5-5 $U=U_N=$___V $T_2=$___N·m

$n/$（r/min）					
I_f/A					
I_a/A					

4. 绘制曲线

根据测取的数据，绘制并励直流电动机调速特性曲线 $n=f(U_a)$ 和 $n=f(I_f)$。分析在恒转矩负载时，两种调速的电枢电流变化规律以及两种调速方式的优缺点。

5. 注意事项与实验体会

1）并励直流电动机停机时，必须先切断电枢电源，然后断开励磁电源。同时必须将电枢串联的起动电阻调到最大值，将励磁回路串联的电阻调到最小值，为下次起动做好准备。

2）测量前注意仪表的量程。

六、任务考核与评价

任务四　直流电动机的调速控制			日期：	教师签字
姓名：		班级：	学号：	
评分细则				
序号	评分项	得分条件	配分	小组评价	教师评价
---	---	---	---	---	---
1	学习态度	1. 遵守规章制度 2. 积极主动、认真踏实	10		
2	安全规范	1. 能规范使用电动机试验台 2. 能规范使用实验设备 3. 具有安全操作意识 4. 实验台未出现报警、跳闸现象	10		
3	专业技术能力	1. 能够根据原理图选择合适的仪器仪表量程 2. 根据并励直流电动机调速原理图，能正确完成接线并进行测量	50		
4	数据读取、处理能力	1. 按照正确步骤，测取直流电动机调速数据 2. 能根据记录的数据做出调速曲线	15		
5	报告撰写能力	1. 能独立完成任务单 2. 能记录实验过程并记录注意事项	15		
总分			100		

任务五 直流电动机的制动控制

姓名：　　　　　班级：　　　　　日期：　　　　　参考课时：2课时

⮞ 一、任务描述

　　钢厂的轧钢用直流电机，尤其是中大型粗轧机、冷热连轧机等经常需要起动、调速和制动。由于直流电机的转速较高，转动惯量较大，要想保证轧钢生产线的精度和效率，要求直流电机必须能快速、准确制动。因此，本任务要求了解直流电动机常见的制动方法。

⮞ 二、任务目标

※ **知识目标**　1）了解直流电动机制动原理和常见的制动方法。
　　　　　　　　2）了解直流电动机不同制动方法的优缺点。
　　　　　　　　3）熟悉不同制动方法的特点和适用场合。

※ **能力目标**　1）能够分析直流电动机的制动控制电路。
　　　　　　　　2）能够完成常见制动电路的接线、测量。
　　　　　　　　3）能够根据负载特性和生产工艺，选择正确的制动控制方式。

※ **素质目标**　1）培养遵守规则、安全第一的工作习惯。
　　　　　　　　2）培养灵活创新、精益求精的工作态度。
　　　　　　　　3）培养团结协作、互帮互助的合作精神。

⮞ 三、知识准备

直流电动机
的制动

（一）引导问题：什么是直流电动机制动？

　　一般情况下，电动机运行时其电磁转矩与转速方向一致，这种运行状态称作电动运行状态。通过某种方法产生一个与拖动系统转向相反的转矩以阻止系统运行，这种运行状态称为制动运行状态，简称制动。制动作用可以用于使拖动系统减速或停车，也可用以维持位能性负载恒速运动，如起重机类机械匀速下放重物、列车匀速下坡运行等。制动作用在生产过程和日常生活中非常重要。实际制动的方法有：机械制动，利用摩擦力产生阻转矩实现制动，例如常见的抱闸装置；电气制动，使拖动系统的电动机产生一个与转向相反的电磁转矩来实现制动。与机械制动相比，电气制动没有机械磨损，容易实现自动控制，应用较为广泛。在某些特殊场合，也可同时采用电气制动和机械制动。本任务只讨论他励直流电动机的电气制动。

　　根据实现制动的方法和制动时电机内部能量传递的关系的不同，电气制动方法分为3种：能耗制动、反接制动和回馈制动。

（二）引导问题：他励直流电动机的电气制动如何实现？

1. 他励直流电动机的能耗制动

图5-47所示为他励直流电动机能耗制动控制电路。制动时，励磁回路不断电，仅仅是

接触器 KM_1、KM_2 断电，相应的动合（常开）触点断开、动断（常闭）触点闭合，电枢两端通过限流电阻闭合，此时 $U=0$，由于惯性作用，电动机转速不为零，电枢绕组有感应电动势 E_a 及电枢电流 I_a。$I_a = -E_a/(R_a+R_L) = -C_e\Phi n/(R_a+R_L)$，式中负号表示电枢电流的实际方向与设定的正方向相反。能耗制动机械特性表达式为

$$n = -\frac{R_a+R_L}{C_e C_T \Phi^2}T$$

由此可见，能耗制动的机械特性曲线是一条通过原点的直线。当 n 为正时，I_a 和 T 为负，所以特性曲线位于第二象限，如图 5-48 曲线 2 所示。制动前，电动机转速为 n_1，开始制动时电动机转速不能突变，工作点移到能耗制动的机械特性曲线 2 上，由于 T 为负，$dn/dt<0$，转速下降，随着转速的降低，电磁转矩 T 也在减小，直到 $n=0$，$T=0$。

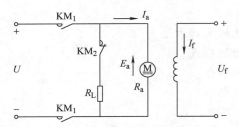

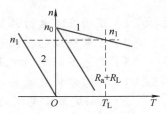

图 5-47　他励直流电动机能耗制动控制电路　　　图 5-48　他励直流电动机能耗制动机械特性曲线

能耗制动开始时制动转矩 T 的大小与电枢回路所串电阻 R_L 的大小有关。R_L 越小，能耗制动机械特性曲线斜率越小，制动开始时的制动转矩和电枢电流越大。虽然制动转矩大可缩短制动时间，但电枢电流不能过大，其瞬时最大电枢电流一般不允许超过 $2I_N$，为此在一定转速下能耗制动时，电枢必须串联电阻，所串电阻的阻值可按下式选择：

$$R_a + R_L \geqslant \frac{E_a}{2I_N} \approx \frac{U_N}{2I_N}$$

则
$$R_L \geqslant \frac{U_N}{2I_N} - R_a \tag{5-23}$$

能耗制动转矩的能量来自于负载传动部分的动能，因而称其为能耗制动。能耗制动设备简单，运行可靠，且不需要从电网输入电能，只是其制动转矩随转速下降而减小，低速时制动效果较差，适用于一般机械要求准确停车的场合及位能性负载的低速下放，为使电动机快速停车，常与机械制动配合使用。

2. 他励直流电动机的反接制动

反接制动可以用两种方法实现，即电枢反接制动与倒拉反接制动（用于位能性负载下放）。

（1）电枢反接制动

电枢反接制动控制电路如图 5-49 所示。制动时令接触器 KM_1 断电、KM_2 通电，电枢电源反接。刚开始时，由于惯性，电动机的转速不能突变，电枢感应电动势 E_a 的方向、大小都不变，电动机电枢回路电压方程为

$$-U = E_a + (R_a + R_L)I_a \qquad (5\text{-}24)$$

即

$$I_a = -\frac{E_a + U}{R_a + R_L} < 0$$

式中，R_L 为限流电阻。

制动时的电磁转矩：$T = C_T \Phi I_a$。

由于电磁转矩 $T < 0$，使电动机很快减速。当减至 $n = 0$ 时，仍有 $T < 0$，所以它比能耗制动在快速停车方面更为有效。当 $n = 0$ 时，应及时把电动机电源切断，否则电动机将反方向转动。图 5-50 中 BC 段为电枢反接制动工作段。

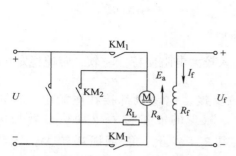

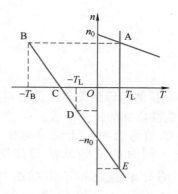

图 5-49　他励直流电动机电枢反接制动控制电路　　　　图 5-50　电枢反接制动机械特性曲线

为使瞬时最大电枢电流不超过 $2I_N$，在进行电枢反接制动时电枢必须串接电阻，所串电阻 R_L 的值可按下式选择：

$$R_a + R_L \geqslant \frac{U_N + E_a}{2I_N} \approx \frac{2U_N}{2I_N} = \frac{U_N}{I_N}$$

则

$$R_L \geqslant \frac{U_N}{I_N} - R_a$$

在电枢反接制动过程中，制动转矩的平均值较大，制动作用强烈，常用于反抗性负载的快速停车或快速反向运行。

（2）倒拉反接制动

倒拉反接制动如图 5-51 所示。设起重机提升重物时负载转矩为 T_L，转速为 n，则电动机处于电动运转状态，工作在机械特性曲线的 a 点，如图 5-51b 所示。当起重机械下放重物时，在电枢回路中串入可调电阻 R，在串入瞬间，电动机转速仍为 n，工作点由固有机械特性曲线 1 上的 a 点沿水平方向移到人为机械特性曲线 2 上的 b 点。此时 $T < T_L$，电动机减速，沿机械特性曲线 2 上的 b 点移到 c 点，这时转速 $n = 0$，依然是 $T < T_L$，电动机反转，进入制动状态。随着转向的改变，电枢电动势反向，由 E_a、U 反向变为同向，这时电枢电流 $I_a = [U - (-E_a)]/(R + R_a) = (U + E_a)/(R + R_a)$ 大大增加，和电枢反接制动相似。电动机的运行进入机械特性曲线第四象限。随着电动机反向转速的增大，E_a 增大，电枢电流 I_a 和电磁制

动转矩 T 也增大，达到 d 点时，$T = T_L$，电动机以 $-n_d$ 的速度稳定运行，使重物以较低的速度平稳下放。其机械特性曲线对应图 5-51b 中 cd 段。所串电阻越大，人为机械特性曲线 2 就越陡，最后稳定的转速就越高。

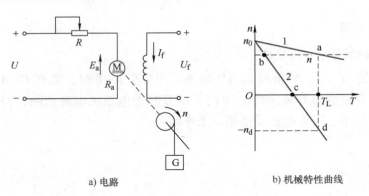

a) 电路　　　　　　　　b) 机械特性曲线

图 5-51　倒拉反接制动

倒拉反接制动设备简单，运行可靠，但电枢串入较大电阻使特性较软，转速稳定性差，适用于位能性负载的低速下放。

反接制动运行时，无论是电枢反接还是倒拉反接，电动机都接在电源上，从电源吸收电能，同时系统的动能和位能在不断减少，减少的能量输入电动机并转换为电能。这两部分电能之和都消耗在电枢回路的电阻 $R_a + R_L$ 上。能量损耗较大，经济性较差。

3. 他励直流电动机的回馈制动（又称再生发电制动）

回馈制动是指电动机处于发电状态下运行，将发出的电能反送回电网。

由 $I_a = (U - E_a)/R_a$ 可看出，当电机以电动状态运行时，电源电压大于反电动势，即 $U > E_a$，则 I_a 与 U 同方向。如果电机在运行时由于某种原因使 $E_a > U$（例如起重机下放重物、运输机械下坡等），这时电枢电流 I_a 改变方向，即 I_a 与 U 方向相反，此时电机向电网输出电能，电机的电磁转矩 $T = C_T \Phi I_a$ 也因 I_a 的反向而改变方向，即与电机转动方向相反，起制动转矩的作用。

怎样才能使电机的反电动势 $E_a > U$ 呢？由式 $E_a = C_e \Phi n$ 可知，如果电机的磁通 Φ 不变（并励电机也如此），则只要使电机的转速 n 高于理想空载转速 n_0 即可使 $E_a > U$。因此当电传动机车、电车等下坡或起重设备下放重物时，只要电机转速大于 n_0，即以发电状态运行，产生制动转矩以限制电机转速的不断上升，并同时向电网输送电能。

如图 5-50 的 $-n_0 E$ 段及图 5-52 的 $n_0 B$ 段，回馈制动运行时，电动机不但不从电源吸收功率，还有功率回馈电网。与能耗制动与反接制动相比，回馈制动能量损耗最少，经济性最好。实现回馈制动，必须使转速高于理想空载转速 n_0，适用于高速下放重物而不能用于停车。

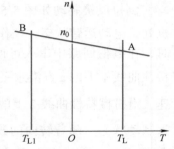

图 5-52　电动车回馈制动机械特性曲线

例5-5 一台他励直流电动机的铭牌数据为 $P_N=22\text{kW}$，$U_N=220\text{V}$，$I_N=115\text{A}$，$n_N=1500\text{r/min}$，$R_a=0.1\Omega$，最大允许电流 $I_{\text{amax}}\leq 2I_N$，原在固有特性上运行，负载转矩 $T_L=0.9T_N$，试计算：

（1）电动机拖动反抗性恒转矩负载，采用能耗制动停车，电枢回路应串入的最小电阻是多少？

（2）电动机拖动反抗性恒转矩负载，采用电源反接制动停车，电枢回路应串入的最小电阻是多少？

（3）电动机拖动位能性恒转矩负载（例如起重机）。传动机构的损耗转矩 $\Delta T=0.1T_N$，要求电动机以 $n=-200\text{r/min}$ 恒速下放重物，采用能耗制动运行，电枢回路应串入多大电阻？该电阻上消耗的功率是多少？

（4）电动机拖动同一位能性负载，采用倒拉反接制动，恒速下放重物，$n=-1000\text{r/min}$，电枢回路应串入多大电阻？该电阻上消耗的功率是多少？

（5）电动机拖动同一位能性负载，采用回馈制动下放重物，稳定下放时电枢回路不串电阻，电动机的转速是多少？

解： 先求 $C_e\Phi_N$、n_0 及 Δn_N。

$$C_e\Phi_N=\frac{U_N-I_NR_a}{n_N}=\frac{220-115\times0.1}{1500}\text{V/(r}\cdot\text{min}^{-1})=0.139\text{V/(r}\cdot\text{min}^{-1})$$

$$n_0=\frac{U_N}{C_e\Phi_N}=\frac{220}{0.139}\text{r/min}\approx1583\text{r/min}$$

$$\Delta n_N=n_0-n_N=(1583-1500)\text{r/min}=83\text{r/min}$$

电动机稳定运行时，电磁转矩等于负载转矩，即

$$T_N=\frac{P_N}{\Omega_N}=9550\frac{P_N}{n_N}=9550\times\frac{22}{1500}\approx140.07\text{N}\cdot\text{m}$$

$$C_T\Phi_N=\frac{T_N}{I_N}=\frac{140.07}{115}=1.218$$

$$T=T_L=0.9T_N=0.9\times140.07\text{N}\cdot\text{m}\approx126.06\text{N}\cdot\text{m}$$

（1）能耗制动停车，电枢应串电阻 R_n 的计算。

能耗制动前，电动机稳定运行的转速为

$$n=\frac{U_N}{C_e\Phi_N}-\frac{R_a}{9.55C_T\Phi_NC_e\Phi_N}T=\left(\frac{220}{0.139}-\frac{0.1}{1.218\times0.139}\times137.4\right)\text{r/min}\approx1508\text{r/min}$$

$$E_a=C_e\Phi_Nn=0.139\times1508\text{V}\approx209.6\text{V}$$

能耗制动时，$0=E_a+I_{\text{amax}}(R_a+R_n)$，应串电阻 R_n 为

$$R_n=-\frac{E_a}{I_{\text{amax}}}-R_a=\left(-\frac{209.6}{-2\times115}-0.1\right)\Omega\approx0.811\Omega$$

（2）电源反接制动停车，电枢应串入电阻 R_f 的计算。

$$-U_N = E_a + I_{amax}(R_a + R_f)$$

$$R_f = \frac{-U_N - E_a}{I_{a\,max}} - R_a = \left(\frac{-220 - 209.6}{-2 \times 115} - 0.1\right)\Omega \approx 1.768\Omega$$

（3）能耗制动运行时，电枢回路应串入电阻 R_n 及消耗功率 P_R 的计算。

采用能耗制动下放重物时，电源电压 $U_N = 0$，负载转矩变为

$$T_{L2} = T_{L1} - 2\Delta T = 0.9T_N - 2 \times 0.1T_N = 0.7T_N$$

稳定下放重物时，$T = T_{L2}$，此时电枢电流为

$$I_a = \frac{T_{L2}}{C_T\varPhi_N} = \frac{0.7T_N}{C_T\varPhi_N} = 0.7I_N = 0.7 \times 115A = 80.5A$$

对应转速为 $-200r/min$ 时的电动势为

$$E_a = C_e\varPhi_N n = 0.139 \times (-200)V = -27.8V$$

电枢回路中应串入的电阻为

$$R'_n = -\frac{E_a}{I_a} - R_a = \left(-\frac{-27.8}{80.5} - 0.1\right)\Omega \approx 0.245\Omega$$

R'_n 电阻上消耗的功率为

$$P_R = I_a^2 R_n = 80.5^2 \times 0.245W \approx 1588W$$

（4）倒拉反接制动时，电枢回路应串电阻 R_C 及消耗功率 P_C 的计算。

倒拉反接制动时，电压方向没有改变，电枢电流仍为 $0.7I_N$，对应转速 $-1000r/min$ 时的电枢电动势 E_a 为

$$E_a = C_e\varPhi_N n = 0.139 \times (-1000)V = -139V$$

电枢回路中应串入的电阻 R_C 为

$$R_C = \frac{U_N - E_a}{I_a} - R_a = \left[\frac{220 - (-139)}{80.5} - 0.1\right]\Omega = 4.36\Omega$$

R_C 电阻上消耗的功率为

$$P_C = I_a^2 R_C = 80.5^2 \times 4.36W \approx 28254W = 28.254kW$$

（5）回馈制动运行时，电动机转速的计算。

回馈制动下放重物时，电枢电流仍为 $0.7I_N$，外串电阻 $R_\Omega = 0$，电压反向，转速为

$$n = \frac{-U_N - I_a R_a}{C_e\varPhi_N} = \frac{-220 - 80.5 \times 0.1}{0.139}r/min \approx -1641r/min$$

（三）引导问题：串励直流电动机的电气制动如何实现？

串励直流电动机的理想空载转速为无穷大，所以它不可能有回馈制动运行状态，只能进行能耗制动和反接制动。

1. 串励直流电动机的能耗制动

串励直流电动机的能耗制动可采用两种方式：他励式和自励式。

他励式能耗制动时，只把电枢脱离电源并通过外接制动电阻形成闭合回路，而把串励绕组接到电源上，由于串励绕组的电阻很小，必须在励磁回路中接入限流电阻。这时电动机成为一台他励发电机，而产生制动转矩，其特性及制动过程与他励直流电动机的能耗制动相同。

自励式能耗制动是把电枢和串励绕组在脱离电源后接到制动电阻上，依靠电动机内剩磁自励，建立电动势，成为串励发电机，从而产生制动转矩，使电动机停转。为了保证电动机能自励，在进行自励式能耗制动接线时，必须注意要保持励磁电流的方向和制动前相同，否则不能产生制动转矩。

自励式能耗制动开始时制动转矩较大，随着转速下降，电枢电动势和电流也下降，同时磁通减小，使制动转矩下降很快，制动效果减弱，所以制动时间长，制动不平稳。由于自励式能耗制动不需要电源，因此主要用于事故制动。

他励式能耗制动效果好，应用较广泛。

2. 串励直流电动机的反接制动

串励直流电动机的反接制动也有两种：倒拉反接制动和电压反接制动。

倒拉反接制动时，只需在电枢回路中串入一个较大电阻，其制动物理过程和他励直流电动机相同，也用于下放位能性负载。

采用电压反接制动时，需在电枢回路内串入电阻，同时将电枢两端接电源的位置对调，从而使励磁绕组中电流的方向与制动前一致，而加在电枢两端的电压与制动前相比已经反向。其制动的过程和他励直流电动机相同。

（四）引导问题：复励直流电动机的电气制动如何实现？

复励直流电动机有两个励磁绕组，一个是串励绕组 WSE，另一个是并励绕组 WSH，其原理图如图 5-53 所示。当两绕组的励磁磁动势方向相同时，为积复励直流电动机；当两绕组的励磁磁动势方向相反时，为差复励直流电动机。由于差复励的串励磁动势起去磁作用，其机械特性可能上翘，运行不易稳定，所以一般采用积复励直流电动机。

积复励直流电动机的机械特性介于他励直流电动机和串励直流电动机之间。当并励绕组磁动势起主要作用时，机械特性近似于他励直流电动机的机械特性；当串励绕组磁动势起主要作用时，机械特性近似于串励直流电动机的机械特性，但是由于有并励绕组，所以它的机械特性与纵轴有交点，即具有理想空载转速 n_0。这是因为当电枢电流等于零时，串励绕组产生的磁通为零，而并励绕组产生的磁通 Φ_{WSH} 不为零，因此理想空载转速 $n_0 = U_e / C_e \Phi_{WSH}$。又因有串励绕组产生的磁通存在，所以积复励直流电动机的机械特性也是非线性的，且比他励直流电动机的机械特性软。其机械特性曲线如图 5-54 所示。

反向电动状态时，为了保持串励绕组磁动势与并励绕组磁动势方向一致，一般只改变电枢两端的接线，使电枢反接；保持串励绕组的接线不变，使串励绕组中的电流方向不变。

复励直流电动机有反接制动、能耗制动和回馈制动 3 种制动方式。为了避免在回馈制动和能耗制动状态下，由于电枢电流反向而使串励绕组产生去磁作用，以致减弱磁通 Φ，影响制动效果，一般在进行回馈制动和能耗制动时，将串励绕组短接，则复励电动机能耗制动和回馈制动时的机械特性就与他励直流电动机的机械特性完全相同，其制动的物理过程也相同。

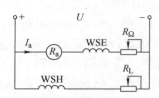

图 5-53　复励直流电动机原理图

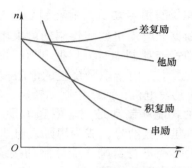

图 5-54　复励直流电动机机械特性曲线

（五）拓展阅读　无刷直流变频电机

无刷直流变频电机是伴随着永磁材料性能的提高、制造成本价格的下降、电力电子技术的发展而研发出的一种新型直流电机。这种电机具有调速性能好、控制方法灵活多变、效率高、起动转矩大、过载能力强、无换向火花、无无线电干扰、无励磁损耗及运行寿命长等优点，对变频家电的发展有很大影响。

与交流变频电机相比，直流变频电机采用永久磁铁，减少了电机转子感应电流和磁场方面的损失，因此具有更高的节能潜力。作为更为高效节能的产品，目前直流变频家电已成为家电业一个崭新的亮点；直流变频技术也是当前最具发展前景的焦点技术，而无刷直流变频电机也是实现这一技术的热门变频装置。

四、任务实施

按任务单分组完成并励直流电动机的能耗制动。

五、任务单

任务五　直流电动机的制动控制		组别：	教师签字
班级：	学号：	姓名：	
日期：			

任务要求：

1）能分析直流电动机能耗制动原理图。

2）能根据直流电动机制动原理图完成接线。

3）按照正确步骤，完成直流电动机的制动试验。

仪器、工具清单：

小组分工：

任务内容:

1. 并励直流电动机的能耗制动

1) 按图 5-55 所示电路接线,其中 R_{f1}、R_{f2} 均选用 1800Ω 变阻器,R_1 选用 180Ω 变阻器,R_2 选用 2250Ω 变阻器,能耗制动电阻 R_L 选用 180Ω。

2) 先把 S_1 合向 2 端,闭合控制屏下方右侧的电枢电源开关,把电动机的 R_{f1} 调至零,使电动机的励磁电流最大。

3) 把电动机的电枢串联起动电阻 R_1 调至最大,把 S_1 合至 1 端,使电动机起动。运转正常后,从 S_1 任一端拔出一根导线插头,使电枢开路。由于电枢开路,电动机处于自由停机,记录停机时间。

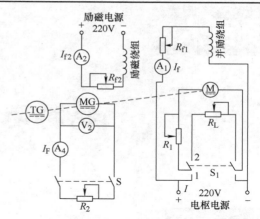

图 5-55 并励直流电动机能耗制动接线图

4) 重复起动电动机,待运转正常后,把 S 合向 R_L 端,记录停机时间。

5) 选择 4 组 R_L 不同的阻值,观察其对停机时间的影响,并记录于表 5-6 中。

表 5-6 能耗制动数据记录表

能耗制动电阻 R_L/Ω				
停机时间 T/s				

2. 思考

能耗制动时间与制动电阻 R 的阻值有什么关系,为什么?

六、任务考核与评价

任务五　直流电动机的制动控制			日期:	教师签字		
姓名:		班级:	学号:			
评分细则						
序号	评分项	得分条件		配分	小组评价	教师评价
1	学习态度	1. 遵守时间、场所规则 2. 积极主动、认真踏实		10		
2	安全规范	1. 能规范使用实验设备 2. 具有安全操作意识		10		
3	专业技术能力	1. 能分析直流电动机能耗制动原理图 2. 能根据直流电动机制动原理图完成接线 3. 按照正确步骤,完成直流电动机的制动试验		50		
4	数据读取、处理能力	1. 能正确进行实验数据的记录 2. 能根据记录的数据分析制动效果		15		
5	报告撰写能力	1. 能独立完成任务单的填写 2. 字迹清晰、重点归纳得当 3. 具有自己独特的思考和分析 4. 能分析拓展问题		15		
总分				100		

项目六

特种电机的应用

　　随着现代科学技术的不断进步，在电力拖动系统中出现了用作检测、放大、执行和计算用的小功率交直流电机，这类电机称为特种电机或控制电机。

　　就电磁过程以及所遵循的基本电磁规律来说，特种电机和一般旋转电机并没有本质区别，但一般旋转电机的作用是完成机电能量的转换，因此要求有较高的力能指标，而特种电机主要用作信号的传递和变换，因此对它们的要求是运行可靠、能快速响应和精确度高。右图所示为伺服电动机在生产线中的应用。

引言图　利用伺服电动机对一种产品进行组装

项目内容 »

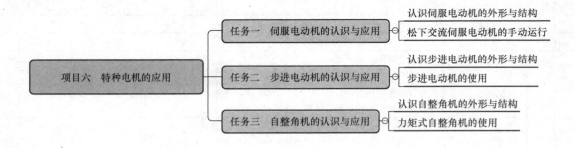

项目概述 »

　　本项目学习控制电机的认识与应用等内容，主要要求认识伺服电动机、步进电动机、自整角机的工作原理及结构，能够掌握其基本控制方法，并实现其基本使用。

任务一　伺服电动机的认识与应用

姓名：　　　　班级：　　　　日期：　　　　参考课时：2课时

一、任务描述

某工厂采购了一条自动化生产线，采用交流伺服电动机用作传送带传输控制。因此，本任务需要掌握伺服电动机的基本工作原理，了解其基本结构，并能够读懂其技术参数。

二、任务目标

※　**知识目标**　1）了解伺服电动机的结构。
　　　　　　　　2）了解伺服电动机的铭牌、型号、主要技术参数。
　　　　　　　　3）掌握伺服电动机的主要控制方式。
※　**能力目标**　1）能够读懂伺服电动机的铭牌。
　　　　　　　　2）能够正确完成伺服电动机的接线及运行控制。
※　**素质目标**　1）通过合作完成小组任务，发扬相互协作的精神。
　　　　　　　　2）通过实际案例，提升用所学知识分析解决实际问题的能力。

三、知识准备

伺服电动机

（一）引导问题：什么是伺服电动机？直流伺服电动机具有怎样的控制特性？

1. 伺服电动机的概念

伺服电动机也叫执行电动机，在自动控制系统中作为执行元件，它将输入的电压信号转变为转轴的角位移或角速度输出。它的工作状态受控于信号，按信号的指令而动作：信号为零时，转子处于静止状态；有信号输入时，转子立即旋转；除去信号时，转子能迅速制动，很快停转。"伺服"二字正是因此命名的。

为了达到自动控制系统的要求，伺服电动机应具有以下特点：可控性好信号去除后，伺服电动机能迅速制动，很快达到静止状态、稳定性高（转子的转速平稳变化）；灵敏性好（伺服电动机对控制信号能快速做出反应）。

伺服电动机按照供电电源是直流还是交流可分为两大类，即直流伺服电动机和交流伺服电动机。

2. 直流伺服电动机

直流伺服电动机是指使用直流电源的伺服电动机，实质上是一台他励直流电动机，但它又具有自身的特点：气隙小，磁路不饱和，电枢电阻大，机械特性为软特性，电枢细长，转动惯量小。

（1）直流伺服电动机的结构和分类

直流伺服电动机的结构和普通小功率直流电动机相同，也是由定子和转子两部分组成的。其外形如图6-1所示。

直流伺服电动机按励磁方式可分为两种基本类型：永磁式和电磁式。永磁式直流伺服电动机的定子由永久磁铁做成，可看作他励直流伺服电动机的一种。电磁式直流伺服电动机的定子由硅钢片叠成，外套励磁绕组。

　　直流伺服电动机按结构可分为普通型直流伺服电动机、盘形电枢直流伺服电动机、空心杯直流伺服电动机和无槽直流伺服电动机等。

　　1）普通型直流伺服电动机。普通型直流伺服电动机的结构与他励直流电动机的结构基本相同，也由定子、转子两大部分组成。

　　2）盘形电枢直流伺服电动机。盘形电枢直流伺服电动机的外形呈圆盘状，其定子由永久磁钢和铁轭组成，产生轴向磁通。电动机电枢的长度远远小于电枢的直径，绕组的有效部分沿转轴的径向排列，且用环氧树脂浇注成圆盘形。绕组中流过的电流是径向的，它和轴向磁通相互作用产生电磁转矩，驱动转子旋转。图 6-2 所示为盘形电枢直流伺服电动机结构图。

图 6-1　直流伺服电动机的外形

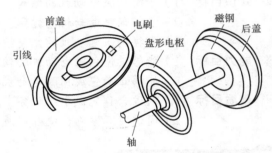

图 6-2　盘形电枢直流伺服电动机结构

　　盘形电枢的绕组除了绕线式绕组外，还可以做成印制绕组，其制造工艺和印制电路板类似。它可以采用两面印制的结构，也可以是若干片重叠在一起的结构。它用电枢的端部（近轴部分）兼作换向器，不用另外设置换向器。图 6-3 所示为印制绕组直流伺服电动机结构。

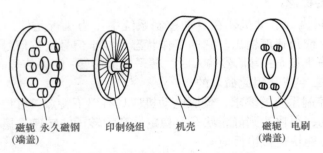

图 6-3　印制绕组直流伺服电动机结构

　　盘形电枢直流伺服电动机多用于低转速、经常起动和反转的机械中，其输出功率一般为几瓦到几千瓦，大功率的主要用于雷达天线的驱动、机器人的驱动和数控机床等。另外，由于它呈扁圆形，轴向占位小，安装方便。

　　3）空心杯直流伺服电动机。空心杯直流伺服电动机的定子有两个：一个叫内定子，由软磁材料制成；另一个叫外定子，由永磁材料制成。磁场由外定子产生，内定子起导磁作用。空心杯电枢直接安装在电动机轴上，在内、外定子的气隙中旋转。电枢由沿电动机轴向排列成空心杯形状的绕组，用环氧树脂浇注成型。图 6-4 所示为空心杯直流伺服电动机结构。

空心杯直流伺服电动机的价格比较昂贵，多用于高精度的仪器设备，如监控摄像机和精密机床等。

4）无槽直流伺服电动机。无槽直流伺服电动机的电枢铁心表面不开槽，绕组排列在光滑的圆柱铁心的表面，用环氧树脂浇注成型，和电枢铁心成为一体。定子上嵌放永久磁钢，产生气隙磁场。图6-5所示为无槽直流伺服电动机结构。

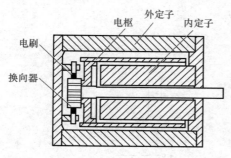

图6-4 空心杯直流伺服电动机结构

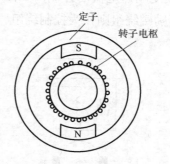

图6-5 无槽直流伺服电动机结构

（2）直流伺服电动机的工作原理

直流伺服电动机的工作原理和普通直流电动机相同，当励磁绕组和电枢绕组中都通过电流并产生磁通时，它们相互作用而产生电磁转矩，使直流伺服电动机带动负载工作。如果两个绕组中任何一个电流消失，电动机马上静止下来。它不像交流伺服电动机那样有"自转"现象，所以直流伺服电动机是自动控制系统中一种很好的执行元件，能把输入的控制电压信号转换为转轴上的角位移或角速度输出。电动机的转速及转向随控制电压的改变而改变。

（3）直流伺服电动机的控制方式

直流伺服电动机的励磁绕组和电枢绕组分别装在定子和转子上，改变电枢绕组的端电压或改变励磁电流都可以实现调速控制。下面分别对这两种控制方法进行分析。

1）改变电枢绕组端电压的控制。如图6-6所示，电枢绕组作为接收信号的控制绕组，接电压为U_K的直流电源。励磁绕组接到电压为U_f的直流电源上，以产生磁通。当控制电源有电压输出时，电动机立即旋转，无控制电压输出时，电动机立即停止转动，此种控制方式可简称为电枢控制。

其控制的具体过程如下：设初始时刻控制电压$U_K = U_1$，电动机的转速为n_1，反电动势为E_1，电枢电流为I_{K1}，电动机处于稳定状态，电磁转矩和负载转矩相平衡即$T_{em} = T_L$。现在保持负载转矩不变，增加电源电压到U_2，由于转速不能突变，仍然为n_1，所以反电动势也为E_1，由电压平衡方程式$U = E + I_a R_a$可知，为了保持电压平衡，电枢电流应上升，电磁转矩也随之上升，此时$T_{em} > T_L$，电动机的转速上升，反电动势随之增加，为了保持电压平衡关系，电枢电流和电磁转矩都要下降，一直到电流减小到I_{K1}，电磁转矩和负载转矩达到平衡，电动机处于新的平衡状态。可是，此时电动机的转速为$n_2 > n_1$。当负载和励磁电流不变时，用一流程表示上述过程：

$$U_K \uparrow \rightarrow I_a \uparrow \rightarrow T_{em} \uparrow \rightarrow T_{em} > T_L \rightarrow n \uparrow \rightarrow E \uparrow \rightarrow I_a \downarrow \rightarrow T_{em} \downarrow \rightarrow T_{em} = T_L \rightarrow n = n_2$$

降低电枢电压使转速下降时的过程和上述过程原理相同。

电枢控制时，直流伺服电动机的机械特性和他励直流电动机改变电枢电压时的人为机械特性相同。

2）改变励磁电流的控制。如图 6-7 所示，电枢绕组起励磁绕组的作用，接在励磁电源 U_f 上，而励磁绕组则作为控制绕组，受控于电压 U_K。

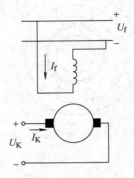

图 6-6　改变电枢绕组端电压控制

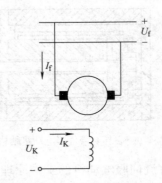

图 6-7　改变励磁电流控制

由于励磁绕组进行励磁时所消耗的功率较小，并且电枢电路的电感小，响应迅速，所以直流伺服电动机多采用改变电枢端电压的控制方式。

（4）直流伺服电动机的运行特性

直流伺服电动机负载运行时 3 个主要运行变量为电枢电压 U_a、转速 n 及电磁转矩 T，它们之间的关系特性称为运行特性，包括机械特性和调节特性。

1）机械特性。伺服电动机的电枢绕组即控制绕组，控制电压为 U_a。对于电磁式伺服电动机来说，励磁电压 U_f 为常数，另外不考虑电枢反应的影响。在这些前提下分析直流伺服电动机的机械特性。机械特性是指在控制电枢电压 U_a 保持不变的情况下，直流伺服电动机的转速 n 随电磁转矩 T 变化的关系。经过推导可得出其机械特性表达式为：

$$n = \frac{U_a}{C_e \Phi} - \frac{R_a}{C_e C_T \Phi^2} T = n_0 - \beta T \tag{6-1}$$

式中，n_0 为理想空载转速，且 $n_0 = U_a / (C_e \Phi)$；β 为斜率，且 $\beta = R_a / (C_e C_T \Phi^2)$。

从式（6-1）可以看出，当 U_a 大小一定时，转矩 T 大时转速 n 低，转速的下降与转矩的增大之间成正比关系，这是很理想的特性。给定不同的电枢电压 U_a，得到的机械特性为一组平行的直线，如图 6-8 所示。

2）调节特性。调节特性是指在一定的转矩下，转速 n 与控制电枢电压 U_a 之间的关系。当转矩一定时，根据式（6-1）可知，转速 n 与控制电枢电压 U_a 之间的关系也为一组平行的直线，如图 6-9 所示，其斜率为 $1 / C_e \Phi$。

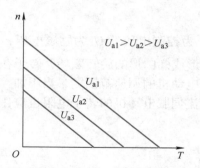

图 6-8　电枢控制直流伺服电动机的机械特性曲线

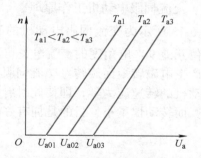

图 6-9　直流伺服电动机的调节特性曲线

当转速为零时，对应不同的负载转矩可得到不同的起动电压。当电枢电压小于起动电压时，伺服电动机不能起动。总地来说，直流伺服电动机的调节特性也是比较理想的。

〖二〗 引导问题：交流伺服电动机的工作原理是什么？具有怎样的控制特性？

与直流伺服电动机相同，交流伺服电动机也常作为执行元件用于自动控制系统中，将起控制作用的电信号转换为转轴的转速。交流伺服电动机外形如图 6-10 所示。

1. 交流伺服电动机的结构和工作原理

（1）交流伺服电动机的结构

交流伺服电动机也是由定子和转子两大部分组成。

定子铁心中放置空间垂直的两相绕组，如图 6-11 所示，其中一相为控制绕组，另一相为励磁绕组。可见，交流伺服电动机就是两相交流电动机。

图 6-10　交流伺服电动机外形

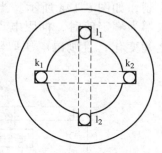

图 6-11　交流伺服电动机的两相绕组

常见的转子结构有笼型转子和非磁性杯型转子。笼型转子交流伺服电动机的结构由转轴、转子铁心和绕组组成。转子铁心由硅钢片叠成，中心的孔用来安放转轴，外表面的每个槽中放一根导条，两个短路环将导条两端短接，形成图 6-12 所示的笼型转子绕组。导条可以是铜条，也可以是铸铝条，把铁心放入模型内用铝浇注，将短路环和导条铸成一个整体。

非磁性杯型转子交流伺服电动机的定子分内、外两部分，外定子和笼型转子交流伺服电动机的定子相同，内定子由环形钢片叠压而成，不产生磁场，只起导磁的作用。空心杯型转子通常由铝或铜制成，它的壁很薄，多为 0.3mm 左右。杯形转子置于内、外定子的空隙中，可自由旋转。由于杯形转子没有齿和槽，电动机转矩不随角位移的变化而变化，运转平稳。但是，内、外定子之间的气隙较大，所需励磁电流大，降低了电动机的效率。另外，由于非磁性杯型转子伺服电动机的成本高，所以只用在一些对转动的稳定性要求高的场合。它不如笼型转子交流伺服电动机应用广泛。

（2）交流伺服电动机工作原理

图 6-13 所示为交流伺服电动机的工作原理，U_c 为控制电压，U_f 为励磁电压，它们是时间相位互差 90° 电角度的交流电，可在空间形成圆形或椭圆形的旋转磁场，转子在磁场的作用下产生电磁转矩而旋转。交流伺服电动机比普通电动机的调速范围宽，当不加控制电压时，电动机的转速应为零，即使此时有励磁电压。交流伺服电动机的转子电阻也应比普通电动机大，而转动惯量小，目的是拥有好的机械特性。

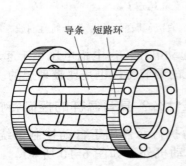

图 6-12　笼型转子绕组

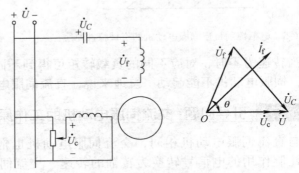

图 6-13　交流伺服电动机的工作原理

2. 交流伺服电动机的控制方法

交流伺服电动机的控制方法有幅值控制、相位控制和幅相控制 3 种。

（1）幅值控制

控制电压的幅值变化，而控制电压和励磁电压的相位差保持 90° 不变，这种控制方法叫作幅值控制，如图 6-14a 所示。当控制电压为零时，伺服电动机静止不动；当控制电压和励磁电压都为额定值时，伺服电动机的转速达到最大值，转矩也最大；当控制电压在零到最大值之间变化，且励磁电压取额定值时，伺服电动机的转速在零和最大值之间变化。

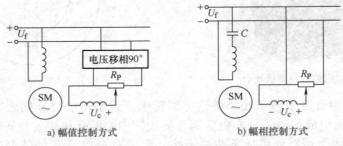

a) 幅值控制方式　　　　　　　　　b) 幅相控制方式

图 6-14　幅值控制及幅相控制电路

（2）相位控制

在控制电压和励磁电压都是额定值的条件下，通过改变控制电压和励磁电压的相位差来对伺服电动机进行控制的方法叫作相位控制。用 θ 表示控制电压和励磁电压的相位差。当控制电压和励磁电压同相位时，$\theta = 0°$，气隙磁动势为脉振磁动势，电动机静止不动；当相位差 $\theta = 90°$ 时，气隙磁动势为圆形旋转磁动势，电动机的转速和转矩都达到最大值；当 $0° < \theta < 90°$ 时，气隙磁动势为椭圆形旋转磁动势，电动机的转速处于最小值和最大值之间。

（3）幅相控制

幅相控制是上述两种控制方法的综合运用，即电动机转速的控制是通过改变控制电压和励磁电压的相位差及它们的幅值大小来实现的。幅相控制电路图如图 6-14b 所示。当改变控制电压的幅值时，励磁电流随之改变，励磁电流的改变引起电容两端的电压变化，此时控制电压和励磁电压的相位差发生变化。

幅相控制的电路图结构简单，不需要移相器，实际应用比另外两种方法广泛。

3. 交流伺服电动机的控制绕组和放大器的连接

在实际的伺服控制系统中，交流伺服电动机的控制绕组需要连接到伺服放大器的输出端，放大器起放大控制电信号的作用。图 6-15 所示为常用的两种电路图。图 6-15a 中，控制绕组和输出变压器相连，输出变压器有两个输出端子。图 6-15b 中，控制绕组和一对推挽功率放大管相连。伺服电动机的控制绕组通常分成两部分，它们可以串联或并联后和放大器的输出端相连。

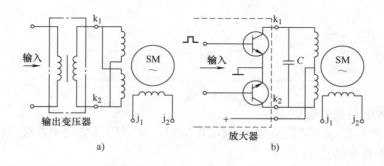

图 6-15 控制绕组与放大器的连接

四、任务实施

按任务单分组完成以下任务：

1）读懂伺服电动机铭牌。

2）松下交流伺服电动机的试运行。

五、任务单

任务一 伺服电动机的认识与应用		组别：	教师签字
班级：	学号：	姓名：	
日期：			

任务要求：

1）列出任务所需仪器及工具清单，记录小组分工。

2）按照电动机铭牌，搜集相关资料，解读铭牌信息。

3）记录实验过程中存在的问题，并进行合理分析，提出解决方法。

仪器、工具清单：

小组分工：

任务内容：

1. 读懂伺服电动机的铭牌

图 6-16 和图 6-17 分别两个品牌的伺服电动机，请运用信息技术查询其铭牌相关信息，并记录从铭牌中获取的信息。

图 6-16　伺服电动机铭牌实例（一）

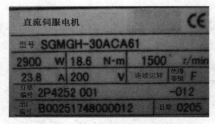

图 6-17　伺服电动机铭牌实例（二）

2. 松下交流伺服电动机的试运行操作

1）按照图 6-18 对松下伺服电动机驱动器进行基本接线。

2）按照以下步骤进行试运行模式设定，进行电动机的 JOG 试运行，测试接线是否正确：

① 给伺服电动机驱动器上电，打开盖板，操作面板如图 6-19 所示。

② 按 1 次 S 键，按 3 次 M 键，显示 AF-ACL。

③ 按上下翻按钮，直至显示 AF-JOG。

④ 按 S 键确定，显示 JOG。

⑤ 按向上键 3s，显示 READY。

⑥ 按向左键 3s，出现 STU-ON，伺服驱动器出现继电器吸合的声音，表明手动试运行模式设置完成。

⑦ 按向上键，启动伺服器运行，伺服电动机正转；按向下键，伺服电动机反转；其转速可由参数 Pr57 设定。

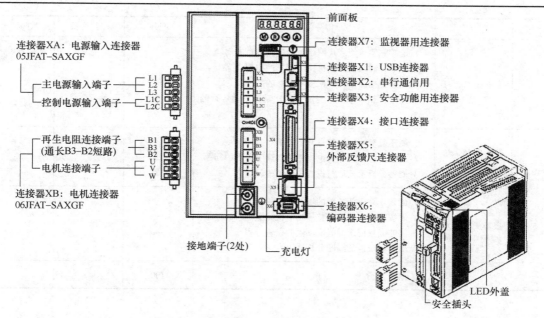

图 6-18 伺服电动机接线图

图 6-19 伺服电动机操作面板

六、任务考核与评价

任务一 伺服电动机的认识与应用		日期：	教师签字
姓名：	班级：	学号：	

评分细则

序号	评分项	得分条件	配分	小组评价	教师评价
1	学习态度	1.遵守规章制度，遵守课堂纪律 2.积极主动，具有创新意识	10		
2	安全规范	1.能进行设备和工具的安全检查 2.能规范使用实验设备 3.具有安全操作意识	10		

（续）

序号	评分项	得分条件	配分	小组评价	教师评价
3	专业技术能力	1. 能够熟练运用现代网络技术进行信息查询 2. 能够正确认识到电机铭牌信息的物理含义 3. 能够根据图样完成伺服驱动器的接线 4. 能够根据教师要求完成伺服驱动器手动运行的设置	50		
4	数据读取、处理能力	1. 能正确解读铭牌信息并记录 2. 能独立思考，分析电机铭牌解读中遇到的问题 3. 能够分析手动运行设置中遇到的问题	15		
5	报告撰写能力	1. 能独立完成任务单的填写 2. 能按照铭牌信息完整描述电机特点 3. 能够完整记录伺服驱动器的设置过程 4. 能体现较强的问题分析能力	15		
		总分	100		

任务二　步进电动机的认识与应用

姓名：　　　　班级：　　　　日期：　　　　参考课时：2 课时

一、任务描述

　　某工厂需要采购一批步进电动机，用于定位控制，要求使用者对步进电动机有较深入的了解。因此，本任务需要认识步进电动机的外形与结构，能够完成步进电动机的使用。

二、任务目标

※　**知识目标**　1）能够说出步进电动机的工作原理和工作方式。

　　　　　　　　2）能够复述步进电动机的步距角公式。

※　**能力目标**　1）能够读懂步进电动机的技术参数。

　　　　　　　　2）能够在实验台完成步进电动机的应用。

※　**素质目标**　1）树立安全第一的工作规则，将安全理念深植心中。

　　　　　　　　2）培养遵守规范的实验习惯，保证项目实施的正确性。

　　　　　　　　3）培养灵活创新、坚持不懈、精益求精的工匠精神。

三、知识准备

（一）　引导问题：什么是步进电动机？反应式步进电动机的工作原理是什么？

1. 步进电动机的概念

步进电动机是一种将电脉冲信号转换成相应的角位移或直线位移的微电机。它由专门的驱动电源供给电脉冲，每输入一个电脉冲，电动机就移进一步，由于是步进式运动的，所以被称为步进电动机或脉冲电动机，其外形如图6-20所示。

步进电动机是自动控制系统中应用很广泛的一种执行元件。步进电动机在数字控制系统中一般采用开环控制，由于计算机应用技术的迅速发展，目前步进电动机常常和计算机结合起来组成高精度的数字控制系统。

图6-20　步进电动机外形

步进电动机的种类很多，按工作原理分，有反应式、永磁式和磁感应式3种。其中反应式步进电动机具有步距小、响应速度快、结构简单等优点，广泛应用于数控机床、自动记录仪、计算机外围设备等数控设备。

2. 反应式步进电动机的工作原理

图6-21所示为一台三相反应式步进电动机的工作原理。它由定子和转子两大部分组成，在定子上有3对磁极，磁极上装有励磁绕组。励磁绕组分为三相，分别为A相、B相和C相绕组。步进电动机的转子由软磁材料制成，在转子上均匀分布4个凸极，极上不装绕组，转子的凸极也称为转子的齿。由图可见，由于结构的原因，沿转子圆周表面各处气隙不同，因而磁阻不相等，齿部磁阻小，两齿之间磁阻大。当励磁绕组中流过脉冲电流时，产生的主磁通总是沿磁阻最小的路径闭合，即经转子齿、铁心形成闭合回路。因此，转子齿会受到切向磁拉力而转过一定的机械角度，称步距角 θ_b。如果控制绕组按一定的脉冲分配方式连续通电，电动机就按一定的角频率运行。改变励磁绕组的通电顺序，电动机就可反转。

a）A相通电情况

b）B相通电情况

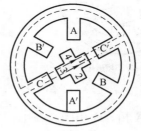
c）C相通电情况

步进电动机

图6-21　三相反应式步进电动机的工作原理

当步进电动机的A相通电，B相及C相不通电时，由于A相绕组电流产生的磁通要经过磁阻最小的路径形成闭合磁路，所以将使转子齿1、齿3同定子的A相对齐，如图6-21a所示。当A相断电，改为B相通电时，同理B相绕组电流产生的磁通也要经过磁阻最小的路径形成闭合磁路，这样转子顺时针在空间转过30°，使转子齿2、齿4与B相对齐，如图6-21b所示。当由B相改为C相通电时，同样可使转子顺时针转过30°，如图6-21c所示。若按 A—B—C—A 的通电顺序往复进行，则步进电动机的转子将按一定速度顺时针方向旋转，步进电动机的转速取决于三相控制绕组通、断的频率。当依照 A—C—B—A 顺序通电时，步进电动机将变为逆时针方向旋转。

上述分析的是最简单的三相反应式步进电动机的工作原理，这种步进电动机具有较大的步距角，不能满足生产实际对精度的要求，如果用在数控机床中就会影响加工工件的精度。为此，近年来实际使用的步进电动机是定子和转子齿数都较多、步距角较小、特性较好的小步距角步进电动机。图 6-22 所示为最常用的一种小步距角三相反应式步进电动机结构。

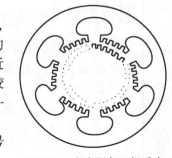

图 6-22　小步距角三相反应式步进电动机结构

步进电动机应由专门的驱动电源来供电，主要包括变频信号源、脉冲分配器和脉冲放大器 3 个部分。

（二）引导问题：步进电动机有哪些工作方式?

对于定子有 6 个极的三相步进电动机，可分为单三拍、双三拍、六拍 3 种工作方式。

1. 单三拍运行方式

设控制绕组的通电方式每变换一次称为一拍，如果每次只允许一相单独通电，三拍构成一个循环，称为单三拍运行方式。图 6-21 就是一台三相反应式步进电动机单三拍运行方式的工作原理图。

2. 双三拍运行方式

实际使用中，由于单三拍运行的可靠性和稳定性较差，通常可以将其改为双三拍运行，即每拍允许两相同时通电，三拍为一个循环，如图 6-23 所示。

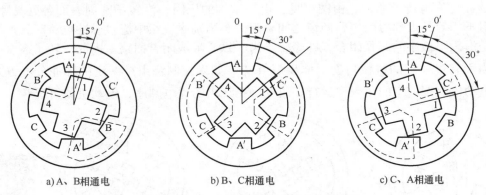

a) A、B相通电　　　　　　b) B、C相通电　　　　　　c) C、A相通电

图 6-23　三相双三拍步进电动机工作原理图

第一拍：A 相、B 相同时通电，磁力线分成两路，一路沿磁极 A、齿 1、齿 4、磁极 B′形成闭合回路；另一路沿磁极 B、齿 2、齿 3、磁极 A′形成闭合回路。由于电磁吸引力的作用，把转子的齿锁定在 A、B 两极之间的对称位置。以磁极 A 为参考，齿 1 的中心线顺时针偏移了 15° 机械角度，如图 6-23a 所示。第二拍：B 相、C 相同时通电，磁力线一路沿磁极 B′、齿 4、齿 3、磁极 C 形成闭合回路；另一路沿磁极 C′、齿 1、齿 2、磁极 B 形成闭合回路，仍以磁极 A 为参考，齿 1 的中心线在原来的基础上顺时针转过 30° 机械角度，总计为 45°。转子被锁定在 B、C 两极之间的对称位置，如图 6-23b 所示。同理，第三拍：C 相、A 相同时通电，如图 6-23c 所示；转子又顺时针转过了 30° 机械角度，总计为 75°。

以此类推，控制绕组的电流按 AB—BC—CA—AB 的顺序切换，转子顺时针转动；若控制绕组的电流按 AC—CB—BA—AC 顺序切换，转子则逆时针转动。步距角与单三拍运行时相同，即 $\theta_b = 30°$。

3. 六拍运行方式

无论单三拍或双三拍运行，步距角均为 30°。只有改变控制绕组电流的切换频率，才能改变步距角的大小。如果将通电方式改为单相通电、两相通电交替进行，每六拍为一个循环，称为六拍运行方式。例如，控制绕组的通电顺序为 A—AB—B—BC—C—CA—A…第一拍：A 相单独通电，磁场的分布及转子的位置如图 6-21a 所示，转子齿 1 的中心线恰好与定子磁极 A 的中心线重合，即偏转角度为 0°；第二拍：A 相、B 相同时通电，磁场的分布及转子的位置如图 6-23a 所示，转子齿 1 的中心线顺时针偏转了 15°；其他几种情况均可参见图 6-21 及图 6-23。为了便于比较，将有关数据列于表 6-1。

表 6-1　步进电动机六拍运行时的数据

项目	通电顺序	偏转角度	参考图号
第一拍	A 相	0°	图 6-21a
第二拍	A 相、B 相	15°	图 6-23a
第三拍	B 相	30°	图 6-21b
第四拍	B 相、C 相	45°	图 6-23b
第五拍	C 相	60°	图 6-21c
第六拍	C 相、A 相	75°	图 6-23c

由此可见，三相六拍运行时，每拍的步距角为 15°；如果控制绕组的通电顺序改为 A—AC—C—CB—B—BA—A…转子则逆时针转动。

〔三〕引导问题：什么是步进电动机的步距角及转子齿数？它们与旋转速度之间有什么关系？

1. 步距角 θ_b

由以上分析可知，每输入一个电脉冲信号时转子所转过的机械角度即为步距角 θ_b，θ_b 的大小与控制绕组电流的切换次数以及转子的齿数有关。

由于转子只有 4 个齿，齿距为 90°，三拍运行时的步距角 $\theta_b = 30°$，电动机每转过一个齿距需要运行 3 步，每旋转一周需要 4 个循环，共 12 步；六拍运行时的步距角 $\theta_b = 15°$，电动机每转过一个齿距需要运行 6 步，每旋转一周需要 4 个循环，共 24 步。因此，拍数增多时步距角减小，步数增多。如果增加转子齿数，会使齿距减小、总步数增加、步距角减小。步距角的一般公式为

$$\theta_b = \frac{360°}{Z_R km} \tag{6-2}$$

式中，Z_R 为转子齿数；km 为运行拍数（$k = 1$，2；$m = 2$，3，4，5，6 为电动机相数）。

由于 k 值有两种选择（$k = 1$ 单拍；$k = 2$ 双拍），因此步距角可以有两个成倍的角度。如果电源的脉冲频率很高，步进电动机就会连续转动，其转速正比于脉冲频率 f。每输入一个

电脉冲，转子转过步距角 θ_b，由式（6-2）可知，每个电脉冲对应于 $\theta_b/360°=1/(Z_R km)$，每分钟输入 $60f$ 个电脉冲，电动机每分钟的转速为

$$n = \frac{60f}{Z_R km} \tag{6-3}$$

通过改变脉冲频率可以在很宽的范围内实现调速。

2. 转子总齿数 Z_R

反应式步进电动机的转子齿数主要由步距角决定。为了提高精度，应当使步距角 θ_b 尽量小，由式（6-2）可知，运行拍数确定后，步距角 θ_b 与转子总齿数 Z_R 成反比。例如，常用的步距角是 $\theta_b=3°$、$\theta_b=1.5°$。如果取 $km=3$（即三拍运行），转子总齿数 $Z_R=40$，齿距角为 $360°/Z_R=9°$，每拍转过 $3°$；如果取 $km=6$（即六拍运行），转子总齿数不变，每拍转过 $1.5°$。

实际中，通常把定子极靴表面加工成齿形结构，为了保证受到反应转矩时定、转子的齿能对齐，要求定、转子的齿宽、齿距分别相同，如图 6-24 所示。

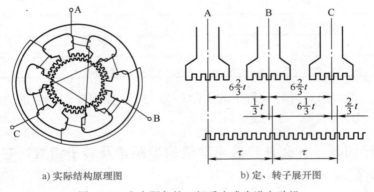

a) 实际结构原理图　　　　b) 定、转子展开图

图 6-24　小步距角的三相反应式步进电动机

图 6-24 中，定子上有 6 个磁极，每个极距对应的转子齿数为：$Z_R/(2p)=40/6=20/3$，不为整数；当 A 相的定、转子齿对齐时，相邻 B 相的定转子齿无法对齐，彼此错开 1/3 齿距（即 $3°$）。其他各相以此类推。对于任意 m 相电动机，应依次错开 $1/m$ 齿距。利用这种"自动错位"，为下一相通电时转子齿能被吸引直至对齐做准备，从而使步进电动机能连续工作。因此，转子的齿数应能满足"错位"的要求，见表 6-2。

表 6-2　步进电动机常用的转子齿数

相数	θ_b				
	90°	6°	3°*	1.5°*	1.2°
	4.5°	3°	1.5°	0.75°	0.6°
三相		20	40	80	100
四相	10		30		
五相	8	12	24	48	
六相		10			50

注：* 为常用步距角。

（四）引导问题：步进电动机是如何应用于实际系统的？

步进电动机主要用作数控机床中的执行元件，数控机床又分为铣床、钻床、线切割机多种。此外，步进电动机在绘图机、自动记录仪表、轧钢机自动控制等方面广泛应用。图 6-25 所示为应用步进电动机的数控机床工作示意图。

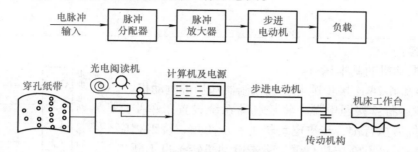

图 6-25　应用步进电动机的数控机床工作示意图

加工复杂零件时，先根据工件的图形尺寸、工艺要求和加工程序编制程序，并记录在穿孔机上；再由光电阅读机将程序输入计算机进行运算，计算机发出一定频率的电脉冲信号。用环形分配器将电脉冲信号按工作方式进行分配，再经过脉冲放大器放大后驱动步进电动机。步进电动机按计算机的指令实现迅速起动、调速、正反转等功能，通过传动机构带动机床工作台。

》 四、任务实施

按任务单分组完成以下任务：
1）步进电动机的基本运行。
2）步进电动机基本特性的测量。

》 五、任务单

任务二　步进电动机的认识与应用		组别：	教师签字
班级：	学号：	姓名：	
日期：			

任务要求：

1）按照正确步骤，在实验台完成步进电动机的基本操作。
2）按照所学知识，正确完成步进电动机的基本特性测量。
3）根据测量数据，进行分析总结。

仪器、工具清单：

小组分工：

任务内容：

1. 步进电动机的基本运行

1）按照图 6-26 连接步进电动机控制器和步进电动机。

2）单步运行：接通电源，将控制器系统设置于单步运行状态，复位后执行键，步进电动机走一步距角，绕组相应的发光管发亮，再不断按执行键，步进电动机转子也不断步进运动。改变电动机转向，电动机作反向步进运动。绘制步进电动机正转时的方波图。

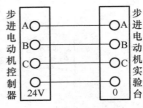

图 6-26 步进电动机接线图

3）角位移和脉冲数的关系：控制系统接通电源，设置好预置步数，按执行键，电动机运转，观察并记录电动机偏转角度，再重设另一数值，按执行键，观察并记录偏转角度于表 6-3 中，并利用公式计算电动机偏转角度与实际值是否一致。

表 6-3 步数 = _____ 步

序号	实际电动机偏转角度	理论电动机偏转角度

4）计算单步运行时的步距角。

2. 步进电动机基本特性的测量

1）突跳频率测定：控制系统置于连续运行状态，按执行键，电动机连续运转后，调节速度调节旋钮使频率提高至某频率（自动指示当前频率）。按设置键使步进电动机停转，再重新起动电动机（按执行键），观察电动机能否正常运行，如正常，则继续提高频率，直至电动机不失步起动的最高频率，则该频率为步进电动机的空载突跳频率，记为_____ Hz。

2）空载最高连续工作频率测定：步进电动机空载连续运转后，缓慢调节速度调节旋钮使频率提高，仔细观察电动机是否不失步，如不失步，则再缓慢提高频率，直至电动机能连续运转的最高频率，则该频率为步进电动机空载最高连续工作频率，记为_____Hz。

3）转子振动状态的观察：步进电动机空载连续运转后，调节并降低脉冲频率，直至步进电动机声音异常或出现电动机转子来回偏摆，即为步进电动机的振荡状态。

4）定子绕组中电流和频率的关系：在步进电动机电源的输出端串联一只直流电流表（注意 +、– 端），使步进电动机连续运转，由低到高逐渐改变步进电动机的频率，读取并记录 6 组电流表的平均值、频率值于表 6-4 中。

表 6-4　步进电动机定子绕组中电流和频率的关系

序号	1	2	3	4	5	6
频率 /Hz						
定子电流 /A						

5）平均转速和脉冲频率的关系：接通电源，将控制系统设置于连续运转状态，再按执行键，电动机连续运转，改变速度调节旋钮，测量频率 f 及与对应的转速 n，即 $n=f(f)$，记录 6 组数据于表 6-5 中。

表 6-5　步进电动机平均转速和脉冲频率的关系

序号	1	2	3	4	5	6
频率 /Hz						
转速 /（r/min）						

6）矩频特性的测定及最大静力矩特性的测定：置步进电动机为逆时针转向，实验架左端挂 20N 的弹簧秤，右端挂 30N 的弹簧秤，两秤下端的弦线套在带轮的凹槽内，控制电路工作于连续方式，设定频率后，使步进电动机起动运转，旋转棘轮机构手柄，弹簧秤通过弦线对带轮施加制动力矩，力矩大小 = $(F_大 - F_小) D/2$，仔细测定对应设定频率的最大输出动态力矩（电动机失步前的力矩）。改变频率，重复上述过程，得到一组与频率 f 对应的转矩 T，即为步进电动机的矩频特性 $T=f(f)$，记录于表 6-6 中。

表 6-6　步进电动机频率和转矩的关系

序号	1	2	3	4	5	6
$F_大$ /N						
$F_小$ /N						
T /（N·cm）						

7）绘制平均转速和脉冲频率关系曲线 $n=f(f)$ 和矩频特性曲线 $T=f(f)$。

六、任务考核与评价

任务二　步进电动机的认识与应用		日期：		教师签字
姓名：	班级：		学号：	

评分细则

序号	评分项	得分条件	配分	小组评价	教师评价
1	学习态度	1. 遵守规章制度 2. 积极主动，具有创新意识	10		
2	安全规范	1. 能进行设备和工具的安全检查 2. 能规范使用实验设备 3. 具有安全操作意识	10		
3	专业技术能力	1. 能正确连接电路 2. 能正确完成步进电动机的基本运行操作 3. 能正确完成步进电动机的特性测量操作 4. 具有良好的实验进程安排能力	50		
4	数据读取、处理能力	1. 能正确记录实验过程数据 2. 能对记录的数据进行正确的处理 3. 能根据所测数据独立思考，回答教师问题	15		
5	报告撰写能力	1. 能独立完成任务单的填写 2. 字迹清晰、文字通顺 3. 无抄袭 4. 能体现较强的问题分析能力	15		
		总分	100		

任务三　自整角机的认识与应用

姓名：　　　　班级：　　　　日期：　　　　参考课时：2 课时

 一、任务描述

　　某水泵站为了方便观察水下水泵叶片的角度，采购了一台控制式自整角机用于水泵角的跟随显示，要求使用者对自整角机有一定的认识。因此，本任务主要要求认识自整角机的结构，清楚其工作原理，并能够完成自整角机的使用。

 二、任务目标

※ **知识目标**　1）能够说出自整角机的工作原理。
　　　　　　　　2）能够说出两种自整角机的控制区。

※ **能力目标**　能够在实验台完成自整角机的应用。

※ **素质目标**　1）树立安全第一的工作规则，将安全理念深植心中。

　　　　　　　　2）培养遵守规范的实验习惯，保证项目实施的正确性。

自整角机

三、知识准备

（一）引导问题：什么是自整角机？如何分类？

自整角机是一种感应式机电元件，主要用于自动控制、同步传递和计算解答系统中。它可将转轴的转角变换为电气信号或将电气信号变换为转轴的转角，实现角度数据的远距离发送、接收和变换，达到自动指示角度、位置、距离和指令的目的。

在系统中自整角机通常是两个或多个组合使用，用来实现两个或两个以上机械不连接的转轴同时偏转或同时旋转。

自整角机的外形如图 6-27 所示，按结构的不同，自整角机可分为无接触式和接触式两大类。无接触式没有电刷、集电环的滑动接触，因此可靠性高、寿命长，不产生无线电干扰，但其结构复杂、电气性能较差。接触式自整角机结构简单，性能较好，所以使用较为广泛。我国自行设计的自整角机系列中，均为这种类型。按使用要求不同，自整角机可分为力矩式和控制式两种类型。其中，力矩式自整角机主要用于力矩传输系统作指示元件用；控制式自整角机主要用于随动系统，在信号传输系统中作检测元件用。

图 6-27　自整角机的外形

（二）引导问题：力矩式自整角机结构和工作原理是什么？有什么样的特点？

1. 基本结构

自整角机的定子结构与一般小型绕线转子电动机相似，定子铁心上嵌有三相星形联结对称分布绕组，通常称为整步绕组。转子结构则按不同类型采用凸极式或隐极式，通常采用凸极式，只有在频率较高而尺寸又较大时，才采用隐极式结构。转子磁极上放置单相或三相励磁绕组。转子绕组通过集电环、电刷装置与外电路连接，集电环由银铜合金制成，电刷采用焊银触点，以保证可靠接触。

2. 工作原理

力矩式自整角机的接线如图 6-28 所示。

两台自整角机结构完全相同，一台作为发送机，另一台作为接收机。它们的转子励磁绕组接到同一单相交流电源上，定子整步绕组则按相序对应连接。在随动系统中，不需要放大器和伺服电动机的配合，两台力矩式自整角机就可以进行角度传递，因而常以转角角度指示。

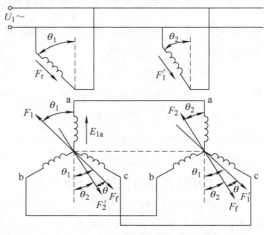

图 6-28　力矩式自整角机的接线图

当两机的励磁绕组中通入单相交流电流时，在两机的气隙中产生脉动磁场，该磁场将在整步绕组中感应出电动势。当发送机和接收机的转子位置一致时，由于双方的整步绕组回路中的感应电动势大小相等，方向相反，所以回路中无电流流过，因而不产生整步转矩，此时两机处于稳定的平衡位置。

如果发送机的转子转角为 θ_1，接收机转子转角为 θ_2，力矩式自整角机工作时电机内磁通势情况可以看成发送机励磁绕组与接收机励磁绕组分别单独接电源时所产生的磁通势的线性叠加，发送机单独励磁，接收机励磁绕组开路的磁通势情况与控制式自整角机工作时磁通势相同，发送机三相整步绕组产生的合成磁通势 F_1 与发送机励磁绕组同轴，与 a 相绕组轴线的夹角为 θ_1，而在接收机中产生的磁通势 F_1' 与 F_1 大小相等，但方向相反，也与接收机 a 相绕组轴线成 θ_1。

发送机励磁绕组开路、接收机单独励磁的磁通势情况与第一种情况类似：接收机三相整步绕组产生的磁通势 F_2 与接收机的励磁绕组同轴，与接收机的 a 相绕组成 θ_2，而在发送机中产生的磁通势 F_2' 与 F_2 大小相等、方向相反，也与发送机的 a 相绕组轴线成 θ_2。

综合上述两种情况，每台力矩式自整角机都存在 3 个磁通势，如图 6-28 所示。两台相同的力矩式自整角机的励磁绕组接到同一交流电源上，产生的磁通势是一致的，即 $F_1 = F_2$。力矩式自整角机的转矩是定子磁通势与转子磁通势相互作用而产生的。在接收机中，F_2 与励磁磁通势 F_f 是同轴磁通势，所以不会产生力矩，而 F_1' 与 F_2 轴线存在夹角即失调角 $\theta = \theta_1 - \theta_2$，不同轴的磁通势则产生转矩。接收机所产生的整步转矩可以表达为

$$T = T_m \sin\theta$$

失调角越大，接收机产生的整步转矩越大，转矩的方向是使 F_f 和 F_1' 靠拢，即转子往失调角减小的方向旋转，如为空载，最终会消除失调角 θ，此时两个力矩式自整角机的转子转角相等，$\theta_1 = \theta_2$，$\theta = 0°$，随动系统处于协调位置。但实际上，由于机械摩擦等原因的影响，空载时失调角并不为零，而存在一个较小的 $\Delta\theta$，称为静态误差，即发送机和接收机转子停止不转时的失调角。

若主动轴在外部力矩下连续不断转动，θ_1 处于连续不断的变化中，那么 θ_1 与 θ_2 的差值 θ 使自整角机产生转矩，使其转子转角 θ_2 不断跟随 θ_1 即接收机跟随发送机旋转，从而使从动轴时刻跟随主动轴旋转。

需要说明的是，如果两台力矩式自整角机完全一样，励磁绕组又接同一个交流电源，那么自整角发送机所产生的转矩 T 与接收机的转矩大小相等，转矩的方向也是使 F_f 与 F_2' 靠拢，即使转子转动，失调角减小，但发送机转子转轴为主动轴，自整角产生的转矩不能使主动轴转动，因而只有接收机在因失调角 θ 存在而产生的转矩下使转子转动，以减小失调角，即接收机跟随发送机旋转。

3. 力矩式自整角机的特点及应用

力矩式自整角机在接收机转子空转时，有较大的静态误差，并且随着负载转矩或转速的增高而加大。当很快转动发送机时，接收机不能立刻达到协调位置，而是围绕着新的协调位置做衰减的振荡。为了克服这种振荡现象，接收机中均设有阻尼装置。它只适合于指针、

刻度盘等接收机轴上负载很轻而且角度传输精度要求不高的控制系统中。

力矩式自整角机被广泛用作示位器。首先将被指示的物理量转换成发送机轴的转角，用指针或刻度盘作为接收机的负载，如图 6-29 所示。

图中浮子随着液面变化而变化，并通过绳子、滑轮和平衡锤使自整角发送机转动。由于发送机和接收机是同步转动的，所以接收机指针准确地反映了发送机所转过的角度。如果把角位移换算成线位移，就可知道液面的高度，从而实现了远距离液面位置的传递。这种示位器不仅可以指示液面的位置、也可以用来指示阀门的位置、电梯和矿井提升机位置、变压器分接开关位置等。

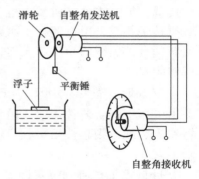

图 6-29　液位指示器的示意图

此外，力矩式自整角机还可以作为调节执行机构转速的定值器。由力矩式自整角机的发送机和接收机组成随动系统，则将接收机安装在执行机构中，通过它带动可调电位器的滑动触点或其他触点，而发送机可装设在远距离的操纵盘上。可调电位器的一个定点与滑动触点之间的电压便作为执行机构的定值，再经过放大器放大后来调节执行机构的转速。当需要改变执行机构的转速时，只需要调整操纵盘上发送机转子的位置角，接收机转子就自动跟随偏转并带动可调电位器的滑动触点，使执行机构的定值电压发生变化，转速也将随之变化，从而远距离调节执行机构的转速。

（三） 引导问题：控制式自整角机具有怎样的结构和工作原理？有什么样的特点？

1. 基本结构

控制式自整角机的结构和力矩式类似。只是其接收机和力矩式不同，它不直接驱动机械负载，而只是输出电压信号，其工作情况如同变压器，因此也称其为自整角变压器。它采用隐极式转子结构，并在转子上装设单相高精度的正弦绕组作为输出绕组。

2. 工作原理

从图 6-30 的工作原理图可以看出，接收机的转子绕组已从电源断开，它将角度传递变为电信号输出，然后通过放大器控制一台伺服电动机。当发送机转子从起始位置逆时针方向转 θ 时，转子输出绕组中感应的电动势将为失调角 θ 的余弦函数，即 $E = E_m \cos\theta$，式中 E_m 为接收机转子绕组感应电动势最大值，当 $\theta = 0°$ 时，输出电压最大。当 θ 增大时，输出电压按余弦规律减小，这给使用带来不便，因随动系统总希望当失调角为 0° 时，输出电压为 0，只有存在失调角时，才有输出电压，并使伺服电动机运转。此外，当发送机由起始位置向不同方向偏转时，失调角虽有正负之分，但因 $\cos\theta = \cos(-\theta)$，输出电压相同，便无法从自整角接收机的输出电压来判别发送机转子的实际偏转方向。为了消除上述不便，控制式自整角机在实际使用中按图 6-31

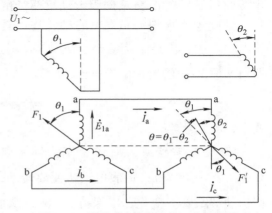

图 6-30　控制式自整角机的工作原理图

将接收机转子预先转过了 90°，则自整角接收机转子绕组输出电压信号为 $E = E_m \sin\theta$，该电

压经放大器放大后，接到伺服电动机的控制绕组，使伺服电动机转动。伺服电动机一方面拖
动负载，另一方面在机械上也与自整角接
收机转子相连，可以使得负载跟随发送机
偏转，直到负载的角度与发送机偏转的角
度相等为止。

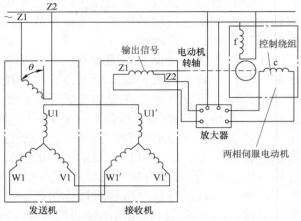

空载时，输出电压 $U_2 = E_2$，负载时
输出电压下降，若选用输入阻抗大的放大
器作为负载，则自整角接收机输出电压下
降不大。

自整角机在协调位置即 $\theta = 0°$ 时输出
电压为 0，当 $\theta = 1°$ 时，输出的电压叫作
比电压，比电压越大，控制系统越灵敏。

力矩式自整角机的额定值主要有：额

图 6-31　控制式自整角机的接线图

定电压、额定频率、额定空载电流、额定
空载功率等。以 36KF5 为例来说明："36"表示机座代号，机壳外径为 36mm；"KF"表示
产品代号，表示控制式自整角发送机，"LF"则表示力矩式自整角发送机，"LJ"表示力矩
式自整角接收机；"5"表示额定频率为 500Hz，如果是"4"，则表示额定频率为 400Hz。

3. 特点及应用

控制式自整角机只输出信号，负载能力取决
于系统中的伺服电动机及放大器的功率。它的系
统结构比较复杂，需要伺服电动机、放大器、减
速齿轮等设备，因此适用于精度较高、负载较大
的伺服系统。现以图 6-32 所示雷达高低角自动
显示系统为例加以说明。

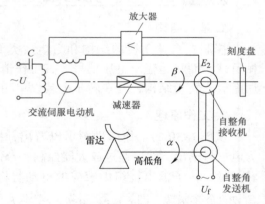

图 6-32 中，自整角发送机转轴直接与雷达天
线的高低角（即俯仰角）耦合，因此雷达天线的
高低角 α 就是自整角发送机的转角。控制式自整
角接收机转轴与由交流伺服电动机驱动的系统负
载（刻度盘或火炮等负载）的轴相连，其转角用
β 表示。接收机转子绕组输出电动势 E_2 与两轴的
差角 γ 即 $\alpha - \beta$ 的值近似成正比，即

图 6-32　雷达高低角自动显示系统原理图

$$E_2 \approx K(\alpha - \beta) = K\gamma \tag{6-4}$$

式中，K 为常数。

E_2 经放大器放大后送至交流伺服电动机的控制绕组，使电动机转动。可见，只要
$\alpha \neq \beta, \gamma \neq 0, E_2 \neq 0$，伺服电动机便要转动，使 γ 减小，直至 $\gamma = 0°$。如果 α 不断变化，系统
就会使 β 跟着 α 变化，以保持 $\gamma = 0°$，从而达到自动跟踪的目的。只要系统的功率足够大，
接收轴上便可带动火炮一类阻力矩很大的负载。发送机和接收机之间只需要 3 根线，便实现
了远距离显示和操纵。

⊡》 四、任务实施

按任务单分组完成以下任务：

1）力矩式自整角机精度的测量。

2）力矩式自整角机运行特性的测量。

⊡》 五、任务单

任务一　　自整角机的认识与应用		组别：		教师签字
班级：	学号：		姓名：	
日期：				

任务要求：

1）列出任务所需仪器及工具清单，记录小组分工。

2）按照任务要求，正确测量力矩式自整角机的零位误差和静态误差。

3）按照任务要求，正确连接电路，测量并绘制力矩式自整角机静态整步转矩与失调角的关系。

4）记录实验过程中存在的问题，并进行合理分析，提出解决方法。

仪器、工具清单：

小组分工：

任务内容：

1. 测定力矩式自整角发送机的零位误差 $\Delta\theta$

1）按图 6-33 接线。励磁绕组 L_1、L_2 接额定励磁电压 U_N（220V），整步绕组 T_2、T_3 端接电压表。

2）旋转刻度盘，找出输出电压为最小的位置作为基准电气零位。

3）整步绕组三线间共有 6 个零位，刻度盘转过 60°，即有两线端输出电压为最小值。

4）实测整步绕组三线间 6 个输出电压为最小值的相应位置角度与电气角度，并记录于表 6-7 中。

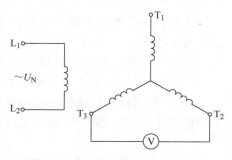

图 6-33　力矩式自整角发送机接线图

表6-7 零位误差测量记录表

理论上应转角度	基准电气零位	+180°	+60°	+240°	+120°	+300°
刻度盘实际转角						
误　差						

注意： 机械角度超前为正误差，滞后为负误差，正、负最大误差绝对值之和的一半为发送机的零位误差 $\Delta\theta$。

2. 测定力矩式自整角机的静态误差 $\Delta\theta_{jt}$

1）确保断电情况下，按照图6-34进行接线。

2）发送机和接收机的励磁绕组加额定电压220V，发送机的刻度盘不紧固，并将发送机和接收机均调整到0°位置。

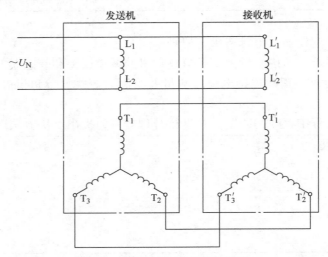

图6-34 力矩式自整角机接线图

3）缓慢旋转发送机刻度盘，每转过20°，读取接收机实际转过的角度并记录于表6-8中。

表6-8 接收机转角记录表

发送机转角	0°	20°	40°	60°	80°	100°	120°	140°	160°	180°
接收机转角										
误　差										

注意： 接收机转角超前为正误差，滞后为负误差，正、负最大误差值之和的一半为接收机的静态误差。

3. 测定力矩式自整角机静态整步转矩与失调角的关系 $T=f(\theta)$

1）确保断电情况下，按测定力矩式自整角机的静态误差的接线图进行接线。

2）将发送机和接收机的励磁绕组加额定励磁电压220V，待稳定后，发送机和接收机均调整到0°位置。紧固发送机刻度盘在该位置。

3）在接收机的指针圆盘上吊砝码，记录砝码质量以及接收机转轴偏转角度。在偏转角 0°～90° 之间取 7～9 组数据并记录于表 6-9 中。

表 6-9 自整角机静态整步转矩与失调角的关系

$T/（\mathrm{gf \cdot cm}）$								
$\theta/（°）$								

注意： 1）实验完毕后，应先取下砝码，再断开励磁电源。

2）表中 $T = GR$，G 为砝码质量（gf，1gf=9.80665×10^{-3}N），R 为圆盘半径（cm）。

4）按照记录的数据绘制曲线 $T=f（\theta）$ 并进行分析。

六、任务考核与评价

任务三	自整角机的认识与应用			日期：	教师签字	
姓名：		班级：		学号：		

评分细则

序号	评分项	得分条件	配分	小组评价	教师评价
1	学习态度	1. 遵守规章制度，遵守课堂纪律 2. 积极主动，具有创新意识	10		
2	安全规范	1. 能进行设备和工具的安全检查 2. 能规范使用实验设备 3. 具有安全操作意识	10		
3	专业技术能力	1. 能够正确认识自整角机参数的物理含义 2. 能够按照任务要求，正确测量力矩式自整角机的零位误差和静态误差 3. 能够按照任务要求，正确连接电路，测量并绘制力矩式自整角机静态整步转矩与失调角的关系	50		
4	数据读取、处理能力	1. 能正确记录实验数据 2. 能独立思考，分析数据测量中遇到的问题 3. 能够正确绘制特性曲线并进行分析	15		
5	报告撰写能力	1. 能独立完成任务单的填写 2. 能按照记录数据正确绘制特性曲线 3. 能够完整记录实践操作中遇到的问题 4. 能体现较强的问题分析能力	15		
	总分		100		

参考文献

[1] 郭宝宁.电机应用技术［M］.北京：北京大学出版社，2011.

[2] 张晓江，顾绳谷.电机及拖动基础：上册［M］.5版.北京：机械工业出版社，2016.

[3] 张晓江，顾绳谷.电机及拖动基础：下册［M］.5版.北京：机械工业出版社，2016.

[4] 马宏骞，姜伟.电机与变压器项目实训：教、学、做一体［M］.2版.北京：电子工业出版社，2019.

[5] 莫莉萍，白颖.电机与拖动基础项目化教程［M］.北京：电子工业出版，2018.

[6] 李庭贵，梁杰.电机与拖动项目化教程［M］.合肥：合肥工业大学出版社，2013.

[7] 葛云萍.电机拖动与电气控制［M］.北京：机械工业出版社，2018.

[8] 武际花.电机与电力拖动［M］.北京：中国电力出版社，2017.

[9] 李满亮，王旭元，牛海霞.电机与拖动［M］.北京：化学工业出版社，2021.

[10] 孙建忠，刘凤春.电机与拖动［M］.3版.北京：机械工业出版社，2016.

[11] 刘凤春，孙建忠，牟宪民.电机与拖动实验及学习指导［M］.2版.北京：机械工业出版社，2017.